健康影响评价理论与实践

[英] 马丁·伯利（Martin Birley） 著
徐 鹤 李天威 王嘉炜 译

中国环境出版社·北京

图书在版编目（CIP）数据

健康影响评价理论与实践 /（英）马丁·伯利著；徐鹤，李天威，王嘉炜译 .—北京：中国环境出版社，2017.4

书名原文：Health Impact Assessment:Principles and Practice

ISBN 978-7-5111-3117-1

Ⅰ. ①健… Ⅱ. ①马… ②徐… ③李… ④王… Ⅲ. ①环境影响—健康—评价 Ⅳ. ① X503.1

中国版本图书馆 CIP 数据核字（2017）第 058267 号

Health Impact Assessment: Principles and Practice 1st Edition/by Martin Birley/ISBN 9781849712774

北京市版权局著作权合同登记号：01-2016-9989

出 版 人　王新程
责任编辑　李兰兰
责任校对　尹　芳
封面设计　宋　瑞

出版发行　中国环境出版社
（100062 北京市东城区广渠门内大街16号）
网　　址：http://www.cesp.com.cn
电子邮箱：bjgl@cesp.com.cn
联系电话：010-67112765（编辑管理部）
010-67112735（第一分社）
发行热线：010-67125803 010-67113405（传真）

印　　刷　北京市联华印刷厂
经　　销　各地新华书店
版　　次　2017年4月第1版
印　　次　2017年4月第1次印刷
开　　本　787×1092　1/16
印　　张　20.75
字　　数　390千字
定　　价　50.00元

Michael Marmot 教授致言

有一个重要的问题常被人们忽视，即人类健康的损害很大程度上来源于健康（卫生）部门权力范围外的因素，这个问题至少可以追溯到希波克拉底（Hippocrates）时代。世界卫生组织下属的健康问题社会决定因素委员会总结道，健康与健康公平性受到人们出生、成长、生活、工作和衰老时所处的社会状况和这些状况的结构性动因（即健康的社会决定因素）的影响。因此，世界卫生组织下属的健康问题社会决定因素委员会以及本人主持的关于英国健康不平等性的审核均要求审查所有政策对健康平等性的影响。

但是该如何做到呢？这就是本书讨论的重点。未来的健康不平等性来源于今天的政策、项目、计划和工程，事实上，其中的大多数并不属于健康部门的范畴。健康影响评价（Health Impact Assessment，HIA）是保护、促进未来健康平等的有力工具。

开展实际可行的健康影响评价是一个复杂的过程，本书清楚地说明了这一点。对于许多人来说，健康影响评价是一个全新的概念，需要新的技能。作为这个领域的开拓者与专家，Birley 博士通过几十年的努力，成功地应对了这一挑战。他在这本书中讲述了自己的非凡经历和见闻，为已有的健康影响评价导则提供了更为深入的研究背景，对使用健康影响评价的人来说具有重要意义。公众与学术界一直希望有这样一本清楚、详细的健康影响评价入门书籍，可以极大地丰富实践者的知识，提升实践者的技能。

本书涉及内容广泛，包含学术、企业、法律、伦理、可持续发展与政治等多方面内容，它成功地找到了这些方面的融合点，受到广大读者的青睐。Birley

注：Michael Marmot 教授是伦敦大学流行病学与公共健康专家，并担任健康问题社会决定因素委员会主席，主持了 2010 年后英国健康不平等战略评价工作。

博士选择了一个复杂、易感的主题，综合各方面内容加以阐述，编写出这本优秀的著作。它可以作为参考书，也可以当作教材。

本书从各个专业角度向那些关心公共健康、健康平等与健康影响的人提出了宝贵意见。它必将成为相关大学课程的重要参考书。

Robert Goodland 博士致言

在过去的30年间，由公共主体、多边金融机构和跨国公司主导的社会责任的演变呈现出一种缓慢发展的趋势，但其进展是稳定的，偶尔有所反复。起初，其焦点在于减少环境破坏。环境影响评价诞生于20世纪70年代，然后迅速扩展至全球，并由此产生了大量的环评从业者及专业组织，例如国际影响评价协会。以我在世界银行工作的视角来看，环境关注的焦点是国际发展。我们认识到了发展的隐含成本，我们与外部成本做斗争，并且需要保护脆弱的生态系统与社会。尽管环境与社会影响评价现在已经发展得很完善，并且为人们所熟悉，但HIA依然存在很多不足之处，并且严重缺乏全球能力。在世界银行，我们深刻地认识到，在气候温暖的条件下修建水坝可能会导致热带疾病的蔓延，为此我们采取了措施加以预防。然而，水坝以及其他工程带来的其他健康影响，实际上是经常被忽视的。我们的认识仍然存在不足，我们需要时间去弥补这一不足。健康社区主要关注的是健康保健，而非其他发展政策对健康造成的影响。在世界卫生组织内部和其他一些部门存在着一些曲高和寡的声音，他们得到的支持相对较少。本书的作者Martin Birley就是其中之一，他走在了时代的前沿。我关注他的工作已经很多年了，而且见证了健康影响评价在他的不懈努力下一步步地向前发展，成为引导环境影响评价发展的主流。

发展取决于许多学科的合作，包括工程设计、社会学和空间计划等学科。所有行业的职业人士都需要意识到他们的工作可能会给发展带来意想不到的影响。这应该纳入他们受到的专业培训当中。直到目前，依然没有健康影响评价方面的入门书籍来支持这种培训。这样的入门书应该既能够提供详细的政策论

注：Robert Goodland 博士是世界银行集团在华盛顿特区的前任高级环境顾问，而且是国际影响评价协会的前任主席。

述，又可以包含实例。这本书的内容应该同时涵盖公共部门和私人部门；既要涉及高收入经济体，又要关注低收入人群。

我很高兴Martin将其几十年来亲自参与实践的经验整理成书，并指明这些经验中哪些对我们有参考价值。任何领域的拓荒者几乎都没有可以师从的老师对其加以指导，因此必须靠自己探索发现。使后来的从业者能够吸取前辈们的经验教训。目前，全世界关于健康影响评价有许多误解，包括它涉及的方面以及它与其他形式的影响评价之间的关系等。我很高兴能看到Martin对此做出了一一解答。

最后，还有累积影响的问题，尤其是涉及我们对化石燃料与水的过度消费，对自然环境中的土壤、森林、渔业和整个生态系统的破坏。这是一种前沿的影响评价思想。对此，Martin再次独辟蹊径，试图理解气候变化与能源稀缺对健康影响评价实践的影响。

我之所以对本书大加赞赏，不仅是因为它是在告诉大家如何进行健康影响评价这方面最有用的著作，也是因为其在内容上的综合全面——我可以很有把握地说，这是作者多年来独一无二的关于全世界的HIA的经验的智慧结晶。本书的意义已经超出了健康影响评价本身：落实书中提出的建议将有助于公共与私人部门以较低的成本提升其效率。对于所有开发机构，以及那些与工业和基础设施项目相关的人士，如果想要改善健康环境并创造幸福环境，我强烈推荐阅读此书。

前　言

我一直在关注健康影响评价从一个古怪的、不寻常的想法蜕变到一个主流追求的整个过程。Schopenhauer 提醒过我："所有的事实都会经历三个阶段：首先是遭受嘲讽的阶段，然后是遭到强烈反对的阶段，最后是被不言而喻接受的阶段"。早年，有些不切实际的观点认为健康影响评价应该多顾及其他部门，因而之后我曾经指导业界不再发展健康影响评价。但现在我意识到，健康影响评价显然是非常重要的，我很高兴自己的经历和故事能成为本书的核心内容。

我编写这本入门教材是由于现在尚没有类似的书籍，书中的素材都是我从个人经历中收集来的。一些教材起源于我以前在健康影响评价报告及课程中用过及测试过的教学和培训材料。当被问到"健康是什么"这种问题时，我也曾对权威有过质疑，我有一些同样对这个问题抱有困惑的学生，他们发现"健康"在很大程度上由健康部门的决议决定。

这些健康影响评价的相关课程受到许多具有不同文化背景的人的喜爱，包括研究生和专家学者。大约一半人来自具有健康方面背景的行业，如药理、护理、职业安全、群体健康。我们的健康课程很大一部分是交互的，事实上，我们希望尽最大的努力实现各学科在健康领域的交融，但来自不同学科的专家并不能和来自其他领域的同事进行熟练的交流。我希望我有足够的例子和解释使我的意思能清楚地表达给各行各业的读者。

现在，健康影响评价在实施时常常有一些不利的环境。由于不同的人讲着不同的语言，在行事时也带着不同的目的和目标，因而找到大家共同的关注点变得十分困难。例如，英国公务员，他们依赖于找到当地健康部门政策以最大化获取健康，另一方面，在低收入国家的农村地区大规模实施方案时，跨国公司管理者却想保障他们公司的声誉。然后是欧盟委员会的政策制定者寻求确保新的社会政策符合条约，等等。

我并不期待这本书能涵盖所有或至少大部分的健康影响评价领域。我只是记录下了我所了解和经历过的，包括我所擅长和我不擅长的。健康影响评价的专业知识领域仍有很多未开发的部分。我现在在尝试着找出一些健康影响评价从业者期待发现的至今还未解决的问题。

作者简介

本书作者Martin Birley博士在全球健康影响评价前沿工作超过25年。从早期热带医学的研究到近期作为英国与欧洲健康公共政策的研究工具的开发，再到作为国际开发银行所用的社区保护工具的开发，他一直参与其中。他有着许多领域的切身经验，包括水资源开发、农业、油气、住房开发与规划。同时还为众多健康机构、开发银行和跨国公司写过许多指导方针，作为一名大学的学者，也是公司的顾问，如今他依然活跃在全世界特别是英国的众多部门，为世界相关机构提供培训课程。目前他领导着一家名为Birley HIA的伦敦咨询公司。在健康影响评价领域快速发展的今天，在该领域丰富的经验使他成为理想的入门课程指导者，为新人以及有经验的从业者带来福音。

致 谢

鼓励或帮助过我写作此书的朋友非常多，我无法在此一一列举。首先要感谢我的妻子 Veronica Birley，她同时也是我的合作人，与我风雨相伴了 40 多年。在本书所有章节的编纂过程中，她一直给予我鼓励，参与编辑和讨论，还负责调研和提供照片。特别感谢我们才华横溢的女儿 Bethany Birley，她提供了额外的调研照片。还有我们的儿子 Roland Birley，他对此始终很感兴趣并给我鼓励。还要感谢我们的挚友 Gemma Hutchinson，其为本书的写作提供了简短但富有灵感的贡献。我还要衷心感谢序言的作者 Michael Marmot 教授与 Robert Goodland 博士，很荣幸得到两位的赞誉之言。衷心感谢那些花费了大量时间阅读草稿的朋友，你们帮我发现错误并促使我尽可能做出明晰的表述，他们是：Alan Bond、Lea den Broeder、Margaret Douglas、Eva Elliott、Peter Furu、Robert Goodland、Mark McCarthy、Rob Quigley、Alex Scott-Samuel、Francesca Viliani、Salim Vohra、Aaron Wernham 和 Colleen Williams。我还要感谢一些老朋友和老同事，他们不断给予我帮助和鼓励，他们是：Robert Bos、Ben Cave、Andy Dannenberg 和 Ben Harris-Roxas。

还有许多同事在我写作时给了我很大的帮助，在此一并感谢，他们是：Balsam Ahmed、Debbie Abrahams、Kate Ardern、Hugh Annett、Dick Ashford、Steven Ault、David Bradley、Andrew Buroni、Joanna Cochrane、Mark Dival、Hilary Dreaves、Mike Eastwood、Charles Engel、Debbie Fox、Liz Green、Amir Hassan、Ralph Hendrickse、John Jewsbury、Bill Jobin、Geert de Jong、John Kemm、Rob Keulemans、Flemming Konradsen、Karen Lock、Jenni Mindell、David Nabarro、Ken Newell、Marla Orenstein、Andy Pennington、Eddie Potts、Mike Service 和 Margaret Whitehead。还有一些同事的名字未能一一列举，在此

深表歉意。在本书的引用部分将会向其他一些人致谢。

一些同事在许多会议、讨论会或培训课程中提交了文章并提出问题，对我理解这一课题有很大的帮助，在此向他们表示感谢。我的编辑和出版人 Tim Hardwick 以及他的团队始终在帮助我。最后，衷心感谢在过去的 30 年间我有幸访问过的非洲、亚洲、拉丁美洲、北美洲、中东和欧洲的人们，我从你们身上受益匪浅，愿上帝保佑你们。谢谢！

免责声明

我在此必须加上一则免责声明：本书所述观点仅代表作者自己的想法。本书中所有的图表和项目列表仅作为例子与说明。在此澄清，尽管它们是经过深思熟虑挑选出来的，但不作为参考列表。不同的健康影响评价之间必然存在区别，本书所述的各种健康影响不一定适用于每种情况，而且经常可能存在其他的附加影响。

目　录

第 1 章
引　言

本章内容提要：

1）健康影响评价（HIA）是关于什么的，为什么需要 HIA；
2）本书适合谁读；
3）国家范围与国际范围内的 HIA，以及公共部门和私人部门中 HIA 的驱动力分别是什么；
4）HIA 发生的不同环境；
5）其他形式的评价及其与 HIA 的重复；
6）一些挑战。

1.1　什么是健康影响评价？

健康影响评价（HIA）是一种工具，它可以为对提案在未来产生的健康影响的管理工作提供合理化建议。这里的提案可能是政策、计划、项目或工程。HIA 主要用于提案被通过之前，检验提案可能产生的积极的和消极的后果。HIA 的意图在于提供有证据支持的建议并对提案进行修正，从而保护并改善相关人群的健康状况。本章中的表述较为简练，在本书的剩余部分将对此展开详细的论述。

健康影响的例子

政府决定修建一条从周边地区通往市中心的道路，目的是使货运和客运更加快捷。未曾预料的影响可能包括：肥胖症、社会隔离、道路交通事故、呼吸道疾病、失去幸福感和心理紊乱。

规划合理的交通有益于健康并有助于增进大家的幸福感，同时降低事故的发生率。

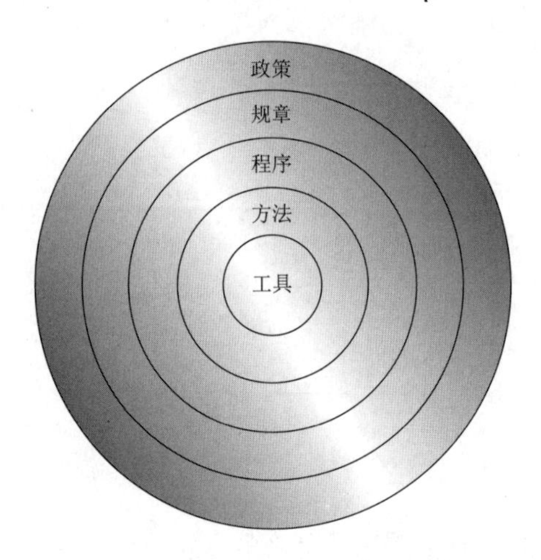

图 1.1 HIA 概览

HIA 本身受政策、规章、程序、方法和工具的指导（见图 1.1）。政策为 HIA 提供其得以实现的环境。当政策确立并有效时，通常会产生规章以确保各组织执行既定的政策。程序包括决定何时要求进行 HIA，HIA 应该包含什么内容，谁应该负责起草以及应该咨询谁，如何管理 HIA 的报告、评价、接受和实施。HIA 的方法包括文献综述、健康概况、系统分类、分析、社区咨询、确定优先等级和形成建议。工具是指应用方法的各种途径。作为一名实践科学家，在我最初开始研究 HIA 时，我自然认为方法是其最重要的构成因素。然而事实并非如此，本书将解释其中的原因。

目前，有许多关于影响评价的定义，比如下面的定义（IAIA，未标日期）：

影响评价，简单地说，就是确定当前提议的行动在未来产生的影响的过程。

还有许多关于 HIA 的定义。比较通用的一种定义是在 1999 年的一次会议中提出的，即哥森堡共识（世界卫生组织欧洲健康政策中心，1999）。2006 年，国际影响评价协会（IAIA）对此进行了修订，加入了用于解释进行评价的原因的内容（Quigley et al，2006）：

程序、方法和工具相互结合，在制定政策、实施项目或编制工程计划时可以据此合理地判断其对人群健康产生的影响。HIA 则确定出用以管理这些影响的合适行动。

不同的人群受影响的方式不同，这也被称作健康不平等。在这个定义里，还有许多细节没有囊括在内，如公共参与和信息公开的作用如何体现。

1.1.1 政策、计划、项目和工程

本书讨论的主要是政策、计划、项目和工程的健康影响，用于以上四项的通用术语为“提案”。所谓提案就是一个计划或建议，是指采取正式的或书面的形式，提出意见来供他人考虑的一种方式（OUP，2010）。

提案的一个特征是它们具有预先设定好的目的或目标。例如，目的可能包括：将人口快速地从A地移民到B地，从沉积物中提取矿物质，提高居民的受教育水平，或者为社区提供更好的医疗服务。所有的提案都会产生已经预料到的与未曾预料到的后果，提出提案时想得到的结果都会在目的中加以阐述，而未曾预料到的后果可能包括对人类健康的积极影响和消极影响。

工程是有形的、具体的，比如在具体的地区修建具体的基础设施；项目是一些可能依次进行或者同时进行的工程；计划则有着多重含义；政策是一系列的决定，旨在实现一个长期的目标。当政策是由政府制定时，它们通常体现在立法当中，并在整个国家内推行。本书的大部分讨论集中在工程级别的HIA，但在一定程度上适用于所有类型的提案。在有些情况下，项目与计划是具有法律意义的。例如，联合国欧洲经济委员会关于战略环境评价的协议适用于以特定方式定义的项目与计划（UNECE，2010）。

1.1.2 影响评价的时机

上述的IAIA定义是针对已经提出的或者当前的影响评价。有时候，人们会区分以下类型的影响评价：

1）前瞻性评价——在提案实施之前或建设开始之前进行；目的是保护未来可能受影响人群的健康。

2）同时性评价——在提案实施、建设或早期运营阶段进行。这通常是评价影响的最后一次尝试，即使修改设计或运营的可能性很小。

3）回顾性评价——在提案已经落实后进行；用于收集提案如何影响健康的证据，在此基础上对已有的运营进行调整。实际上，这属于评估，而非影响评价。

在本书中，HIA主要针对前瞻性的影响评价，这是保护健康最有效的阶段。

1.2 本书适合谁读？

尽管经过了近30年的全球能力建设，HIA依然属于不为人们所熟悉的科目，既没有成为大学的主流课程，也没有系统地参与到提案的设计当中。它通常包

含在研究生水平的课程中，涉及公共卫生、环境流行病学和环境科学等多个领域。健康、安全、保障与环境（HSSE）及可持续发展等相关部门的工作人员首次接触 HIA 时，往往将 HIA 看作环境影响评价（EIA）、社会影响评价（SIA）或者战略环境评价（SEA）的一部分。然而，当他们对某项新提案进行管理和审核时，开展 HIA 工作是其职责的一部分。随着有关行业对 HIA 的需求日益增加，相关机构在全球范围内开设了大量的 HIA 短期培训课程。

因此，本书适合的读者群体非常广泛，其中包括：

1）大学本科生与研究生；

2）寻求该课题入门知识的职业人士；

3）短期课程的参与者；

4）工程利益相关者；

5）能够获得信息并关心环境健康问题的公众，如希望开展 HIA 工作的社区；

6）私人企业中的健康、安全、保障与环境方面的负责人；

7）职业健康与安全专家；

8）公共健康实践者；

9）政策制定者；

10）环境健康实践者；

11）城镇、土地利用与空间规划者；

12）地理学者；

13）社会科学家；

14）开发银行的顾问；

15）国际开发实践者；

16）国家与国际非政府组织；

17）水利与卫生方面的工程师；

18）农业开发官员；

19）矿业与石油业的开发者；

20）道路修建者；

21）土地所有者；

22）环境影响评价、社会影响评价或者战略环境评价的实践者。

读者可能分布在世界上的任何一个国家，因为任何地区都有可能实施提案。许多国家的专业人士也是第一次接触 HIA，所以读者对本书内容的需求也是不同的。一些人需要对他们必须管理的内容有一个简要的概况了解；一些人可能需要作为一个新的小组中的一员参加 HIA；一些人则需要深入的知识和技能，并且将进一步阅读相关文献。许多技能都是通用的，在公共卫生部门、环境影响评价或战略环境评价部门，经过训练的人对这些通用技能都会很熟悉。

本书准备以个人陈述的方式展开，通过实际经验阐述一些基本原则，以便为初次接触该课题的人提供一些便利。本书的方向是工程层面而非政策层面，且同时包括对低收入经济体和高收入经济体的研究。本书并不想成为一本包罗万象的文献综述，因为已经有大量的此类信息，比如“HIA Gateway”（APHO）。

鉴于本书的读者可能具有不同层次的专业水平，因而书中的内容对于不同的读者难易程度将不同，这将成为我写作的一大挑战。我将尽可能地把本书的内容清晰、简单地传递给读者。

1.3 为何需要健康影响评价？

如前所述，所有提案都可能会产生意想不到的积极影响与消极影响。这些影响将进一步影响环境、社会和人类健康。环境影响评价（EIA）形成于20世纪70年代，目的是提高向公众披露的信息的透明度，从而进行对环境影响的管理。其中就包括一些健康影响。举例来说，如果我们已经就受影响人群可接受的污染物浓度达成一致意见，那么环境影响评价可以是一种很好的管理健康影响的工具，但是有很多健康影响是环境影响评价无法确认或解决的（Harris et al，2009）。

保护并改善社区健康状况的义务责无旁贷地落在了国家与地方政府的卫生部门身上。然而，许多重要的健康状况的改善是通过其他部门完成的，健康有时是政府部门最后考虑的一环。在低收入经济体中，健康部门收到的拨款可能尚不足年度政府预算的2%～5%（UNDP，2008）。而在一些较发达的地区，这一比例可达到8%～15%。不管实际数字是多少，有一点是很明确的，即健康部门收到的财政补贴比其他部门少很多（见图1.2）。问题随之而来了：哪部分的开支可能对健康造成最重要的影响？为其他部门投入大部分花费而只为健康部门投入小部分，这样做是否合理？单纯根据支出可以看出，与健康部门相比，非健康部门对健康造成的影响更大。其他开支中的有些部分直接作用于人类健康：其中包括清洁饮用水的供给和卫生以及食品的安全。有些开支并不直接以健康为目标，但它们都会影响健康。交通、能源和教育就是其中的一些典型例子。

刚接触健康问题的人可能认为随着时间的推移，公共健康状况的重大改善都是得益于健康部门的活动。然而，事实并非如此。例如，在欧洲，由传染病引起的新生儿死亡的比率在开展有效的医疗保健制度之前已经大幅下降。而其原因显然是居民收入与整体生活水平的提高和环境的改善（McKeown，1979），现代疫苗的大范围普及又使传染病导致的儿童死亡率进一步降低。尽管健康部门的贡献也很重要，但也不能否认，其只是为已经存在的公共健康状况的重大改善趋势锦上添花而已。

图 1.2　健康部门预算占国家预算的比重

非健康部门的政策，不管是公共的还是私立的部门，都对公共健康与福祉有着重大影响。例如，减少空气、水和食物的污染有助于预防中毒与慢性疾病；好的社会政策可以减少压力与心理疾病；好的交通政策能够降低道路交通事故的发生次数，缓解居民过度肥胖的现象，并减少心脏病的发病率。

HIA 主要关注其他部门的健康问题，这些部门包括采矿、石油生产、农业、交通、水供应、教育及住房等部门。这一点适用于所有的国家，但在低收入国家显得尤为重要。HIA 要求健康从业者们从健康部门以外的部门寻找原因，而非仅关注健康部门自身。成功的 HIA 取决于健康部门能够理解其他部门的日程，而非期待其他部门理解健康部门的日程。例如，良好的住宅项目保护人们免受极端天气的影响，并能够减少因为过热或过冷导致的儿童和老年人的死亡。

准确地说，健康部门应该被称作医疗部门，其主要任务是照顾那些临床病人。健康部门的预算大部分都投入到了医药方面，经济合作与发展组织（OECD）成员国的平均预防开支与公共健康开支占健康总开支的 3%（Butterfield et al, 2009）。在英国，这一比例大约为 4%。这部分开支会进一步细分，在英国，其分为非传染性疾病的预防（66%），妇产、儿童健康与家庭咨询（17%），学校健康服务（3%），传染性疾病的预防（6%），职业健康护理（0.1%）及其他公共健康服务（8%）。虽然用在预防上的预算不是很多，但预防性工作有着极其重要的意义。上述最后一个分类（公共健康服务）包括公共健康、环境监测、关于环境状况的公共信息和 HIA。

产生疾病或保持健康的根本原因（或称决定因素）可能来自生理方面、社会方面或环境方面，而社会的和环境的决定因素会受到提案的影响。鉴于病人需要昂贵的医疗护理费用，如果这些提案造成了不利的健康影响，就相当于其从应承担责任的部门向健康部门转移了隐含成本。同理，其他部门的好的提案也能改善健康状况，降低健康部门的成本。

健康部门中有许多子部门都对疾病预防和健康状况改善负有责任，而不仅仅是医疗护理。例如：

1）公共健康部门监测并分析国家的总体健康状况，它提出改善健康状况的措施，倡导新政策，预防流行病；

2）环境健康部门有责任确保维持商定的标准。它检查已有的设施，如工厂、餐馆等，并监测它们的卫生状况与排放情况；

3）健康促进部门有责任向公众倡导一些健康的行为（如减少吸烟、改善饮食和增加体育锻炼），以及发布一些新的健康政策；

4）健康信息衡量与分析部门有责任去分析健康状况和健康不平等的发展变化趋势；

5）健康安全部门有责任确保一个更安全的生活与工作条件。

上述很多措施有一个共同点，即它们是反应型的而非预防型的。所以，确保未来提案是健康与安全的这一责任经常依赖于上述措施以外的其他方面。

所以，非健康部门的活动对公共健康有着重要的影响，这些活动通常包括新提案的形成。为了确保这些新提案整合了促进公共健康的保护措施，需要采取相应的行动。行动包括三个层次，分别称为政策、项目和工程。在政策层面，公众对健康公共政策的兴趣日益增加；在项目层面，人们日益希望将健康方面纳入战略环境评价（SEA）；在工程层面，无论是在公共领域还是在私人领域，环境影响评价与健康影响评价都会同时进行。

健康公共政策

公共健康运动已经对其他部门中的国家与国际政策影响人口健康的方式建立了提案。人们正在达成共识，以便确保所有的公共政策有意于改善与保护健康，降低健康不平等。这些共识包括健康公共政策（WHO，1986）、所有政策中的健康内容（HiAP）（Stahl et al，2006），以及其他部门中的健康内容（WHO，1986，2005）。相关的国际行动包括健康城市运动（Ashton，1992；WHO，1995；世界卫生组织欧洲地区办事处，2005）、渥太华宪章（WHO，1986）、健康问题社会决定因素委员会（CSDH，2008）以及国际银行绩效标准。关于国际政策行动的更多信息，可参考 Ritsatakis（2004）。

在英国，此类国际行动包括成立了一些研究健康不平等的各种委员会，如黑色报告委员会（DHSS，1980）、Acheson 报告委员会（Acheson et al，1998）环境污染皇家委员会（2007）、公共健康优先权委员会（Wanless et al，2002）以及 Marmot 评论委员会（Marmo，2010）。

在许多其他国家，也发起了许多支持健康影响评价的健康公共政策活动。在加拿大，魁北克的公共健康法案要求任何法律与规章的出台都要进行健康影响评价程序（NCCHPP，2002；Banken，2004）。在泰国，国家健康法案直接包括了健康影响评价（Phoolcharoen et al，2003；泰国政府，2007），该法案的第 11 节赋予公民要求及参与公共政策、项目或工程的健康影响评价的权利。泰国宪法第 57 条确立了一项权利，即任何公民都可以从可能对其健康造成影响的任何国家及当地政府的工程和活动中获得信息、解释和理由。泰国已经公布了健康影响评价的规则与规程（HIACU，2010），强调在环境评价中纳入健康因素（Nilprapunt，2010），建立了在泰国甚至东南亚推行 HIA 的一整套程序（Pengkam and Decha-umphai，2009）。老挝人民民主共和国已经制定了 HIA 的政策，柬埔寨和越南通过在现有法律的修订版中提及 HIA 来制定 HIA 政策。澳大利亚与新西兰也做了大量相关工作（WHO，1988；Kickbusch et al，2008；CHETRE，未标日期）。在立陶宛，其 2002 年出台的公共健康法于 2007 年进行了修订，要求公共健康部门在进行提案的经济活动时执行 HIA（Ingrida Zurlyt，私人通信）Roscam Abbing（2004）描述了 HIA 在荷兰的发展。威尔士议会政府于 1998 年在英国进行权力下放时成立，它认可所有健康政策的重要性。威尔士健康影响支持小组于 2001 年成立，且一直相当活跃（WHIASU，未标日期）。其他的地区或政府正在就是否制定此类政策进行争论或正在落实已经制定的相关政策，包括美国加利福尼亚和日内瓦。在下文 1.5.2 节将讨论一些其他的支持 HIA 的健康政策。

1.4 更大范围的文献

在过去的 20 年间，大量关于 HIA 的导则已经出版。截至 2009 年，网络上可以找到 30 多个 HIA 导则（Marla Orenstein）（例如，参见 Birley and Peralta，1992；Birley et al，1997；Scott-Samuel et al，2001；EC HCPDG，2004；WHIASU，2004；IPIECA/OGP，2005；Harris et al，2007；ICMM，2010）。其中的许多导则是针对特定受众的，它们都非常简略，因此不能作为入门教材使用。有些是专门针对特定部门而写的，如农业、能源、交通、住房或水资源管理部门。有些是专门针对特定国家而写的，如苏格兰的公共部门或者加拿大的联邦政府。或者针对专门的区域而写，如欧共体。有些专门针对单一的疾病群体，如病媒传播疾病（Birley，1991），有些则旨在将健康整合入其他形式的影响评价，如整合到环境影响评价中（参见 Birley et al，1997，1998）。所有这些导则的目标读者是开发银行、公司、联合国代理机构、当地部门和国家政府等。

目前，相关的论文和学术文献的数量在日益增加（Kemm et al，2004；Wismar et al，2007）。发表 HIA 论文的专业期刊包括《影响评价与工程评价》（*Impact Assessment and Project Appraisal*）（IAIA，未标日期）和《环境影响评价评论》（*Environmental Impact Assessment Review*）（未标日期）等。相关的论文也越来越多地出现在主流的医学与健康科学期刊上。很多其他学科中已经出版的书籍也越来越多地包含关于 HIA 的章节，包括社会学、公共健康等学科（例如，Scott- Samuel et al，2006）。

许多文章都可以通过搜索文后“进一步信息来源”（见 HIA 网站，未标日期）中给出的出版社和专业网站从网络上获得，而笔者出版的一些书籍可以从 www.birleyhia.co.uk 上找到。

1.5 驱动力：内在的和外在的

在编著本书的过程中，我列举了一些在法律和规章中要求执行 HIA 的国家。其他的一些国家正在考虑或者准备实施该措施。此外，还列举了一些国际要求（参见 1.5.2 节外部驱动力）。本书的一些案例中也包括了足以说服公共部门进行评价的政策建议。那么，为什么全世界正在开展如此多的 HIA？其中的动因可以被进一步划分为内部驱动力和外部驱动力。

1.5.1 内部驱动力

内部驱动力源自某个特定组织的使命、期望、目标和目的。它们被视作有益于组织本身并有助于其实现目标的力量。例如，有些跨国公司（如石油、天然气、采矿公司等）具有执行影响评价的“商业因素”（Birley，2005），这些商业因素包括：

1）声誉；

2）运营许可；

3）员工满意度；

4）风险管理；

5）差异化；

6）成本效益；

7）企业社会责任声明。

声誉被视为一种无形的资产，有消息称声誉为企业带来的利润可以占到年收入的 10% ～ 20%。运营许可制度同时适用于国家和地方层面，在国家范围内，政府可能与公司签有协议，允许其在特定区域内进行经营作业。在运营后期，公司可能希望政府同意其在新的地点进行经营作业。如果公司的经营被认为是有益的，公司获得许可的可能性就会更大。在地方层面上，公司希望与邻居们保持良好的关系，它肯定不希望附近居民在公司大门前的路上静坐示威，影响其生产经营活动。员工满意度也非常重要，因为这些专业职工通常都被认为是公司最重要的资产，公司的行为方式应该被员工接受，否则他们可能离职，带着技术另寻出路。当然，公司可以通过“漂绿”的方式力求维护其声誉。所谓“漂绿”，就是在不需要做很多实际工作的情况下依然能够为自己创造一个负责任的形象。然而，如果仅凭这种方法，公司将很难确保能获得经营许可并维持较高的员工满意度。

公司会执行许多风险管理措施。一些经过培训的经理人能够识别出影响公司成功的各种风险，并通过对这些风险的分析对其加以控制和管理。而公司活动对社区健康造成的危害对公司声誉及经营许可而言都是一种重大风险，这可能会影响风险分析师对公司金融风险的看法，从而进一步影响公司借贷的利率。

差异化是指公司需要在消费者的眼中做到与其竞争者不同。例如，两个公司销售烧烤用的不同品牌的木炭，其中一家公司可以宣称其木炭是本地供应商使用可持续原料制作的，以此来与其他公司加以区分。

所以，这种“商业因素”驱使着公司考虑其经营所带来的未曾预料的影响。虽然其在本质上没有利他主义的动机，但这种行为也会带来对健康的保护与缓解措施。然而，这种类型的内部驱动力会因为市场的改变或领导者的变更而随之改变。一些 HIA 机构可能之后会摒弃这种程序，或者对其进行“面目全非”的修改，导致其失去原有的价值。

1.5.2 外部驱动力

外部驱动力是指条约、法律、规章或合同条款对于机构的强制约束力。目前有许多的外部驱动力支持着 HIA，我期待未来会有更多。

1.5.2.1 人权

人权与 HIA 都涉及改善健康状况和提高公民福利的问题（MacNaughton and Hunt，2009）。人权为人们提供了一套价值观和一种伦理与法律的框架。人权的特点是普遍性、不可剥夺性、独立性和不可分割性、平等性和非歧视性（OHCHR，

1948）。人权在许多条约和会议中都有所体现。世界上的每个国家都批准了至少一项包含健康权利的国际条约（MacNaughton and Hunt，2009）。

《经济、社会及文化权利国际公约》包含了最广泛的可适用条约，参加该公约的国家承认每个人都享有得到高标准的生理与心理健康的权利。这一点可以进一步细分到各种健康决定因素，如水供应和卫生、居住、食品和公共参与等因素。正是这种可以控制决策的权利影响着人们的身体健康，它被进一步细分为四个基本因素和六个关键概念。其中一个因素是逐步实现健康权，意味着国家必须采取明确的措施，保障所有人的健康权利，并且不允许出现退步的做法。而进行健康影响评价是确保在政策发展方面逐步实现健康权、避免出现退步的工具。

对人权要求的总结

健康权的逐步实现意味着不允许出现退步的做法。

1.5.2.2 《阿姆斯特丹条约》与欧洲委员会

自欧盟成立以来，健康问题就出现在了欧洲条约中。1997 年的《阿姆斯特丹条约》是对先前欧洲委员会条约的修订（EC，1997），其第 152 条（取代了之前的第 129 条）比之前的范围更广。该条款规定在所有欧共体的政策的定义与实施方面，都要确保高水平的人类健康保护。在成员国之间的合作领域，新条款不仅列举了疾病和重大健康灾害，而且更加广泛地提到了所有对人类健康产生危害的原因，并同时提出了改善健康状况的整体目标。然而，由于大部分的行政权力实际上都为各成员国自己掌握，因此，欧共体的作用只是辅助性的，主要限于向成员国的努力提供支持，帮助他们形成并落实相关的目标和战略。欧洲委员会出版了一部 HIA 指南（EC HCPDG，2004）。

欧洲委员会还出版了一本白皮书，提出了改善人们健康状况的战略方法（CEC，2007）。这本白皮书规定了所有政策中的健康原则（HIAP）。它认为人口健康状况的好坏不仅只是健康政策自身的问题，其他欧共体政策也对其起到了重要的作用。联合行动的目的是进一步将健康问题纳入欧共体、成员国和区域层面之中，包括运用影响评价（IA）和评价手段。

事实上，一些企业的行为已经严重影响了这一条约，其中包括那些制造损害健康的产品的企业，这导致新的欧盟政策优先考虑了这些企业的自身利益（Smith et al，2010）。究其原因，已经开展的影响评价过分强调经济影响，以企业利益为主，未能充分评价健康影响。

1.5.2.3 美国的环境影响评价

美国《国家环境政策法》提出了一项广泛的要求，即“改善人类健康状况并提高公民福利”。因此，对环境影响评价的政策要求就意味着对 HIA 的政策要求，然而，在包括美国在内的许多区域的司法权中，健康影响并没有得到系统的考虑（Steinemann，2000）。现在这种情况正在逐步改变（Dannenberg et al，2008）。

1.5.2.4 英国的法律系统

1998 年，英国制定了人权法案（HM 政府，1998），使得欧洲人权公约中包含的基本权利和自由（欧洲委员会，1950）在英国有了进一步的法律效果。

根据英国的法律系统，任何公共权力部门，在其批准的计划或做出的与现有活动相关的管理决定会对人权产生影响时，必须考虑该影响的性质、严肃性以及是否有利于公共利益。如果做不到这一点，根据 1998 年的人权法案，该公共部门的行为就是违法的（Roger Seddon，个人通信）。

法律挑战的例子

例如，8 位居住在西斯罗（Heathrow）机场的申请者宣称政府关于西斯罗机场夜间飞行的政策侵犯了他们的人权，而且他们就此提出的有效的国内补偿措施也遭到了拒绝（欧洲人权法院，2003）。欧洲法院裁定英国有罪，它没有提供足够的评价措施以减缓潜在的健康影响。法院宣布“在相关工程开始前，应该进行适当的调查与研究”。

1.5.2.5 英国的规划系统

在本书的写作过程中，英国规划系统正处于不断变化的状态。人们日益认识到，规划是健康的重要决定因素，但是其考虑到的在健康影响方面的法律要求和义务却是有限的（RTPI，2009）。当地权力部门可以出台正式的政策，要求在特定规划应用中执行 HIA，有的地区已经采取了这种做法。但将政策正式化的过程中也出现了一些障碍，包括健康问题的规划者缺乏经验，健康权力部门缺乏法定职能，规划者与健康实践者之间缺乏足够的证据基础和交流（Burns and Bond，2008）。具体内容详见第 11 章。

1.5.2.6　战略环境评价

战略环境评价（SEA）的定义如下：一种系统的、以目标为导向、具有前瞻性和参与性的决策支持程序，用于形成稳定的政策、规划和项目，从而提高管理水平（Therivel et al，1992；Fischer，2007）。

在欧洲，战略环境评价中的健康部分得到了两大关键法律框架的支持：

1）战略环境评价指令确定了一项法律要求，要求欧盟成员国及其新增候选国（欧洲议会和欧盟委员会，2001）要考虑对人类健康产生的重大影响。该指令局限于“特定规划和项目”，许多政策都没有包含在内（Burns and Bond，2008）。

2）2003 年，在乌克兰首都基辅，35 个欧洲国家签署了《联合国欧洲经济委员会关于战略环境评价的议定书》，并于 2010 年 7 月生效（UNECE，2003）。该议定书明确提到了人类健康，并且对健康做了一个宽泛的解释。

此外，第四届环境与健康问题的部长会议已经在布达佩斯召开，本次会议呼吁成员国在评价战略提案时，要将重大的健康影响考虑在内（世界卫生组织欧洲地区办事处，2004）。

总之，这两大法律框架倡导将环境保护和健康状况改善更紧密地联系在一起，为健康部门提供良机，使其在环境领域发挥管理作用。大量出版物、会议和研究论文都尝试着对健康内容包含于战略环境评价指令当中的方式进行了阐释（WHO，2001；DCLG，2005；Fischer，2007；Nowacki et al，2010），但目前仍然存在一些问题。例如，在某种实践程度上，我们依然不清楚健康的哪种社会因素应该被考虑在内。

迄今为止的经验显示，战略环境评价的实践与空间规划和交通运输规划有很大的关系（Fischer et al，2010）。例如，在英国，战略环境评价指令在土地使用规划中的作用是检查区域规划与地区规划所带来的影响，并提出修正意见，以便使这些规划更具可持续性（Burns and Bond，2008）。而分布影响和累积影响（见第 2 章和第 12 章中的解释）受到的关注很少；该指令要求考虑气候变化，但却很少提到其对健康的影响。2004 年，在英国，战略环境评价指令升级成为一项法律。2007 年，英国卫生部启动了一项与战略环境评价中健康部分的导则有关的咨询活动（Williams and Fisher，2007，2008）。在咨询期间，收到了大量建议。其中一些建议希望健康部门成为战略环境影响评价的法律咨询顾问。

1.5.2.7　国际金融公司和“赤道原则”

全世界分布着许多国际发展银行，它们由政府提供资金，然后再把这些资金借贷给政府和私人公司。地区性的发展银行包括亚洲发展银行、非洲发展银行，以及用于重建和发展的欧洲银行等。其中最著名的非世界银行莫属。世界银行集团包含了许多不同的实体组织，国际金融公司（IFC）就是世界银行的一部分，它向一些私人公司提供贷款。

2006 年，国际金融公司公布了其绩效标准，希望其所有的客户都能遵守这一标准（IFC，2006）。该绩效标准的第 4 条涉及社区健康、安全和保障问题。它要求客户在工程的设计、建造、运营和停运的各个阶段，评价其给受影响社区的健康和安全带来的风险和影响，并制订一些预防措施，来确保他们对已识别的危险和影响有相应的应对措施。与把危险和影响的程度降低到最小相比，这些方法要求更偏重于预防或避免这些危险和影响的发生。

健康影响评价不是强制性的，而且借款人可以声明自己已经通过其他方法对健康影响进行了评价。健康影响评价是国际金融公司提出的一种可以用来执行绩效标准的工具。目前，国际金融公司已经发布了健康影响评价的导则（IFC，2009）。在非经济合作与发展组织国家里，这个标准仅仅是一项要求。

“赤道原则”是一系列用来管理国际金融发展项目中的环境和社会问题的基准（赤道原则，2006）。遵守“赤道原则”的国家委托借贷银行来压制一些经济工程，因为这些工程不遵守“赤道原则”所规定的程序。鉴于世界银行的环境标准与国际金融公司的社会政策，银行大部分都会遵守“赤道原则”。因此，银行遵守“运行标准 4”，并且遵守相同的健康标准。许多经济组织已经采用了“赤道原则”，它已经成为银行和投资者评价世界上主要发展工程的实际标准。

许多承担政治风险保险的机构也提出了同样的标准，比如一些海外私人投资公司（OPIC，未标日期）和多边投资担保机构（MIGA，未标日期）。

1.5.2.8 健康不平等

促进健康影响评价发展的另一个外部驱动力，来源于国际健康问题社会决定因素委员会（CSDH，2008）的一个报告。有充分的证据证明，即便是在同一个地区，不同社区的发病率和死亡率水平都是不同的（Wilkinson and Marmot，2003）。

有些专家认为不平衡和不平等是近义词，健康不平衡可以被认为是一种对事实的陈述：基于诸如性别、种族、社会经济地位及地理位置等因素，在某些情况下，不同的人群之间会存在明显的健康差别，这些差别的存在是完全合理的，例如，较差的视力在老年人群中是更常见的。与此相对的是，健康平等可以被视为一种价值陈述：所有的个体都应该有一个平等的机会来发挥出他们所具有的潜能。国际健康问题社会决定因素委员会提议：健康不平等与政策的失败有关。我们有理由期望政府促进健康平等，并且需要采取措施来确保其被写入提案。应该评价提案对不同社区健康的分散影响，并且提出能够管理这些影响并提高公平性的合理建议，而这些事都需要一些工具来完成。国际健康问题社会决定因素委员会赞同基于这种目的而使用健康影响评价作为其实现工具的观点，然而其主要关注点是政府的政策，但我们有必要把健康影响评价应用到所有提案中。

国际健康问题社会决定因素委员会的报告具有很高的影响力，因而才能确保世界卫生大会在2009年下定决心促进健康平等。反过来，这又对WHO进行健康影响评价的改善提出了越来越强烈的要求。在2010年的英格兰，Marmot的评论进一步促进了对健康不平等现象的管理（Marmot，2010）。在2010年的英国，公正的影响评价已经成为一项法定要求（地方政府的改善与发展，2010）。

1.5.2.9 国家健康目标

许多国家制定了国家健康目标和战略，以处理优先考虑的健康问题，如肥胖。而这意味着健康影响评价将是执行这些战略的工具。这些战略通常专注于单一疾病。例如，解决少年肥胖问题的战略反映了健康影响评价的重大发展（Executive Office，2010）。

1.6 健康影响评价的背景

如表1.1所示，健康影响评价可以发生在不同的层面上，如公共层面和私人层面、项目层面和政策层面。合作关系是指公私合营，即商业、国营部门经济，通常还包括非政府组织（NGOs）之间的联合投资。项目指的是相似工程的集合。这些不同的层面将在下面进行论述。

表1.1 健康影响评价不同内容的例子

	项目	规划	政策
公共的	房屋重建 水源贮藏	当地的交通运输发展方案	欧共体农业政策 公共健康政策 所有政策中与健康相关的内容
公私合营的	焚化厂 水力发电站	居住用房 土地分布	促进民间组织、国营部门和私人公司之间的联合投资
私人的	提炼厂 土地使用开发	配电网	国际金融公司的保护政策 赤道原则

1.6.1 公共部门和私人部门

在公共部门中，人们期望政府部门可以在能使社区受益的总体背景下来追求其目标。而现实是，政府的复杂性意味着不同部门之间通常难以为了共同利益进行合作。进一步来说，可能只有在牺牲某一特殊群体利益的代价下，不同的部门才可能会产生共同利益。实际上，某一个政府部门的行为可能会损害另一个部门的利益。例如，欧盟决定给畜牧业提供补贴，以增加奶制品的产量，然而与此同时，卫生部门正在开展旨在减少乳制品脂肪消耗的工作（Dahlgren et al，1997)。值得注意的是，公共部门自律的能力较差，并且政府通常难以以一种一致的方式工作。在许多国家，可能很难判断执行一个综合的影响评价所需的额外费用。

政府内部矛盾客观存在的例子

政府为了给国内输电网提供电力，可能需要一个供水力发电的水库。为了获得这项公共利益，某社区会从一个河边乡村被强行安置到别的地方，他们可能还会遭受到健康挑战。

在私人部门中，为了利益相关者的自身利益而不是社区整体的利益，人们会期望商业能够保持自己的客观性。然而，就像我们在 1.5 节探讨的那样，会存在内部的和外部的驱动力，以确保商业对健康的消极影响得以减缓，对健康的积极影响能够增强。一些工程的支持者（如开发者、公司和法人）会向一些决策者征求许可，来实施他们的工程。决策者可能是政府规划人、法定顾问或者金融银行，甚至可能是工程支持者组织的内部人员。他们有义务追求利益或者控制成本，但是可能会把健康影响评价看作是做生意的一种合法成本。

也会存在第三部门，即非政府组织。就像公共部门一样，人们也会期望这些组织为了公共利益而保证自身的客观性。然而，他们的提案中可能也会包含未考虑到的健康影响，因而需要进行健康影响评价，但他们可能没有资源来进行这种评价。

在工程层面会出现一个公私合营的趋势，在这个趋势中，政府部门、私人工厂和特殊的非政府组织相互合作，共同完成在私人开发项目附近的社区发展工程。

1.6.2 工程和政策

需要进行健康影响评价的提案包括工程、项目和政策。公共健康政策的目的显示在表 1.1 的公共政策栏里。而该目的又催生了“健康内容应该为所有的政策所包含”的呼吁。

许多刊物都讨论了健康影响评价作为促进公共政策健康的工具的价值（例如，Metcalfe and Higgins，2009）。在不同的部门，通过调整相关政策，能够阻止一些社会上的重大疾病给健康影响造成的巨大负担。例如，一些数据表明，可以通过消除环境风险因素来避免 80% 的心血管疾病、第二类糖尿病以及 40% 的癌症（Metcalf and Higgins，2009）。健康影响评价被认为是一种可以确保公共决策者做出更加健康的政策选择的工具。

表 1.1 中的私人政策一栏，是借贷银行的防卫政策和跨国公司的使命宣言。例如，跨国公司可能会力图成为“友好邻居”。参见 1.5.1 节的商业案例。在战略水平上，战略环境评价的重要性正在不断增加。

对政策进行健康影响评价的一个例子是欧共体对共同农业政策的探讨（Lock et al，2003）。它调查了斯洛文尼亚国内的食品政策和农业政策中的一些问题，并得出了要在健康部门和农业部门之间加强横向合作的结论。

1.6.3 部门和附属部门

健康影响评价的评价尺度包括部门、附属部门以及国家和地区。本书通过城市住房规划、水资源规划和冶炼厂建设等案例来阐述评价尺度的多样性，这种多样性为健康影响评价从业者带来了挑战。迅速了解新的不熟悉的评价尺度、相关的健康决定因素以及管理其运行的文化和程序，是从业者所需的技能之一。正如之前所述，从业者必须了解其他部门的议程及其支持者的情况，而不是期望他们来了解卫生部门的议程。

没有任何一个从业者能够熟知所有的环境，所以从业者的专业化是必然的。然而，这里所指的专业化不同于学术领域的专业化。为了了解所有与影响评价背景相关的健康问题和健康决定因素，从业者必须与主要的信息提供者以及文学评论者进行交流。从学术角度来讲，健康影响评价从业者应该是一个全才。例如，仅仅有空气污染的健康后果方面的详尽知识，对健康影响评价的一个交通运输提案来说是远远不够的，比如，这样可能会遗漏掉交通运输对诱发肥胖的影响。

1.7 影响评价和社会投资

公司通常会将它们收益的一部分用来造福于社区，他们可能会通过慈善捐赠或者帮助社区发展、增加社会投资和建设相关工程来实现造福社区的目的。

慈善事业和社会投资之间的区别是非常重要的。慈善事业通常只是通过单方面的付出来提升社区的幸福，这与商业工程无关，其持续性没有保障，并且是一种自愿的慈善行为。例如，一个饼干公司可能会支持离它最近的城市里的一个剧院。相比之下，社会投资则是与商业工程直接相关的。例如，某公司可能会决定在附近的学校里开办职业培训课，希望该课程能够为公司提供一个持续的劳动力来源。因此，该培训课程依靠公司来维持，且该公司靠来自于培训课的新成员来维持。社会投资也可以通过对当地商品和服务的采购来实现社区的综合发展，而这有助于保持公司营业执照的有效性，从而又反过来为公司的商业活动做出贡献（Hastings，2002；Shell UK，2009）。社会投资程序有时也会包括直接的健康成分，如清洁水的供给、绿色空间或者母婴诊所。

社会投资应该基于对社区需求的分析。不论这些需求是否相同，提案都将会在那个社区附近实施。这些需求并不属于提案带来的影响，并且严格来说也不是其支持者的责任。社区健康需求就是这样一个例子，社区健康需求的健康影响评价文件可以提供一些告知社会投资程序所需内容的知识。至于健康影响评价和健康需求评价之间的联系，将在 1.8.2 节讨论。

我们在英国城镇规划中发现了一个相似的概念，在这个案例中，社会投资被称作计划收益或第 106 条协议，而且社会投资也不是自愿的。一个希望建造大量新住宅的开发商，被要求同时做一些促进公共领域发展的事情，如建设绿色空间、学校和诊所，而这些额外的成本则会增加房屋的价格（Cullingworth and Nadin，2006）。

战略健康管理

一些公司把它们支持社区健康需求的方法描述为战略健康管理（OGP，2000；Eni 公司，未标日期）。战略健康管理计划的目的是把系统的合作计划引入工程生命周期的每一个阶段，以确保劳动力的健康，并促进社区健康的持久发展。公司可能会相信以下方面：

1）在健康方面的产业合作是有益的；

2）产业可以帮助政府履行其对社区健康的责任；

3）早期利益相关人员的介入和磋商，可以实现社区健康的持久发展。

战略健康管理是一种基于与政府合作的联合经营方法。从合作的角度来说，健康工程应该：

1）确定优先考虑的社区健康需求；

2）对涉及的本地、地区和国家的权威人士以及主要的利益相关者进行筛选；

3）促进地理位置靠近工程所在地的社区的社会发展；

4）有一个自可持续的未来；

5）有一份详尽的商业计划；

6）符合地方标准、国家标准以及国际标准。

当然，也会有一些公司直截了当地声明，社会投资并不是他们所关心的内容。

1.8 三种健康评价

一个大型提案通常会进行三种独立的健康评价，它们通过不同的预算受到管理，影响着不同的社区，并且在彼此独立的报告中进行分析。表 1.2 是对此的总结。健康风险评价（HRA）关心的是与提案有关的劳动力的职业健康和安全，并且在某种程度上，还会关心诸如爆炸之类的能够影响周边社区的问题。健康需求评价（HNA）考虑的是人口或社区当前的健康状况，与任何发展提案都无关。相比之下，健康影响评价考虑的是提案对一般社区的未来影响。三者通常也会存在重叠部分（见图 1.3），并且在不同的国家或机构中，它们的含义也会有所不同，但它们的基础研究部分可能是相同的，在本章 1.8.1 节和 1.8.2 节将对此进行更加详细的说明。

表 1.2 三种不同种类的健康评价的总结

健康评价的类型	社区	管理计划
健康风险评价	未来的劳动力社区和一些提案实施地点附近的社区	职业健康和安全计划，风险管理计划
健康需求评价	当前的社区	社会或健康投资计划，健康改善计划
健康影响评价	未来的社区，通常排除职业健康和安全问题	减缓不利的健康影响与改善健康状况的计划

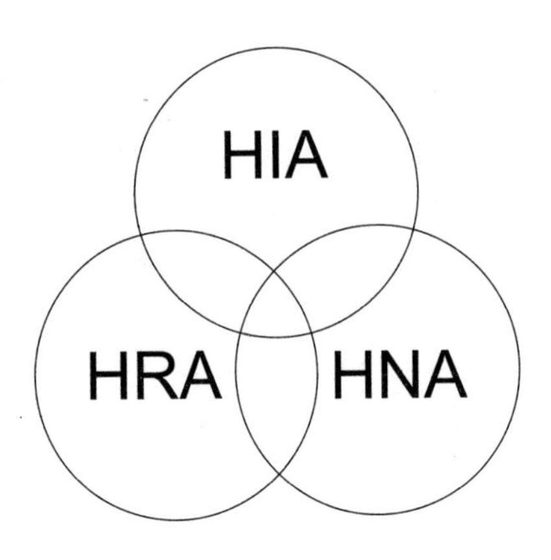

图 1.3 三种类型的健康评价

1.8.1 健康风险评价

大型组织通常会有自己的职业健康和安全专家以及高质量的计划，用以管理和改善工人的健康和安全状况，并确保公共设备的安全运行。在提案的设计阶段，他们会进行关于提案的健康风险评价。这个评价通常被限制在“围墙里面”，换句话说，就是被限制在风险和设备直接受到管理控制的地方，但也包括了一些超出围墙之外的工程问题。例如，设备发生爆炸的风险，以及有毒化学物质的泄漏。除了那些经常外出的职员，如卡车司机、航班工作人员以及海外工作的管理者，健康风险评价通常不包括像性传播感染这一类问题。附近社区的健康条件在某些程度上与健康风险评价相关，进而导致职业风险。例如，如果在当地社区疟疾非常流行，那么劳动力就会处在感染疟疾的风险中。进一步的信息，可以参见第 5 章。

健康风险评价很大程度上被限制在围墙之内，而健康影响评价则很大程度上处在围墙之外。由于绝大多数劳动力的健康都是通过健康风险评价来管理，因而在健康影响评价的过程中就不需要对其投入太多关注。然而，当问题“透过围墙”时，就会出现例外。例如，会存在很多与工人和社区相互作用相关的健康问题。

公共部门中，在某些背景下，健康风险评价可能会有一个与上文稍有区别的含义。例如，卫生部门可能用这个词条来描述对健康干预的评价。在其他背景下，职业风险则被明确纳入健康影响评价中。

1.8.2 健康需求评价

简单来说，健康需求评价（HNA）是一项对已有社区的健康状况的调查，需要制订一个理性的需求优先顺序和管理计划来满足这些需求（Wright et al，1998；NICE，2005；Wright and Kyle，2006）。健康需求评价和健康影响评价有一些相通之处，而主要的不同在于：健康需求评价关注的是已有的需求，而健康影响评价关注的是未来的需求；健康需求评价关注已有的社区，而健康影响评价关注于提案。

例如，在贫困的乡村社区，健康需求评价可能会注意到高水平的儿童腹泻发病率和死亡率。这些社区可能没有干净的可依靠的水源供给，并且当地主要的医疗诊所可能会因为缺少药物而难以发挥作用。健康需求评价可能会提出关于改善水资源供给和诊所管理机制的建议。

健康需求评价和健康影响评价之间也有一些相同的部分。两者都要先确立一个评价的范围、基础或轮廓，再进行差距分析和更进一步的数据收集，随后会对数据进行分析、排序，最终会提出一些建议，并将其纳入管理计划中。而这两种评价的差别在于分析和建议的不同。需求评价涉及已有社区及其已有需求和优先顺序。而影响评价则考虑与发展提案相关的额外影响，这也包括了对当前并不存在的新的社区人员出现后可能带来的影响，如随着工人大军流动的家属和建筑工人对社区的影响。

需求评价给社会投资计划增加了一项额外的投入，这里以一个位于乡村地区的工业计划为例，该提案可能会包括一项能给社区带来一系列积极影响的乡村发展计划；而健康影响评价应该会影响到工厂方案的设计和运行。这应该能够缓和对已有社区和未来社区的消极影响，同时也能够提供健康方面的收益。

图 1.4 展现了健康影响评价和健康需求评价之间的一些联系，它的背景是处于低收入经济体中的一个乡村工程。两种评价都要求对总结社区中已有的健康、社会和环境条件的基准数据和文件做一些准备工作。健康需求评价会聚焦于已有的条件，并且可能为社会或健康投资提出一些建议。这些通常都会在与专家、当地非政府组织或者一个恰当的机构（如当地卫生部门）的合作中得以实施；为了减少贫困和改善健康状况，其中一个建议可能是刺激当地商业并发展新的行业。例如，有关部门应该支持小额融资并举办一些假期培训。同时，健康影响评价应该涉及由于这个工程而得以改善的将来的情形。其中一项提议是，为了把这项工程融入当地社区并能够通过减少饥饿来提高健康上的收益，项目方在任何可能的时候都要购买当地的商品和服务。在这一问题上，下述的两个过程是息息相关的：社会投资计划促进了当地商业的发展，反过来当地商业的繁

荣又会为社会投资提供商品和服务，因此，健康影响评价的具体建议应该来源于当地。

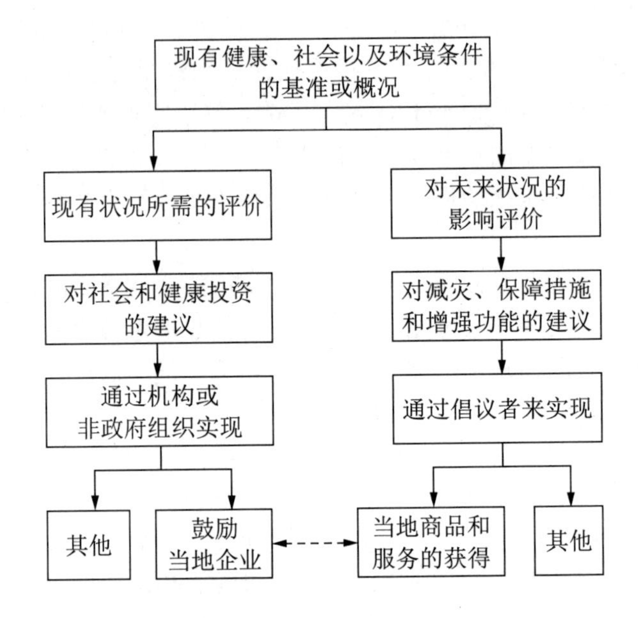

图 1.4 健康需求评价与健康影响评价在低收入国家乡村项目中的联系

健康影响评价给提案带来财政预算方面的影响。为了建立基线条件、减缓提案的健康影响和实施社会投资计划，应该对预算进行分列。

1.9 量化

许多健康影响评价使用的都是定性的方法，目前，对于定量方法的重要性，业界依然存在争议。健康影响评价中可能会用到不同种类的定量方法。较为简单的一种方法是调查指定社区中人们的观点，我们可以使用定量方法来决定调查样本的大小，并计算回复的频率。例如，我们可以就他们对提案的期望和担忧等主题对具有代表性的目标组样本进行采访，调查的结果将以百分比的形式呈现出来，有的结果存在标准偏差，另一些结果则没有标准偏差。例如，我们可能会采访 10% 的社区居民："你们是怎样看待焚化场建设项目的"。而样本中 30% 的人可能会关心环境污染问题。另外，也有健康统计数据和特殊的调查，特殊调查描述了关于定量评价的基本条件。量化方式可以是描述性的，而非预测性的。

具有预测性的数学、统计或动力模型被一些决策者看得很重，因为它们可能会增加评价结果的客观性和准确度，并且能确保不同的干扰因素具有可比性。数字化的输出结果可以被用作更高层次模型的输入，比如经济模型。在政策分析中，这些模型也具有非常大的样本总数，且干扰因素和结果之间存在着统计关系，因而模型化看起来非常恰当。为了建模并对其可靠性进行证实，可能会需要庞大的资源，如人力资源、基金和学术兴趣。在工程水平上创建此种模型的机会通常是有限的。在本书的第5章，会对各种模型的应用以及业界对定量方法的支持或反对的情形开展进一步的讨论。

模型化的反对者可能会提出以下反对意见：这需要大量的简化后的假设，然而提案和人口健康影响之间的联系存在着复杂的相互作用。模型化可能会给假设带来一定的可信度，但是这可能是错误的，因为模型产生的数据依靠的是先前所做出的假设。

与健康影响评价相关的文献评论应该包括报道量化结果的出版文件，这通常只能表现出全部影响评价中的一小部分内容，但是表现得很详细。它们也可以用来作为一个论据。例如，现今有很多关于特殊的空气污染和人口死亡率之间关系的科学调查证据，而这可以用来估计与减少空气污染的提案相关的死亡率的下降程度。但其中也存在这样的风险，即评论中已经被量化的小部分与剩余部分相比，将会被决策者更加看重。

很多健康影响评价分析都使用简单的排名来代替量化。当我们想要对“一个特殊的提案是否会改变一个特殊的健康结果”这个问题进行评价时，此时的排名可能包括：很好、较好、糟糕、非常糟糕和不变。我们也可以对健康影响的优先顺序进行排名：很高、低和不重要。这个排名是根据合理的论证而非数字化的分析来进行调整的。我们可能会发现，一个建议可能会降低一个结果的排名，可能会从非常糟糕降低到不重要。这个争辩也可能是不正确的，但是如果它是清晰明了的，那么读者可以自由选择赞同或反对。在很多情况下，为了保障人类的健康水平，很多提案都能够得以改善，随之而来的是，很多建议都有一些价值，尽管它们可能不符合成本效益。

1.10 伦理

健康影响评价需要进行价值判断，而这需要一个清晰的伦理框架来指导。为了指导健康影响评价，已经提出一些关键的伦理价值（世界卫生组织欧洲卫生政策中心，1999；Scott-Samuel et al，2001）：

1）民主主义（参与决策制定）；

2）公平；

3）可持续发展；

4）证据的伦理学应用；

5）采取一种综合的方法保障健康水平；

6）尊重人权。

另外，国际影响评价协会已经颁布了一项法案，用来指导所有的健康评审员（国际影响评价协会，未标日期）。我在本书的第 12 章中会更加细致地讨论伦理学。

1.11 综合与分裂

在工程实例中，一般在开展健康影响评价的同时，环境影响评价和社会影响评价（SIA）也会开展。这些评价可能会并列进行，也可能会被整合到一起，而整合在一起的评价有时候被称作环境、社会和健康影响评价（ESHIA），或者环境和社会影响评价（ESIA）。

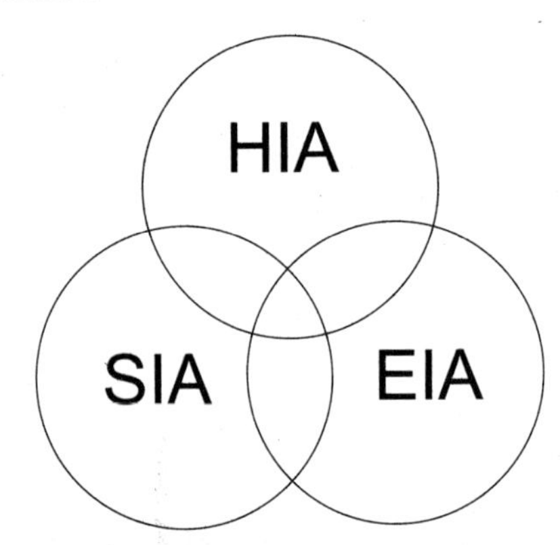

图 1.5 健康影响评价、社会影响评价和环境影响评价的重叠

在健康影响评价、社会影响评价和环境影响评价之间存在相当大的重叠部分。例如，由污染物排放引起的中毒既是一个健康问题，又是一个环境问题；失业引起的精神压力既是一个健康问题，又是一个社会问题；水资源供给问题则同时涵盖了三种评价。此外，在健康和社会调查之间也存在很多相似之处。重叠部分可以通过图 1.5 展示出来。然而，影响评价中有很多组成成分在逻辑上不能分配到三个区域中的任何一个。一个团队应该怎么决定由哪个组来负责重叠部分呢？该决定的做出应该是实用的，应该以技术、资源和可用时间为基础。然而，这不应该被理解为是一个能让没有健康背景的评审员负责健康影响评价的机会。有很多健康评价的例子，它们都包括健康的短评。典型的例子包括关

于“健康教育”的综述、治疗的医疗服务，或者专注于毒物学，把其他的健康问题都抛到脑后。

整合影响评价的管理受控于一个环境顾问公司，它代表客户的利益。他们把资源分配到三个组成部分里，并制订一个平衡报告。而各组成部分之间的协作应该确保资源的最佳共享。其中的一些缺陷将会在第4章中进行讨论。这三类评价的时间分配也是非常重要的。例如，三个组成部分应该并列进行或者交叉进行。环境影响评价和社会影响评价的输出结果通常可以作为健康影响评价的输入。所以健康影响评价应该放在最后进行（Birley，2003）。

健康影响评价本身是一个由分隔的各部分组成的进程。以下是对其组成部分的举例：

1）健康不平衡影响评价；

2）健康不平等影响评价；

3）健康系统影响评价；

4）环境健康影响评价；

5）心理幸福度影响评价。

对于这种分隔方法，目前尚存在争论。每一部分都强调了健康影响评价的每一个组成部分，每一部分都应该受到足够的重视。但是在综合考虑问题的情况下，这一目标很难实现。这些可以从提供一个整体的、平衡的评价的综合目标中分离出来吗？它是对卫生部门内的机构分部情况和每一分部对稀有资源竞争情况的反映吗？来自于卫生部门外的观察者将怎样理解这种分裂？比如，运输部门、教育部门或者农业部门。健康影响评价应该是完整的，所以我不支持这种分裂。

1.12 当事情出错时：博帕尔（Bhopal）

通常，评价进程都会提供一个用以保护社区和环境免受因错误决策造成的悲惨后果的机会。印度博帕尔的一个化工厂提供了一个形象的例子，这个工厂之前属于一个跨国公司——联合碳化物公司（Union Carbide）。1984年，有毒的气云从一个高压容器中释放出来，成为有记录以来最糟糕的一次工业事故。

严格来说，这并不算健康影响评价的一个案例。然而，它是健康风险评价中的一个问题。尽管在工厂建造时就已经在周围建立了缓冲区，但在多年以后，它已经被周围的居民占用了。这次泄漏的原因是工程失误，这些失误都发生在工厂内，并且是在工厂管理人员和董事会的控制之下。

2009年6月，美国国会议员向联合碳化物公司的首席执行官（即陶氏化学公司目前的拥有者）发送了一封信件。尽管事故发生在 25 年前，这封信依然宣称这个公司在事故发生之前、期间和之后一直在逃避责任，并且直到现在依然在这样做（博帕尔医疗呼吁，2009；Bhopal.net，2009a）。

信中宣称，联合碳化物公司在事故发生之前就开始逃避责任，事故的发生归因于不成熟的技术、双重标准和不顾后果的成本节制。它同样宣称，联合碳化物公司在事故发生期间和之后几个月依然在逃避责任，具体的表现为：否认自己应为事故承担责任，在医疗问题上故意提供错误的信息，发放给受害者的赔偿金额太少，发放时间也太晚，并在印度逃避审讯。

信中宣称，这次事故造成了以下后果：

1）500 000 人中毒；

2）22 000 人死亡；

3）每月会有 15 人持续死亡；

4）事故发生地仍然存在严重的化学污染，化学物质已经渗透到了当地的水源中，从而继续使人们中毒。

信中进一步声称，该公司用在聘请律师和疏通公共关系上的经费，比用于补救和赔偿的经费还要多。

人们可以通过网站查到信中这些声明背后的整个事件，其中也包括联合碳化物公司在博帕尔的网站（联合碳化物公司，2008）。一个令人忧心的声明是关于它的共犯，即联合碳化物公司聘用的医疗组成员（Bhopal.net，2009b）。网站声称，联合碳化物公司医疗组的官方人员告诉质疑者，丙烯酸甲酯仅仅是一种刺激性物质，就像催泪瓦斯一样。还有一个声明宣称，联合碳化物公司在美国的总部继续发表着这种说法，尽管已经有很多人因为这种物质而死亡。

我们从这个案例中学到的内容将包括以下方面：

1）诸如把利益看得比责任更重、由律师而不是执行委员会的官方人员做出一些决定、做出冒险的决定和使用双重标准等行为对人类造成的后果；

2）一旦发生健康事故，相关责任单位的声誉将受到损失，营运证也将被吊销；

3）实施在评价过程中所提出的建议的必要性；

4）继续长期实施这些建议的必要性；

5）公开和透明的重要性；

6）拥有一套能在事故发生之时起作用的恢复程序的必要性，它应该优先保护社区居民，其次才是保护对事故负有责任的机构；

7）政府对工厂应该有完善的管理措施，并有效管控土地的使用。

1.13 练习

通过互联网找出亚洲和非洲发展银行对 IFC 绩效标准的看法。

阅读一些从互联网上获取的健康影响评价导则的介绍部分，以便从不同的角度看待健康影响评价。

参考文献

Acheson, D., D. Barker, J. Chambers, H. Graham, M. Marmot and M. Whitehead (1998) 'Independent inquiry into inequalities in health report', www.dh.gov.uk/en/publicationsandstatistics/publications/publicationspolicyandguidance/dh_4097582,accessed February 2011

Ashton, J. (ed.) (1992) *Healthy Cities*, Open University Press, Milton Keynes

APHO (Association of Public Health Observatories) (undated) The HIA Gatewa, www.apho.org.uk/default.aspx?qn=p_hia, accessed July 2009

Banken, A. (2004) 'HIA of policy in Canada', in J. Kemm, J. Parry and S. Palmer (eds) *Health Impact Assessment, Concepts, Theory, Techniques and Applications*, Oxford University Press, Oxford

Bhopal Medical Appeal (2009) http://bhopal.org/index.php?id=23, accessed June 2009

Bhopal.net (2009a) 'International campaign for justice in Bhopal', www.bhopal.net, accessed July 2009

Bhopal.net (2009b) 'Union Carbide's medical response: Immediate aftermath' www.bhopal.net/bhopal.con/medical.html, accessed July 2009

Birley, M. H . (1991) 'Guidelines for forecasting the vector-borne disease implications of water resource development', World Health Organization, www.birleyhia.co.uk, accessed 2010

Birley, M. (2003) 'Health impact assessment, integration and critical appraisal', *Impact Assessment and Project Appraisal*, vol 21, no 4, pp313–321

Birley, M. (2005) 'Health impact assessment in multinationals: A case study of the Royal Dutch/Shell Group' *Environmental Impact Assessment Review*, vol 25, no 7–8, pp702–713, www.sciencedirect.com/science/article/B6V9G-4GVGT8V-1/2/01966b5af4f9ae9ecd390e4dd382a5a3

Birley, M. H. and G. L. Peralta (1992)*Guidelines for the Health Impact of Development Projects*, Asian Development Bank, Office of the Environment, Manila

Birley, M. H., M. Gomes and A. Davy (1997) 'Health aspects of environmental assessment', http://siteresources.worldbank.org/INTSAFEPOL/1142947-1116497775013/20507413/Update18HealthAspectsOfEAJuly1997.pdf, accessed October 2009

Birley, M. H., A. Boland, L. Davies, R. T. Edwards, H. Glanville, E. Ison, E. Millstone, D. Osborn, A. Scott-Samuel and J. Treweek (1998) *Health and Environmental Impact Assessment: An Integrated Approach*, Earthscan / British Medical Association, London

Burns, J. and A. Bond (2008) 'The consideration of health in land use planning: Barriers and opportunities' *Environmental Impact Assessment Review*, vol 28, no 2–3, pp184–197, www.sciencedirect.com/science/article/B6V9G-4P7FCR4-1/2/c3a98b071d3e41f8839505c3b5d7fe57

Butterfield, R., J. Henderson and R. Scott (2009)*Public Health and Prevention Expenditure in*

England, Department of Health, London

CEC (Commission of the European Communities) (2007) 'White Paper, together for health: A strategic approach for the EU 2008–2013', EC, Brussels,http://ec.europa.eu/health-eu/doc/whitepaper_en.pdf, accessed 2010

CHETRE (Centre for Health Equity Training, Research and Evaluation) (undated) 'HIA Connect, building capacity to undertake health impact assessment', www.hiaconnect.edu.au/index.htm, accessed September 2009

Council of Europe (1950) 'European Convention on Human Rights', www.hri.org/docs/ECHR50.html, accessed July 2009

CSDH (Commission on Social Determinants of Health) (2008) 'Closing the gap in a generation: Health equity through action on the social determinants of health. Final report of the Commission on Social Determinants of Health', www.who.int/social_determinants/thecommission/finalreport/en/index.html, accessed July 2009

Cullingworth, B. and V. Nadin (2006) *Town and Country Planning in the UK*, 14th edition, Routledge, London

Dahlgren, G., P. Nordgren and M. Whitehead (eds) (1997) 'Health impact assessment of the EU common agricultural policy', Policy report from Swedish National Institute of Public Health

Dannenberg, A. L., R. Bhatia, B. L. Cole, S. K . Heaton, J. D. Feldman and C. D. Rutt (2008) 'Use of health impact assessment in the U.S: 27 case studies, 1999–2007', *American Journal of Preventive Medicine*, vol 34, no 3, pp241–256, www.sciencedirect.com/science/article/B6VHT-4RSS76V- C/2/094f349ebbf8eb230e003d37cf2548a2

DCLG (Department for Communities and Local Government) (2005) 'A practical guide to the strategic environmental assessment directive', www.communities.gov.uk/index.asp?id=1501988, accessed January 2007

DHSS (Department of Health and Social Security) (1980) 'Inequalities in health, report of a research working group', http://en.wikipedia.org/wiki/Black_Report, accessed September 2009

EC (European Commission) (1997) 'The Amsterdam treaty: A comprehensive guide' http://europa.eu/legislation_summaries/institutional_affairs/treaties/amsterdam_treaty/index_en.htm, accessed July 2009

EC HCPDG (European Commission Health and Consumer Protection Directorate General) (2004) 'European policy health impact assessment: A Guide', http://ec.europa.eu/health/ph_projects/2001/monitoring/fp_monitoring_2001_a6_frep_11_en.pdf, accessed July 2009

Eni corporation (undated) 'Guidelines on strategic health management', Eni E&P Division *Environmental Impact Assessment Review* (undated), www.elsevier.com/wps/find/journaldescription.cws-home/505718/description#description, accessed January 2011

Equator Principles (2006) 'The Equator Principles', www.equator-principles.com, accessed October 2009

European Court of Human Rights (2003) 'Grand chamber judgement in the case of Hatton and others versus the United Kingdom', www.echr.coe.int/eng/Press/2003/july/JudgmentHatton GC.htm, accessed July 2009

European Parliament and the Council of the European Union (2001) 'Directive 2001/42/EC of the European Parliament and of the Council of 27 June 2001 on the assessment of the effects of certain plans and programmes on the environment', *Official Journal of the European Communities*, vol L197, pp30–37, http://eur-lex.europa.eu/johtml.do?uri=oj:l:2001:197:som:en:html

Executive Office (2010) 'Solving the problem of childhood obesity within a generation, White House Task Force on Childhood Obesity, Report to the President', Executive Office of the President of the United States Washington, DC, www.letsmove.gov/pdf/TaskForce_on_Childhood_Obesity_May2010_FullReport.pdf, accessed 2010

Fischer, T. (2007) *Theory and Practice of Strategic Environmental Assessment: Towards a More Systematic Approach*, Earthscan, London

Fischer, T. B., M. Matuzzi and J. Nowacki (2010) 'The consideration of health in strategic environmental assessment (SEA)',*Environmental Impact Assessment Review*, vol 30, no 3, pp200–210, www.sciencedirect.com/science/article/B6V9G-4XPXT0X-1/2/6c915b63f00e637144a4192b836992c3

Government of Thailand (2007) 'National Health Act, B E 2550', National Health Commission Office, p44, www.nationalhealth.or.th, accessed February 2011

Harris, P., B. Harris-Roxas, E. Harris and L. Kemp (2007)*Health Impact Assessment: A Practical Guide*, Centre for Health Equity Training, Research and Evaluation (CHETRE), University of New South Wales, Sydney, www.health.nsw.gov.au

Harris, P. J., E. Harris, S. Thompson, B. Harris-Roxas and L. Kemp (2009) 'Human health and wellbeing in environmental impact assessment in New South Wales, Australia: Auditing health impacts within environmental assessments of major projects', *Environmental Impact Assessment Review*, vol 29, no 5, pp 310 – 318, www.sciencedirect.com/science/article/B6V9G-4VTVJK2-2/2/1fd830648709abd9e78bac232eb4322e

Hastings, M. (2002) 'Neither Satan nor Santa: Shell, competitive advantage and stakeholders in the Peruvian Amazon', in T. de Bruijn and A . Tukker (eds) *Partnership and Leadership: Building Alliances for a Sustainable Future*, Kluwer, the Netherlands

HIACU (Health Impact Assessment Coordinating Unit) (2010) 'Thailand's rules and procedures for the health impact assessment of public policies', National Health Commission Office, Nonthaburi

HM Government (1998) 'Human rights' www.direct.gov.uk/en/Governmentcitizensandrights/Yourrightsandresponsibilities/DG_4002951, accessed July 2009

IAIA (International Association for Impact Assessment) (undated), www.iaia.org

ICMM (2010)*Good Practice Guidance on Health Impact Assessment.* International Council on Mining and Metals, London, www.icmm.com/document/792

IFC (International Finance Corporation) (2006) *Policy and Performance Standards on Social and Environmental Sustainability*, www.ifc.org/ifcext/enviro.nsf/Content/EnvSocStandards, accessed April 2008

IFC (2009) *Introduction to Health Impact Assessment*, IFC, Washington www.ifc.org/ifcext/sustainability.nsf/AttachmentsByTitle/p_HealthImpactAssessment/$FILE/HealthImpact.pdf

IPIECA /OGP (2005) 'A guide to health impact assessments in the oil and gas industry', International Petroleum Industry Environmental Conservation Association, International Association of Oil and Gas Producers, London, www.ipieca.org

Kemm, J., J. Parry and S. Palmer (eds) (2004)*Health Impact Assessment: Concepts, Theory, Techniques and Applications*, Oxford University Press, Oxford

Kickbusch, I., W. McCann and T. Sherbon (2008) 'Adelaide revisited: From healthy public policy to health in all policies', *Health Promotion International*, vol 23 no 1, pp1–3, www.health.gov.au/internet/nhhrc/publishing.nsf/content/458/$file/458%20-%20h%20-%20sa%20health%20-%20kickbusch%20%20adelaide%20revisited.pdf

Local Government Improvement and Development (2010) *Introduction to Equality Impact Assessments*, www.idea.gov.uk/idk/core/page.do?pageId=8017174, accessed October 2010

Lock, K ., M. Gabrijelcic-Blenkus, M. Martuzzi, P. Otorepec, P. Wallace, C. Dora, A. Robertson and J. M Zakotnic (2003) 'Health impact assessment of agriculture and food policies: Lessons learnt from the Republic of Slovenia', *Bulletin of the World Health Organization*, vol 81, no 6, pp391–398, www.scielosp.org/scielo.php?script=sci_arttext&pid=S0042-96862003000600006&nrm=iso

MacNaughton, G. and P. Hunt (2009) 'Health impact assessment: The contribution of the right to the highest attainable standard of health', *Public Health*, vol 123, no 4, pp302–305, www.sciencedirect.com/science/article/b73h6-4w441fn-1/2/dd62787abded8202228f05ba8f948866

Marmot, M. (2010) *Fair Society, Healthy Lives: A Strategic Review of Health Inequalities in England post-2010*, Global Health Equity Group, UCL Research Department of Epidemiology and Public Health, www.ucl.ac.uk/gheg/marmotreview, accessed March 2010

McKeown, T. (1979) *The Role of Medicine: Dream, Mirage or Nemesis?* Blackwell, Oxford

Metcalfe, O . and C. Higgins (2009) 'Healthy public policy – is health impact assessment the cornerstone?', *Public Health*, vol 123, no 4, pp296–301, www.sciencedirect.com/science/article/B73H6-4VXJW0J-1/2/578b80443b0c537407737509e246925a

MIGA (Multilateral Investment Guarantee Agency) (undated) 'Insuring investments, ensuring opportunities', www.miga.org, accessed May 2010

NCCHPP (National Collaborating Centre for Healthy Public Policy) (2002) 'The Quebec Public Health Act's Section 54', www.ccnpps.ca/docs/Section54English042008.pdf, accessed October 2009

NICE (National Institute for Health and Clinical Excellence) (2005) 'Health needs assessment: A practical guide', www.nice.org.uk/aboutnice/whoweare/aboutthehda/hdapublications/health_needs_assessment_a_practical_guide. jsp, accessed November 2006

Nilprapunt, P. (2010) 'Notification of the Ministry of Natural Resources and Environment Thailand', Office of Natural Resources and Environmental Policy and Planning, Ministry of Natural Resources and Environment, Nonthaburi, www.thia.in.th

Nowacki, J., M. Martuzzi and T. B. Fischer (eds) (2010) 'Health and strategic environmental assessment, background information and report of the WHO Consultation Meeting, Rome 08./09. June 2009'. WHO Regional Office for Europe, Copenhagen, www.euro.who.int/en/what-we-do/health-topics/environmental- health/health-impact-assessment/publications/2010/health-and-strategic-environmental-assessment

OGP (2000) 'Strategic health management: Principles and guidelines for the oil and gas industry', International Association of Oil and Gas Producers, London, www.ogp.org.uk/pubs/307.pdf

OHCHR (Office of High Commissioner for Human Rights) (1948) 'United Nations: Human rights', www.ohchr.org, accessed July 2009

OPIC (Overseas Private Investment Corporation) (undated) 'Political risk insurance', www.opic.gov, accessed May 2010

OUP (Oxford University Press) (2010) 'Oxford dictionaries online', www.oxforddictionaries.com/page/askoxfordredirect, accessed August 2010

Pengkam, S. and S. Decha-umphai (eds) (2009) 'Chiang Mai declaration on health impact assessment for the development of healthy societies in the Asia-Pacific region'. Health Impact Assessment Coordinating Unit, Nonthaburi, www.nationalhealth.or.th

Phoolcharoen, W., Sukkumnoed, D. and Kessomboon, P. (2003) 'Development of health impact assessment in Thailand: Recent experiences and challenges', *Bulletin of the World Health Organization*, vol 81, no 6, pp465–467, www.scielosp.org/pdf/bwho/v81n6/v81n6a20.pdf

Quigley, R., L. den Broeder, P. Furu, A. Bond, B. Cave and R. Bos (2006) 'Health impact assessment: International best practice principles', Special publication series No. 5, www.iaia.org, accessed September 2007

Ritsatakis, A . (2004) 'HIA at the international policy-making level', in J. Kemm, J. Parry and S. Palmer (eds) *Health Impact Assessment: Concepts, Theory, Techniques and Applications*, Oxford University Press Oxford

Roscam Abbing, E. W. (2004) 'HIA and national policy in the Netherlands', in J. Kemm, J. Parry and S. Palmer (eds) *Health Impact Assessment: Concepts, Theory, Techniques and Applications*, Oxford University Press, Oxford

Royal Commission on Environmental Pollution (2007) 'Twenty sixth report: The urban environment', www.rcep.org.uk/reports/26-urban/26-urban.htm, accessed February 2011

RTPI (Royal Town Planning Institute) (2009) 'RTPI good practice note 5: Delivering healthy communities', www.rtpi.org.uk/item/1795/23/5/3, accessed April 2009

Scott-Samuel, A., M. Birley and K. Ardern (2001) 'The Merseyside Guidelines for health impact assessment', www.liv.ac.uk/ihia/IMPACT%20Reports/2001_merseyside_guidelines_31.pdf, accessed January 2007

Scott-Samuel, A., K. Ardern and M. H. Birley (2006) 'Assessing health impacts on a population', in D. Pencheon, C. Guest, D. Melzer and J. Grey (eds)*Oxford Handbook of Public Health Practice*. Oxford University Press, Oxford

Shell UK (2009) 'UK social investment' www.shell.co.uk/home/content/gbr/respsonsible_energy/shell_in_the_society/social_investment, accessed July 2009

Smith, K. E., G. Fooks, J. Collin, H. Weishaar, S. Mandal and A. B. Gilmore (2010) '"Working the system" -British American Tobacco's influence on the European Union Treaty and its implications for policy: An analysis of internal tobacco industry documents', *PLoS Medicine*, vol 7, no 1, ppe1000202, doi:10.1371%2Fjournal.pmed.1000202

Ståhl, T., M. Wismar, E. Ollila, E. Lahtinen and K. Leppo (eds) (2006) 'Health in all policies: Prospects and potentials', Ministry of Social Affairs and Health, Finland, www.euro.who.int/document/E89260.pdf

Steinemann, A . (2000) 'Rethinking human health impact assessment', *Environmental Impact Assessmen Review*, vol 20, pp627–645, www.ingentaconnect.com/content/els/01959255/2000/00000020/00000006/art0006; doi:10.1016/S0195-9255(00)00068-8

Thérivel, R., E. Wilson, S. Thomson, D. Heaney and D. Pritchard (1992) *Strategic Environmental Assessment*, Earthscan, London

UNDP (2008) Human development reports, http://hdr.undp.org/en/statistics/data, accessed 2008

UNECE (2003) 'Protocol on Strategic Environmental Assessment to the Convention on Environmental Impact Assessment in a Transboundary Context, Kiev', www.unece.org/env/eia/sea_protocol.htm, accessed September 2009

UNECE (2010) Chapter A3 'Determining whether plans and programmes require SEA under the Protocol', www.unece.org/env/eia/sea_manual/chapterA3.html accessed August 2010

Union Carbide Corporation (2008) 'Bhopal information centre', www.bhopal.com, accessed July 2009

Wanless, D., M. Beck, J. Black, I. Blue, S. Brindle, C. Bucht, S. Dunn, M. Fairweather, Y. Ghazi-Tabatabai, D. Innes, L. Lewis, V. Patel and N. York (2002) *Securing Our Future Health: Taking a Long-Term View. Final Report*, www.hm-treasury.gov.uk./Consultations_and_Legislation/wanless/consult_wanless_final.cfm, accessed September 2007

WHIASU (2004) *Improving Health and Reducing Inequalities: A Practical Guide to Health Impact Assessment*, Welsh Health Impact Assessment Support Unit, Cardiff www.wales.nhs.uk/sites3/Documents/522/improvinghealthenglish.pdf

WHIASU (undated) Wales Health Impact Assessment Support Unit, www.wales.nhs.uk/sites3/home.cfm?OrgID=522, accessed May 2010

WHO (World Health Organization) (1986) 'Ottawa Charter for Health Promotion', www.euro.who.int/AboutWHO/Policy/20010827_2, accessed September 2009

WHO (1988) 'Adelaide Recommendations on Healthy Public Policy www.who.int/hpr/NPH/docs/adelaide_recommendations.pdf, accessed September 2009

WHO (1995) 'WHO healthy cities: A programme framework, a review of the operation and future development of the WHO healthy cities programme', World Health Organization, Geneva

WHO (2001) 'Health impact assessment in strategic environmental assessment', World Health Organization, Regional Office for Europe, Copenhagen, www.who.int/hia/network/en/HIA_as_part_of_SEA.pdf, accessed February 2011

WHO (2005) 'Health and the Millennium Development Goals', www.who.int/mdg/publications/en, accessed September 2009

WHO European Centre for Health Policy (1999) 'Health impact assessment, main concepts and suggested approach, Gothenburg consensus paper', www.who.dk/hs/echp/index.htm, accessed August 2000

WHO Regional Office for Europe (2004) 'Fourth Ministerial Conference on Environment and Healtb, Declaration, Budapest', www.euro.who.int/document/e83350.pdf, accessed September 2009

WHO Regional Office for Europe (2005) 'Healthy cities',www.euro.who.int/en/what-we-do/health- topics/environmental-health/urban-health/activities/healthy-cities, accessed February 2010

Wilkinson, R. and M. Marmot (eds) (2003) 'Social determinants of health: The solid facts', WHO Region Office for Europe, Copenhagen, www.euro.who.int/_data/assets/pdf_file/0005/98438/e81384.pdf, accessed 2011

Williams, C. and P. Fisher (2007) 'Draft guidance on health in strategic environmental assessment: A consultation', Department of Health, www.dh.gov.uk/en/consultations/closed consultations/dh_073261

Williams, C. and P. Fisher (2008) 'Draft guidance on health in strategic environmental assessment: Response to consultation', Department of Health www.dh.gov.uk/en/Consultations/Responsestoconsultations/DH_083716

Wismar, M., J. Blau, K. Ernst and J. Figueras (eds) (2007) 'The effectiveness of health impact assessment', Brussels, European Observatory on Health Systems and Policies, Brussells. www.euro.who.int/_data/assets/pdf_file/0003/98283/E90794.pdf, accessed February 2011

Wright, J. and D . Kyle (2006) 'Assessing health needs', in D. Pencheon, C. Guest, D. Melzer and J. Grey (ed) *Oxford Handbook of Public Health Practice*, Oxford University Press, Oxford

Wright, J., R. Williams and J. R. Wilkinson (1998) 'Health needs assessment: Development and importance of health needs assessment', *British Medical Journal*, vol 316, pp1310-1313, www.bmj.com/cgilcontent/full/316/7140/1310

第 2 章

健康及其决定因素

本章内容提要：

1）健康的本质及其决定因素；
2）健康影响评价中实用的分类系统；
3）健康不平等；
4）健康影响的种类；
5）伤残调整生命年（disability adjusted life years）；
6）与经济发展相关的健康转型；
7）思维导图的练习。

2.1 什么是健康？

在生活中，很多人都能辨别出健康与疾病。然而，健康的正式定义同样与个人的幸福感息息相关。世界卫生组织给出的健康的定义（WHO，1946）囊括了许多不同种类的幸福感。下述定义在世界卫生组织健康定义的基础上稍做了修改：健康（health）不仅是没有疾病或身强体壮，而是物质、精神、社会生活和心理上的完好状态。最初的健康定义并不包括心理健康，尽管到现在也有很多人同样这样认为（这一点将在第 12 章中进一步讨论）。

健康是每个人生活的基础，而不是生活的目的。健康是一个强调社会和个人资源的正面的概念，同样也是个人能力的体现（WHO，1986）。

健康是每个个体的属性，但它在衡量一个特定人群的平均健康状况方面也是很有用的。人口健康的度量单位是一个比例：一个特定状况的人数除以总人数。这往往是根据年龄、性别、地理位置和社会经济群体进行分类，因为人口是由不同社会群体组成的。例如，肥胖率在儿童和成人之间可能会有所不同。

当人们被要求列出一个健康的人或人群的特征时，他们通常可以想到很多特征。表 2.1 中列出了一些综合例子用以说明不同类型的健康特征。以下部分提供了一个分类系统。

表 2.1　个人健康和群体健康的特征

个人健康	群体健康
身体健康、定期锻炼	预期寿命较长
健康饮食	犯罪和动乱的程度较低
没有疾病、没有残疾	愉悦的生活和工作的外在环境
平和的精神状态	没有贫穷
良好的社会关系	食物充足
满意的职业和收入	低患病率
没有恐惧感	孕产妇和婴儿死亡率低
没有药物瘾，包括尼古丁、咖啡因和酒精	每个人都可以负担得起医疗保健
	罹患疾病的风险和受到伤害的风险较低
稳定平等的亲密关系	应对疾病和残疾的社会保障

健康有很多模式，包括以下模式：

2.1.1　健康的生物医学模式

生物医学模式涉及的是疾病的有无。它是一种病因模式，通常用在提供健康服务的情境中。使用这一模式的人将以一些疾病填充表 2.1。这一模式对我们来说并不陌生：当我们生病时，我们去看医生并期待药物能让我们感觉好一些。

2.1.2　健康的社会环境模式

社会环境模式涉及疾病和健康的经济、社会、心理和环境根源。在表 2.1 中，这种模式表现为那些与疾病没有直接关联的条目，如“没有贫穷”。本书中描述的健康影响评价方法建立在健康的社会环境模式之上。表 2.1 中的条目被归类为健康决定因素和健康结果的综合。

2.2　健康决定因素和结果

健康影响评价是一个全面综合的行动，其中包括了与提案相关的所有健康问题。开展健康影响评价需要一种方式来将这些健康问题归类（本体论）。然而，至今仍没有一个可以被广泛认同的健康影响评价体系。一个方法是区分健康决定因素和健康结果，图 2.1 描述了这种方法，它是健康影响评价的一个简单模式。

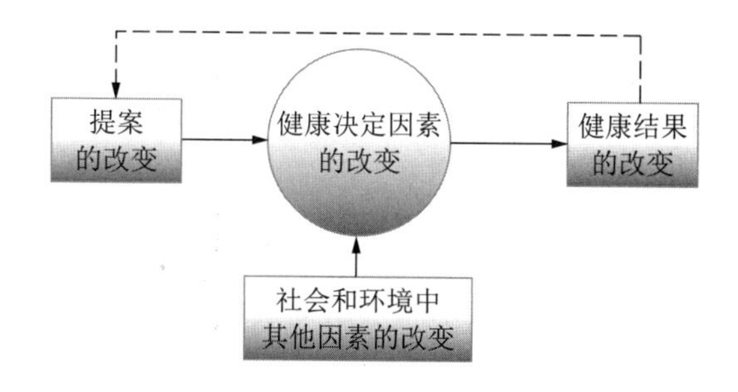

图 2.1　提案、健康决定因素和健康结果的联系

健康结果包括医学定义的疾病和残疾状态，以及社区定义的健康状态。例如疟疾、伤害、哮喘和恐惧等。

健康决定因素是引起这些结果的因素。例如，臭氧在城市的存在是哮喘的一个决定因素。它们是与健康状态因果相关的已知或推断因素。健康决定因素还可能会被以其他多个名字提及，包括风险因素或混合因素。健康决定因素在下文会有详细介绍，表 2.2 已列出了一些例子。

表 2.2　健康决定因素的例子

类别	例子
生理的	年龄、性别、基因
行为的	运动、吸烟
环境的	污染、经济状况、清洁供水、低犯罪率
制度的	公共水供应、治安情况、医疗服务

其他变化通常发生在不受提案支配的环境和社会中。这些也会改变健康决定因素和健康结果。因此，提案和健康结果之间的因果关系通常并不明显。为了克服这一方法论上的挑战，健康影响评价将关注的重点放在了健康决定因素。

随着健康结果中的变化在提案执行前后对其本身产生影响，反馈由此产生。

反馈的例子

肯尼亚塔纳河上建设了一个灌溉项目。农民从几乎没有疟疾的高地迁移到了疟疾肆虐的项目地点。农民开始患上疟疾，无法耕种田地，使得灌溉项目遭受重大挫折（Smith，1984）。

2.3 健康结果

有很多方式可以将健康结果分类。例如，国际疾病分类（ICD）是一个主要基于解剖和器官分类的体系（WHO，1977）。表 2.3 中指出的分类已被证明在健康影响评价中是有用的，而且易于被非健康专家理解。每个分类都在下面进行了详细解释。除了生物医学条件之外，该清单还包括了幸福和心理障碍。

表 2.3 在一个项目中出现的健康结果的主要分类例子

健康结果的主要类别	例子
传染性疾病（CD）	性传播感染 / 艾滋病毒 / 艾滋病，呼吸道感染、哮喘和腹泻
非传染性疾病（NCD）	由有害化学品和矿物质引发的急性和慢性中毒、心血管疾病和尘粒引起的肺部疾病
营养问题	蛋白能量和微量元素缺乏或过量；食品安全
伤害	与交通、淹溺、暴力相关
精神疾病和心理障碍	自杀、沮丧、公共暴力、药物滥用、紧张、对灾难的恐惧、强迫性赌博、强迫性爱
幸福	快乐、满足、幸福、支持性社区和家庭

表 2.4 列出了全球前十位死亡原因（WHO，2010c）。总的来说，死亡原因中，31% 是传染性疾病（CD），60% 是非传染性疾病（NCD），9% 是伤害。可以通过年龄、收入、性别和地区对数据进行进一步分解。

发病率（不健康）的统计与此不同。在很多居民点，与非传染性疾病相比，传染性疾病是一种更常见的导致发病和死亡的原因（可参见表 2.12）。虽然有时死亡原因可能会被错误记录，但死亡统计比生病统计更容易记录。每一种死亡都是由多种疾病造成的，而后者会导致人体遭受折磨和病痛，引发思想上的焦虑和沮丧，从而进一步增加经济负担。

表 2.4 全球主要死亡原因

死亡原因	死亡百分比（全面的）/%	类别
冠心病	12	非传染性疾病
中风和其他脑血管疾病	10	非传染性疾病
下呼吸道感染	7	传染性疾病
阻碍性肺疾病	5	非传染性疾病
腹泻病	4	传染性疾病
艾滋病	4	传染性疾病
肺结核	3	传染性疾病

死亡原因	死亡百分比（全面的）/%	类别
气管和支气管疾病、肺癌	2	非传染性疾病
道路交通事故	2	伤害
早产和低出生体重	2	非传染性疾病

2.3.1　传染性疾病

由于传染或感染性疾病具有自我延续性，因而它们不同于其他健康结果。诸如病毒、细菌和原生生物等的致病原可以以人体为媒介在人群中传播和繁衍。因此，感染人数会以指数方式增长，风险也是这样。流行性感冒就是一个例子。传染性疾病的传播方式有很多，包括空气、水、食物、带菌体和人体接触（包括性传播感染）。一些疾病是由人传染到人，而另一些疾病则从动物身上传染（人畜共患病）。传染性疾病在贫穷的国家更为常见，这将在 2.9 节进行解释。营养失调、贫困、不良行为、糟糕的环境和其他疾病的出现都会增加易感性。

2.3.1.1　病媒传播疾病

病媒传播疾病需要通过节肢动物或其他的无脊椎动物宿主（如蚊子）进行传播。传播通常依赖于热带和亚热带地区的温暖气候。在一些情况中，病原体来自于一个动物群或鸟群。与提案相关的物理环境的微弱改变可以影响带菌体及动物群的分布情况和丰富性。对这种疾病的控制措施包括环境管理（Birley，1991）等。表 2.5 列出了一些例子。为简单起见，表 2.5 将与血吸虫病相关的水生蜗牛包含在内，虽然严格来说它是一种中间宿主，而非带菌体。很多病媒传播疾病都与水相关，这些内容将在第 9 章进行详细介绍。

表 2.5　病媒传播疾病的例子

病媒传播疾病	环境决定因素备注
疟疾	经由按蚊传播并通常流行于气候温暖的乡村。在每个疟疾流行的国家都有一个或两个主要蚊子种别。每个种别在水中都有具体的繁殖要求，可能是阴凉处或非阴凉处、死水或活水、有植被覆盖或无植被覆盖、淡水或咸水。它们通常不会在含有有机废物的水中繁殖。不同种别有不同的吸血习惯：室内 / 户外、偏爱动物 / 人
登革热	经由伊蚊传播并通常流行于气候温暖的乡村。繁殖地点是雨水积聚的水坑。这些病媒白天在室内和户外吸血，并喜食人类的血液
日本脑炎	经由库蚊传播。病原体一般依附在水生鸟类和猪身上

病媒传播疾病	环境决定因素备注
血吸虫病（血吸虫）	病原体的中间宿主是水生蜗牛，生活在一些热带地区的农村蓄水池、池塘、坝址和灌溉系统中，它们喜欢栖息在浅滩和植被的边缘，人们可以在这些位置的石头上发现它们

2.3.1.2 通过水和食物传播的疾病

大量的寄生虫、细菌和病毒都可能会随水或食物进入人体。通常根据它们在环境中的存留时间进行分类。例如，蛔虫卵可存在数月，可能会经由泥土或未烹饪的植物表面进入人体。这些卵随着人类粪便被排泄出来，继而通过污水处理厂排放到自然环境中。而其他病原体可通过粪便对食物或水的直接污染进行传播，这些病原体包括传染性肝炎病毒和沙门氏菌。这些疾病可能会与温暖环境中的食物、农业、水产养殖、动物饲养和有机废物处理工程相关。第 9 章会有更多详细内容。

急性腹泻疾病是导致贫困群体中婴儿和儿童发病和死亡的首要原因，尤其是在温暖的环境中。这种感染的来源有很多种，有清洁水供应和功能性洗手间的居住区比起没有这些设施的居住区受感染的概率更低。影响因素包括洗手行为、过早的断奶和不恰当的治疗方法，过早的断奶可能是由职业女性的工作压力导致的。在这些决定因素中，许多都可以通过提案得以改变。

2.3.1.3 性传播感染（STIs）

很多疾病都是通过人类性接触进行传播的，这些疾病包括艾滋病、淋病、梅毒和衣原体感染。在贫困的国家，性工作者的性传播疾病感染率可能高达 75%。其在流动工作人群中的高感染率会阻碍经济发展和健康护理，同时对儿童生存和社会结构带来不良影响。艾滋病毒会加重其他感染，如肺结核等疾病。贫困国家的大型基础设施建设项目可能会极大地增加 STI 传染性疾病。事实上，所有要求男性或女性离家进行短暂迁移的提案都会有这种可能。然而，国际协议禁止对新雇员进行 HIV 感染检查，这就需要针对脆弱群体进行预防和护理，以减缓 HIV 感染的影响。具有高 HIV 感染风险的典型元素包括工人营地、工人迁移、非自愿迁移、旅游业、农业生产营销和长距离卡车运输。统计传染性疾病需要通过对国家响应能力的分析，以及对所有健康决定因素及文化差异的识别鉴定。很多国家都很难应对这些挑战。

非洲的 HIV

在撒哈拉沙漠以南的非洲，至少有 28 000 000 名 HIV 感染者，占到了世界 HIV 感染者总数的 70%，而在其中的一些国家，15 ～ 45 岁年龄段的成人有 25% 受到感染，这已成为成人死亡的首要原因。这一地区大约有 12 000 000 名孤儿。HIV 感染带来的经济影响占 GDP 的 0.5% ～ 1.2%。与传染性疾病的斗争是非洲需首要考虑的健康因素。

HIV 风险的根源决定因素包括贫困和不平等。除此之外，可能还包括与发展项目相关的决定因素：

1）移动性；

2）男性；

3）金钱；

4）混合因素。

HIV 传染性疾病以多种方式影响新的基础设施发展，包括：

1）工人的感染风险；

2）被降低的劳动力可用性；

3）如果发展促进了传染性疾病的传播，就会对倡议者的声誉产生风险。

一个解决方案是进行以强调禁欲和对配偶忠诚为主旨的宣传活动，同时必须准备随时可用的避孕套并广泛宣传避孕套的正确使用知识。

2.3.1.4　呼吸道感染

急性呼吸道感染疾病包括感冒、流行性感冒、支气管炎和肺炎，这些疾病是造成贫困国家儿童死亡的重要原因。包括由其他感染性疾病，如风疹、百日咳和水痘等引起的感染。典型的决定因素包括室内和室外空气污染、过度拥挤和空气不流通。

慢性呼吸道感染包括肺结核。其决定因素包括过度拥挤、空气不流通、贫穷、酗酒、药物滥用、流浪、营养不良和治疗不及时。成功地治愈这种疾病需要一个复杂且长期的药物治疗过程。

提案通过降低人群拥挤程度、减少空气污染及增加居民财富的方式对呼吸道感染产生积极的健康影响。对于大型基础设施项目的建筑营地，其设计和运营都应依照相关国家标准，以此来防止过度拥挤。在贫困国家，建筑营地通常会吸引大量营地小贩，他们居住在卫生条件较差且极度拥挤的环境中，在这样的条件下，传染性疾病传播的概率将会增加。

2.3.2 非传染性疾病

非传染性疾病不能从一个人或动物身上传到另外的人或动物身上，它们不是感染性的。因此，这些疾病不会在群体中扩散而引起传染性疾病。从另一方面讲，大量群体成员可能暴露在环境和社会决定因素中，会引起或高或低的发病率或死亡率。暴露总数各有不同，所以一些疾病可能在暴露之后很快显现，而另一些可能会在数年后才会显现。一些种类的疾病与基因（遗传因素）、性别和种族相关；另一些则与生活方式相关，如不良的饮食习惯、吸烟或缺乏锻炼，而这些被称之为“富贵病”。

健康保护因素（如情绪复原能力）以及社会、经济和环境决定因素（如收入、教育、生活和工作环境），决定了暴露和易受影响的程度。许多健康决定因素会对健康机会、对健康的追求、生活方式以及疾病的发生、表现和结果产生影响（WHO，2006a）。疾病之间也会相互作用，例如，糖尿病是冠心病的一个病因。

欧洲的首要风险因素

在欧洲，7种主要的风险因素占了疾病负担的60%：高血压(13%)；烟草(12%)；酒精（10%）；高胆固醇（9%）；体重超标（8%）；水果和蔬菜的低摄入量（4%）；缺乏锻炼（4%）（WHO，2006a）。

受基因影响的疾病包括糖尿病、冠心病、多种癌症、精神分裂症和老年痴呆症，基因与环境的相互作用可能会对这些疾病的发生起主要作用。与种族相关的疾病包括2型糖尿病等，在南美血统人群中，这种疾病的发病率高达一般人群的6倍，而在非洲人群和非洲加勒比人群中，这种疾病的发病率也高达一般人群的3倍（WHO，2006a）。

性别因素会影响暴露的风险、寻求健康的行为、对资源的获取和控制以及用以保护个人健康的决策。进而对健康风险、医疗保健服务的获取、医疗保健服务的使用和健康结果造成不平等的影响。

非传染性疾病可能会通过吞下、吸入和吸收有毒化学物质而引发，这类有毒化学物质包括杀虫剂、一些矿物质和重金属，它们可能与空气、水或食物携带的污染物、糟糕的职业安全状况或糟糕的家庭储藏条件有关。疾病的症状可能是急性的或慢性的。例如，杀虫剂引发的急性中毒会导致乙醇胆碱酯酶抑制，此类抑制的症状包括头晕、虚弱和昏迷，具体严重程度取决于摄入有毒物质剂量的大小；慢性神经症状包括视力模糊、头晕、头痛、麻痹，以及或浅或深的知觉丧失（Amr et al，1993）。

人体对污染物的脆弱性（vulnerability）会因营养不良、传染性疾病和人类的一些行为而增加。此外，污染也会增加人体对传染性疾病的敏感性。非传染性疾病有时需要较长的潜伏期并可能与很多有毒物质的次急性暴露相关，而有毒物质本身可能与明确定义的点源污染（如烟囱）有关，对这些污染的控制只能依赖于原料使用、污染物排放和人体暴露水平的整体下降。化学污染会损害资源基础并破坏渔业，使水不再适合灌溉，用受到化学污染的水进行灌溉将对农作物造成损害并降低农业生产力，而这又会导致由食物短缺而引发的营养不良。

非传染性疾病通常会缓慢而持续地引发功能紊乱或降低生活质量，可能会发展相当长的一段时间，而最初并没有任何症状。而当具体的疾病症状出现后，可能会出现一段延长的健康受损期（Breslow and Cengage，2002—2006）。非传染性疾病也包括身体遭受的各种伤害，伤害往往会突如其来地发生，但随之而来的是持续时间较长的康复期和一些身体机能的受损，以及可能发生的慢性精神疾病。此外，非传染性疾病也会引起肉体的疼痛、残疾，个体经济收入的丧失、家庭稳定性的瓦解和生活质量的下降。

2.3.3　营养失调

健康状态的标准指数包括基于年龄的体重、基于身高的体重、基于年龄的身高和身体质量指数（body mass index）。身体质量指数是以体重（kg）除以身高的平方（m^2）计算出来的，正常成人的范围是 18.5 ～ 25。如果身体质量指数大于 30，通常就会被定义为肥胖。还有很多其他的指数，如皮脂厚度（skin fold thickness）。

营养问题可以细分为营养不良和营养过剩两种类型。营养不良通常与贫困、微量元素的缺乏、食品可得性、食品保障、食品安全、疾病感染、工作负担、喂养习惯（对婴幼儿）和管理不力的市场有关。而营养过剩则与财富的多少、个人行为、垃圾食品的摄入、食品营销惯例和管理不善的食品行业有关。

营养不良的人群更容易受到传染性疾病的影响，这类疾病会降低他们吸收食物中营养的能力。营养不良的症状包括低于平均水平的体重或身高、失明、智障、贫血和糟糕的皮肤状况。在发展中地区，20% 的儿童都体重过低（de Onis et al，2004）。在很多地区，营养不良的比例已经有所下降，但在非洲地区仍然会出现预期的上升，其主要决定因素是贫困、薄弱的政治基础和艾滋病的流行率。在全世界，有 1 亿儿童存在体重偏低的问题。

提案可以通过改变食物的保障状况和食物的可得性对营养不良问题产生积极的或消极的影响。值得注意的是，在那些受到提案影响的家庭内部，不同家庭成员在食物分配上的权利可能是不平等的。2.8.2 节中有一个例子解释了这种现象。

在比较富裕的社区和国家中，体重超标和过度肥胖逐渐成为突出的问题（WHO，2006b）。大量非传染性疾病与这些情况相关，包括迟发性糖尿病、冠心病和各种癌症，其决定因素包括：

1）全球饮食习惯的转变，人们对高能量食物的摄入增加，而这些高能量食物中脂肪和糖的含量都偏高，而维生素、矿物质和其他微量元素的含量都较低；

2）现在大部分的工作都要求人们久坐，再加上交通方式的改变以及城市的扩张，导致体力活动正处于不断减少的趋势。

通过对与富裕社区的饮食及其交通系统相关的提案开展健康影响评价，可以解决富裕社区的肥胖问题。如今，在不少运动中心、医院、娱乐中心、学校和运动场中已经建设了随处可见的速食店。

近期流行的一些电影证明了跨国食品经销商的营销实践和肥胖流行病之间的联系（Spurlock，2004；Armstrong，2005）。在英国，有大约 25% 的成人和 10% 的儿童过度肥胖。预计到 2025 年，40% 的英国人会患上肥胖症。在美国，每三个儿童中就有一人属于超重或肥胖（执行办公室，2010）。在写作此书时，全球有 16 亿成人超重，4 亿成人患有肥胖症。

贫困的国家通常面临与营养不良和营养过剩相关的双重疾病压力。这两种问题可能存在于不同的社区中，如富有的和贫穷的、都市的和偏远地区的社区可能存在截然相反的问题（Birley and Lock，1999）。当营养不良的偏远地区居民食用城市的“优级粮食”时，他们可能会从营养不良的状态转化为营养过剩的状态［这里的“优级粮食”是指经过研磨和脱壳的谷物、高脂肪含量的食物、肉食品和糖、进口食品和加工食品（Popkin，1996）］。

2.3.4 伤害

伤害可以细分为故意伤害和非故意性伤害。非故意性伤害包括跌落、机动车辆交通事故、烧伤和烫伤。故意性伤害包括杀人、自杀和暴力。

职业伤害是本节所述的“伤害”的一个重要方面，但由于它不在健康影响评价的领域内，而是通过其他的程序来管理，因此它并不在本次的讨论范围之内。然而，职业健康标准和职业安全标准偏低的现象在很多国家都很常见，其造成的结果将会影响一个群体。例如，一个受伤的工人可能无法再支撑其大家庭的生活。

全球来看，伤害和暴力每年会造成大约 100 万儿童（18 岁以下）死亡（Peden

et al，2008）。最为常见的原因是道路交通事故、溺亡、由火灾引起的烧伤、跌落和中毒。对于所有的儿童死亡案例，大约 6% 的案例归因于凶杀，2% 归因于战争，4% 归因于自己造成的伤害。需要入院的最为常见的非故意伤害类别有颅内创伤、开放性创伤、中毒、骨折和烧伤，而这些伤害的发生与贫穷有着紧密的联系。例如，贫困的人们会在与孩子同高的不稳定的台子上使用明火做饭。事实上，许多伤害都可以通过设立相关法律和规定并对其进行强制执行、改变相关的产品和环境以及增加一些简单设备的供给来避免。

许多研究已经发现，虐待妻子的行为发生的频率很高（Heise，1992）。例如，在一项调查中，40% 的妻子经常遭受家庭暴力。在经济发展的各个阶段，这一行为发生的概率都很高。当前，包括性暴力在内的针对妇女和女童的暴力行为正在增加（Watts and Zimmerman，2002）。

在欧洲，每年由伤害引起的死亡人数约为 250 000 人，而这一原因也是导致儿童和年轻人死亡的首要原因，其导致的医疗行为会消耗掉大约 10% 的医疗资源（EUROSAFE，2007）。其中，由于自杀和自身原因造成的伤害占所有伤害的 24%，机动车交通事故占 21%，意外跌落占 19%。对于每一例致命伤害，大约同时存在着 200 例的非致命性伤害与之对应，而交通事故导致的伤害占了致命性伤害的 20% 和非致命性伤害的 6%。伤害最容易发生在家中，且高发于人们的空闲时间段。在所有年龄组中，男性遭受伤害后的死亡率都比女性高，这一比例在年轻人中尤其高。在年轻人中，机动车交通事故占致命性伤害的 51%。

英国和爱尔兰伤害观测所（IOBI）汇编了故意和非故意伤害及其导致死亡的数据（IOBI，2003）。2002—2003 年，记录了 21 745 例死亡。爱尔兰在其中所占的比例最高，其次是苏格兰。非故意伤害导致的死亡占所有伤害死亡的 65%。非故意伤害导致死亡的原因有跌落（28%）、机动车交通事故（26%）、非故意中毒（7%）、火灾（3%）和溺亡（2%）。而故意伤害导致的死亡占所有伤害死亡的百分比如下：凶杀（1%）、自杀（22%）和未确定的（12%）。特别要强调的是，影响弱势群体生活质量的提案可能会影响暴力行为的发生率。

2.3.5　精神疾病和心理障碍

社会心理这一术语是指影响精神健康的心理和社会因素。社会影响（比如来自同龄人的压力、父母的支持、文化和宗教背景、社会经济状况和人际关系）将影响我们的个性、性格和心理状态。具有心理障碍的个人经常难以适应社会环境，且难以与他人进行有效的沟通（Ford-Martin，2002）。一些常见的精神疾病和心理障碍包括药物滥用、精神错乱（如幻想）、不良情绪（如沮丧、焦虑）、性或性别的认同问题、饮食障碍（如厌食症）、自我调整的问题（对于情感事件的过度反应）、人格障碍（如妄想症）和躯体形式障碍（无法通过医疗条件解释的身体症状）。

造成这一健康结果的决定因素有很多且很复杂，包括生物学的、基因的、家庭的和社会的多种因素。

根据 WHO 的报告，精神、神经和行为障碍在所有的国家都很常见（WHO，2010d）。具有这些障碍的人经常会受到社会的孤立，其生活质量较差，死亡率也不断增加。据估计，全球有 1.54 亿人患有抑郁症，0.25 亿人患有精神分裂症，0.91 亿人受到滥用酒精带来的障碍的影响，0.15 亿人受到滥用精神类药物带来的障碍的影响，0.5 亿人患有癫痫症，0.24 亿人患有老年痴呆症和其他种类的痴呆症。世界上的许多人都遭受着由营养失调和伤害引起的神经方面的后果。值得注意的是，精神疾病会对其他的传染性疾病和非传染性疾病构成影响，反过来，其也受后者的影响。据估计，每年大约有 877 000 人死于自杀。诸如抑郁症和焦虑症的精神疾病在孕妇怀孕和生产期间非常普遍，而这将对婴儿和儿童造成影响（WHO，2010b）。

国家健康预算在精神健康上的花费通常是极不成比例的一小部分，尤其是在中低收入国家。而患者的人权得不到保障的情况也是很常见的（WHO，2010e）。

所有类别的提案都会使周围的环境发生变化并给当地社区带来压力，而其自身也存在着较高的不确定性，而这些都是造成心理障碍的决定因素。例如，大量外来务工人员的涌入会导致酒精和其他上瘾药品的使用增加，破坏当地的政治体系和社会价值观，还可能会降低社会资本。

2.3.6 幸福

本书将幸福的定义细分为物质、社会、精神三个层面。精神幸福的引入是一个较新的概念，这将在第 12 章进行进一步的介绍。我们可以通过对幸福的决定因素的探讨来加深对幸福的理解，而这些内容将在下一节中展开。

幸福的产生与人们的生活质量和心理上的快乐有关。关于美好人生的构成也有过很多讨论，古希腊人曾将其定义为幸福。而这已经成为道德哲学中一个经久不衰的课题（Crisp，2008）。

生活质量这一术语在讨论世界发展时通常会以一种类比的形式出现。联合国开发计划署制订了人类发展指数，该指数是一种从国家层面上对寿命、教育和生活标准的综合衡量。

在健康护理中，生活质量通常指的是一个个体的情绪、社会和物质幸福，包括其为维持生活而从事工作的能力。这一概念可能会用在需要健康护理配给的系统中或衡量慢性残疾的情景中。生活质量的度量方法已经有所发展，如生活质量调整年（QALYs）。这些方法将用于经济成本效益分析，以便对稀缺资源进行分配。

近年来，已经出现了很多关于快乐（Layard，2005）和积极心理学（positive psychology）的研究（Seligman，2002）。新经济基金会（the new economics foundation，nef）致力于推动以快乐和幸福为基础的国家经济进步替代措施（nef，未标日期）。它将考虑如果我们发展的主要目标是促进幸福，那么所制定的政策和所发展的经济应该是什么样子？它已经编制了一个综合了可持续的自然资源和可持续的幸福的指数，且通过国际比较表明了高水平的资源消耗并不是幸福的一个可靠指标。例如，在这一指数中，英国在 143 个国家中排名第 74 位。一些关于幸福的研究表明：幸福主要来源于“联系”和“专注”。我们与其他人的“联系”来源于在社区中产生的社会关系、合作、参与和承诺等行为，以及对朋友或陌生人的帮助。“专注”来源于我们对当前的环境、我们的情感和一些美好事物的意识。通过判断某一提案是否促进了社会关系、增加了人们思考的时间以及改善了自然和社会环境，健康影响评价自身也将从这一研究中获益。

在英国，已经发展了基于证据的清单和精神幸福的影响评价工具，以协助提案的启动、呈递和发展（国家心理健康发展部，2010）。健康影响评价的这一分支是非常活跃的。

2.4　健康决定因素

健康决定因素是影响我们健康状态的因素，这些因素可以是个人的、社会的、文化的、经济的和环境的，它们包括我们所处的自然环境，我们的收入、职业、教育状况，以及我们能够获得的社会支持和住房条件。它们共同作用，具有协同性。框中斜体部分的文字是健康决定因素的例子。

健康决定因素的例子

我们罹患疟疾的原因是我们的*免疫力*低下，我们无法*得到*或没有*服用*正确的*药物*，并且被携带病原体的蚊子叮咬。携带病原体的蚊子是我们罹患疟疾的一个必要条件，但并非是充分条件。

哮喘病的发作不仅是因为*污染物*的存在，而且决定于个人的*年龄*和*免疫状态*以及我们能够获得的*医疗服务*。

有很多不同的模式和图表用于描述这一概念。其中一个最为人知的是Dahlgren和Whitehead的生命世界图表（1991），或它的替代表示方法（Barton et al，2003）。这些图表设想了影响的五个连续且综合的方面，从个人受到的影响开始，进而扩展到社会和社区所受的影响、生活和工作条件，以及综合的社会经济文化和环境条件。

在本书中，提到了健康决定因素的三个主要类别：

1）个人/家庭决定因素，如受教育程度、免疫状态和年龄；

2）自然和社会环境决定因素，如暴露于污染物质中的状态和就业机会；

3）制度因素，如医疗护理和清洁水的提供。

在每个类别内都有进一步的细分，并在表2.6中进行了详细的描述。健康决定因素还可以分为：

1）可管理的，如房屋；

2）不可改变的，如年龄；

3）消极的，如贫困；

4）积极的，如就业。

表2.6　一项提案影响的主要健康决定因素中的部分清单

主要类别	子分类	健康决定因素的例子
个人的/家庭的	生理	年龄，营养状态，残疾，性，免疫力，种族划分，基因
	行为	冒险行为，职业，风险认知
	社会经济环境	贫困，失业，教育，社会地位
环境的	自然	空气、水和土地，交通，污染，噪声，灰尘，自然环境变化，燃烧，阳光，水资源的使用，土地占用，住房，庄稼和食物，昆虫
	社会	家庭结构，社区结构，文化，犯罪，性别，不平等
	经济	失业，投资
公共机构的	健康护理机构	初级护理，专家服务，健康护理压力增大，获得医疗保健，药物可用性，护理质量
	其他机构	警察，交通，公共工程，市政机关，当地政府，项目部门机构，当地社区组织，非政府组织，紧急服务，新兴都市
	政策	规章，行政辖区，法律，目标，门槛，优先权

它们也可以被描述成一方面是关于人的，而另一方面则是关于自然环境的。均衡的观点是对两方面予以同样的重视。

评价方法的核心是判断健康决定因素是如何被提案改变的，以及在每个群体、提案的每个阶段以及每个地点，这些变化是如何不同的。与一项提案相关的健康决定因素改变的趋势可能是积极的、消极的或是两者兼有。

健康决定因素清单及其等级结构的选取，使得健康收益和健康风险都能得到评价。在HIA群体中还用到了一些其他的种群学。例如，较之个体/家庭，一些人更喜欢生物学/行为。对于性和性别的区别需要在此解释一下：性是一种生理性能，而性别则是一种社会建构。

健康决定因素之间存在着复杂的相互作用，所以我们无法笼统地以数学模型获取它们。与一项提案相关的健康决定因素中的许多潜在变化并不是可以计量的，但我们可以将其简单地列为没有变化、增加或减少。当个体、家庭和群体暴露于与提案相关的健康决定因素中时，健康影响就会发生。而这些健康决定因素中的变化可能会对健康产生不利或有利的影响。一个常见的例子是个体暴露在空气、水或土壤媒介中的化学污染物中。

我们通过构建可能与提案有关的健康决定因素清单来开始评价，该清单可以通过使用文献综述、主要知情者访谈、思维导图和健康基线调查来构建。每个提案并非与所有的清单都相关。

2.4.1 个体/家庭决定因素

个体和家庭的许多特性使其易受伤害。这些特性包括年龄、性别、教育程度、接受过的培训、免疫状态、贫困程度和原居地，它们被细分为生理、行为和社会经济环境三种因素。例如，缺乏培训和劳累过度的劳动力，必须为了可怜的报酬忍受长时间的工作，他们很容易受到传染性疾病的影响。2.6节中描述的社会经济不平等研究论证了在同一地点群体中不同个体健康状态的巨大差异。

2.4.2 自然和社会环境决定因素

提案改变了自然、社会和经济环境，继而改变了受影响社区的健康状态。空气污染物的排放在工业、家庭和职业环境中都可以发生。非自愿移民、经济位移、收入无保障、住房压力、快速的经济变化和糟糕的设计会产生功能失调的社区，这样的社区存在着社会资本低、支撑网络少、易令人产生无助感和对暴力和抢劫的恐惧等一系列问题。例如，一条穿过贫困社区的高速公路将导致其社会支撑网点的减少，即出现通常所说的“隔离”，交通伤害的风险将会增加。譬如就业机会增加之类的经济变化通常会改善健康状况，然而，由于自然资源被征收而产生的生计丧失，会引发贫穷并产生不确定性，进而损害健康状况。

2.4.3 制度决定因素

机构决定因素是指健康保护机构的容量、能力和权限，这里提到的机构包括任何有责任来保护人类健康的机构、组织、服务提供者或部门。对于人类健康负有责任的机构范围非常大，例如警察机关：它需要规范交通速度、阻止暴力伤害、阻止犯罪并监管性交易。

当对机构决定因素进行分析时，区别以下几个概念是非常有用的：

1）容量——人员和设备的可用性；

2）能力——使用可用资源的知识和技能；

3）权限——机构的职责范围。

一些机构趋向于对健康影响做出比其他机构更多的积极贡献。我认为，它们可能有以下特征：选择权利、授权、推进社会凝聚和社区自立、尊重和丰富多样性、提供道德行为典范和应对新的挑战。机构的其他一些积极特质还可以是有责任心、信息公开、开放和质量保障。我们可以通过对主要知情者进行访谈和直接的观察来获悉机构的态度及观点。例如，能为现有客户提供良好服务的一个公共供水设施，可能也会给新的社区提供良好的服务。

公共政策

公共政策有各种成分，这些成分可以影响与提案相关的健康决定因素。例如：

1）主要工程的环境影响评价通常都有一个法定要求，这可以通过限制污染和保护食物链对健康产生积极影响；

2）可能会有一项地区发展计划；

3）在规划法规时，可能会有保护健康的隐形需求；

4）政府可能有减少温室气体排放的义务；

5）可能需要在所有政策中承诺健康的公共政策；

6）可能会有可以对健康改善建议进行调整的政策指导文件；

7）可能会有交通政策来推进运输方式的转变。

2.5 其他类别

健康影响评价方法的一个关键方面是其分类和归类有一个明确且系统的方法，这保证了所有相关问题都可被考虑在内。在理想情况下，一个单独的分类体系将覆盖所有可能性，但它可能是不实用的。有很多可能的分类体系，选择它们的一个方法是宽泛适用性。所选的分类体系应使所有子分类之间实现恰当的平衡。另一个分类过程涉及环境健康领域，这将在第 3 章进行探讨。

危害和风险

在早期的工作中，我和我的同事提到的是“健康危害”和“健康风险”，而非健康决定因素，时至今日，一些健康影响评价从业者可能仍然倾向于这样做。健康危害是潜在的伤害来源，而健康风险则是一种特定的伤害以一种特定的严重性在特定场景中影响一组特定人群的可能性。例如，有毒化学气体的潜在释放性就是一种健康危害，而足够浓度的化学品溢出使人们中毒的概率为百万分之一。一些从业者在提及危险化学品时将其作为一种危害，而用决定因素一词来描述易受伤害人群接触化学品的不同路径。

健康危害是健康决定因素的一个子集。下面的例子解释了一种危害和一个决定因素的区别。

1）交通是一种健康危害；

2）危险化学品是一种健康危害；

3）贫穷是一种健康决定因素但通常不会被称之为健康危害。

因为健康危害是健康决定因素的一个子集，我现在更倾向于使用更宽泛的术语，即健康决定因素。进一步地，健康决定因素的变化会对一项提案同时产生积极和消极的影响，“健康风险”这个术语即强调这里的消极影响。值得注意的是，健康影响评价不仅会涉及消极的影响，也同样会涉及积极的影响，而后者被称为健康收益或健康机会。

危害 / 风险这些术语在职业健康和安全从业者中以及健康风险评价中使用得比较普遍。一种“领结模型”常被用于描述意外事件的原因和结果（图 2.2）。

在“领结模型”使用的过程中，还用到了其他的一些术语。例如，在流行病学中，健康决定因素以风险因素或混杂因素的形式提及。

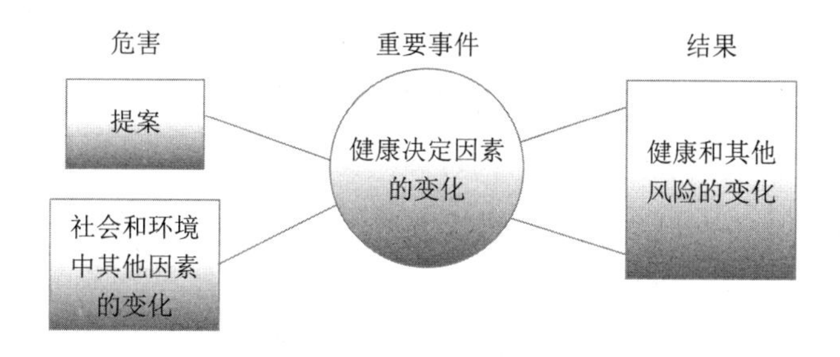

图 2.2　健康影响评价中的“领结模型”

2.6 健康不平等

第 1 章介绍的健康影响评价定义中提及了分配方面的影响。分配方面的影响的一个方面就是健康不平等或不公平，这也在第 1 章提到过。

健康不平等研究是分析贫穷及其他相关社会经济决定因素对人口健康影响的工具，它将健康结果的一种衡量（如预期寿命）与贫穷的一种衡量（如社会经济排名）进行比较。现在已有大量的证据表明，在所有国家中贫穷都是健康的一个主要决定因素，这已经越来越多地作为一种社会梯度被提及。下面列出了这一证据的少量例子。由此得出的结论是，任何的可能加剧某一社区的贫穷或对其社会经济状况产生影响的提案都有可能造成健康影响。

下面是英国的健康不平等的例子（Acheson et al，1998；Harding et al，1999；Marnot and Wikinson，1999；Evans et al，2001；Wilkinson and Marmot，2003；CSDH，2008；Marmot，2010）：

1）最高级和最低级社会经济群体间预期寿命的差异是 4.7 年；

2）在英国政府的公务员中，最低级别者的死亡率比最高级别者高 4 倍；

3）在福利院生活的儿童的死亡率是其他儿童的 2.5 倍；

4）大约 1/3 的家庭没有汽车，这些多为居住在繁忙的公路边的低收入家庭。而空气污染大多靠近公路或路口，并大多发生在城市内部。而这些位置也常常具有其他方面的不利条件，空气污染的负担可能会落在经受这些不利条件的人身上，而他们却难以享受引发污染的私人交通汽车带来的好处；

5）“颠倒的医疗法则”总结了一份观察报告，表明最不脆弱的人群经常享受到了最多的医疗服务，反之亦然。

表 2.7 提供了一些额外的数值实例，以不同富裕程度的社会经济群体对其进行了细分（Acheson et al，1998；Flynn and Knight，1998）。

表 2.7　英国西北部的健康不平等

	富裕	不太富裕（蓝领）	贫穷	最贫穷
哮喘发病率	57	114	119	126
标准化死亡率	81	119	129	150

类似的比较也同样适用于美国等国家，下面的例子描述采用了种族比较的方式（俄亥俄州健康政策研究所，2004）：

1）在非裔美国人中，癌症发病率比白种人高 10%；

2）非裔美国人的癌症死亡率比白种人高 35%；

3）当因急性心肌梗死住院时，较之白种人，西班牙裔不太可能获得阿司匹林和 β 受体阻滞剂等药物；

4）在全国范围内，非裔美国人、西班牙裔人、美国印第安人和阿拉斯加本土居民患糖尿病的概率是白种人的 2 倍；

5）非裔美国人糖尿病患者死亡率比白种人高 27%，西班牙裔人比白种人高 40%；

6）在俄亥俄州，获得产前护理的非裔美国妇女比白种人少 15%。

这些例子并不能表明这些差异的根源是生物学的、文化的或社会经济的，又或者三者兼有。美国近期的一些研究比较了不同国家的健康状态（人口健康机构，2010）。美国的情况也在 CSDH 报告（2008）中进行了探讨。

表 2.8 表明了其他一些国家的健康不平等（World Bank，1990，1992，1993；WRI，1998；McGranahan et al，1999；Wilkinson and Marmot，2003）。

图 2.3 表明了伊朗每千人婴儿平均死亡率是如何随社会经济五等分位而变化的。

表 2.9 表明了塞内加尔 5 岁以下儿童的死亡率是如何随母亲教育水平的高低而变化的。

表 2.8 健康不平等例子

20% 最贫困人口的收入比例	4% 尼日利亚 9% 印度
地区预期寿命，尼日利亚	博尔诺州 40 年 本德尔州 58 年
安全饮用水，尼日利亚	城市 84% 农村 40%
墨西哥	富有社区和贫困社区的预期寿命差异是 9 年
印度尼西亚	最贫困五等分位的份额为健康预算的 12%，而最富有五等分位的份额为 29%
俄罗斯，苏联解体后的时期	白领和蓝领工作者在预期寿命上的差异与事故和暴力相关。工作者与无职业者预期寿命的差异与慢性疾病相关

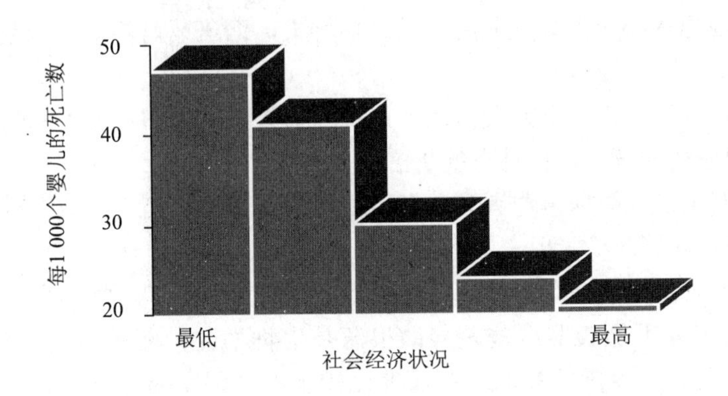

图 2.3 伊朗婴儿死亡率和社会经济状况的关系

来源：Hosseinpoor 等，2005。

表 2.9 塞内加尔的健康不平等现象

母亲教育水平	5 岁以下儿童的每千人死亡人数
无	225
初级	140
中等	70

来源：WRI，1998。

表 2.10 的例子是从一项研究中得出的，该项研究是调查蚊帐在冈比亚作为预防疟疾手段的使用情况（Clarke et al，2001）。我们（样本量 618）以拥有录音机、床、牲畜、混凝土墙和金属屋顶为基础的社会经济状况为依据对社区进行细分。儿童间的寄生虫发病情况随社会经济群体的不同而不同，即使所有的这些儿童都住在疟蚊叮咬司空见惯的环境中。

表 2.10 冈比亚的健康不平等现象和疟疾发病率之间的关系

社会经济状况	儿童寄生虫血症患病率 /%
贫穷	33
很穷	42
非常穷	51

来源：Clarke 等，2001。

国家健康和财富之间的比较类似于图 2.4 的情况（World Bank，1993）。典型的一种国家健康指标是出生时的预期寿命，而一个典型的财富指标是人均收入。50% 的世界人口都处在垂直虚线的左侧，在这一侧，平均财富上细小的变化会产生平均健康上较大的变化。越富有的国家，这种变化则表现得越平缓。

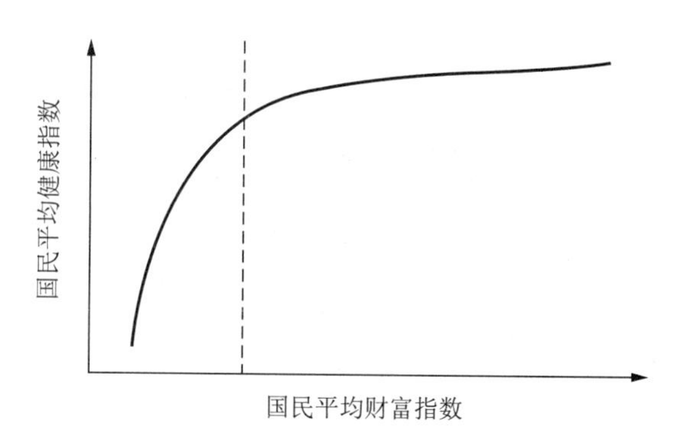

图 2.4　国民财富和健康之间的联系

来源：World Bank，1993。

有很多国家不在曲线附近，一些国家的平均健康状况比以它们的财富水平所预估的更为糟糕。原因可能包括国内严重的不平等现象或其经济依赖于丰富的自然资源（如石油等）。具有更高水平的平均国民健康的国家也更趋向于具有高水平的公平。

我们也可以在一个国家内针对不同的地区建立类似的图表。这里以英国为例，横向坐标可以是以综合贫困指标排名的不同地理区域（Marmot，2010），纵向坐标可以是该区域人口的平均预期寿命或无失能寿命。在物质最富有和物质最缺乏的地区之间，无失能寿命的差异达到了 17 年。

这一图表意味着影响群体财富的提案会对贫穷的国家或地区和富有的国家或地区产生不同的健康影响。除平均作用以外，在社区内的不同社会经济群体之间也会有所不同。一个贫穷社区的较为贫穷的成员可能从一项提案中得到大量的健康益处——假设他们能获得经济益处。所以，提高公平性的提案对健康会有更大的贡献。以上的所有内容都强调了在健康影响评价中考虑对社区群体不同影响的重要性。

2.7　直接效应和累积效应

提案的健康影响可以是直接的、间接的或累积的。表 2.11 中给出的定义参照了国际影响评价协会的术语表（国际影响评价协会，未标日期）。

累积效应可以是在一段时期内发生的个体影响微小但整体影响显著的行为，它们的发生可以是地域性的、国家性的和全球性的。全球累积效应的一个例子是气候变化，具体内容详见第12章。在理想的情况下，所有影响评价都应该包括累积效应部分。

表 2.11 直接的、间接的或累积的健康影响

直接影响	由提案立即引起的健康决定因素的变化。 例如：在一个新建路段发生的交通事故和伤害
间接影响	由直接影响的结果导致的健康决定因素的变化。 例如：当人们感知到交通伤害时，人们可能会减少骑车的次数，身体健康水平就会下降，循环系统疾病将增加
累积影响	附加和综合行为的结果产生的影响会随时间和空间递增或增效累加。 例如：两条繁忙道路相交的路口处的空气质量会很差，在此居住的居民的呼吸道疾病发病数量会增加

2.8 健康影响的例子

2.8.1 交通

在低收入国家中与交通相关的健康影响的例子：一辆严重损坏的汽车停放在一条崎岖不平道路旁边，这一事件的决定因素较多且复杂，可能包括以下因素：

1）汽车维护得很差，车灯不亮，而且一些轮胎已经磨平；

2）司机缺乏训练，从未接受过驾照考试；

3）在夜晚驾驶且车速过快；

4）司机可能已经在路上连续驾驶了24小时，他可能一直在服用一些温和的精神药物以保持清醒；

5）汽车超载，车上乘有很多妇女和儿童；

6）附近没有事故急救设施；

7）道路养护糟糕，到处崎岖不平；

8）即将到来的车辆情况与此车相似，司机也以相似的方式驾驶；

9）这个国家缺乏汽车的备用配件；

10）交通费用必须尽可能地低，以让乘客支付得起；

11）司机被要求遵循一个不切实际的时间表。

再如，一个负担沉重的妇女背着木柴和水走在一条乡村道路上，也许她还在胯部背着一个孩子。这描述了与包含道路的农村提案相关的许多健康决定因素。该提案可能使用公共用地，而这种公共用地一直被当地居民用来收集薪柴、

野生植物和水，这些传统活动一般由女性承担。由于提案的原因，妇女不得不走更远的路去收集木柴和水。这种更加沉重的负担将对她们的身体造成伤害，额外的行程也减少了她们照顾家庭的时间。新的道路帮助她们到达更远的地方获取资源，包括医疗设施、公共运输和市场。这些道路被设计用于重型、快速行驶的机动性运输，没有可以供行人、骑车者或动物使用的人行道或缓冲带。所以，妇女们不得不与快速行驶的车辆共用道路。

在新道路的边缘，非正式定居点会增多，尤其是在有地表水塘的地方，这些定居点将为车辆司机提供诸如食物、酒和性交易之类的服务。然而，水塘会滋生很多病媒虫，以至于成为那些水传播疾病的疫源地。

2.8.2　水

贝宁北部建设了一项牲畜饮水工程。当地人在干涸的河床上筑起水坝，以储存湿季的雨水。虽然这个项目的本意是用于牲畜饮水，但也被用作人类的饮水源。水里有很多牲畜粪便。而同一个村庄的被用作替代水源的旱季水源供应设施，也反映了蓄水池在当地是比较普遍的。不幸的是，一种叫作双脐螺的水生小蜗牛在蓄水池边缘的石头上繁衍起来。这种蜗牛是一种叫作曼氏血吸虫的寄生虫的中间宿主，这种寄生虫可在人类身上引发血吸虫病或裂体血吸虫病。这种寄生虫在蜗牛身上繁殖，变成一种微小的游泳蠕虫后将释放到水中，渗入在水中蹚行的人的皮肤中。最后的结果是，这项牲畜饮水项目增加了血吸虫病的流行率。

正常的干季水源供应设施包含一个浅泥池，位于地下 2 ～ 3 米处，因而从这个水池取水将是一个费力的过程。许多基础设施的发展规划都会影响地下水位。该社区正挣扎在生存的边缘，即使是地表水位的小幅下降对他们也是致命的。饮用污水将导致儿童的高死亡率，而成人在大多数情况下都能够忍受这种污染。

2.8.3　重新安置

泰国的一个村庄由于大型水库工程而进行重新安置，重新安置点选在了森林保护区内。村民们失去了生计，得到一个作为补偿的橡胶种植园。此外，他们还得到了经济补偿，足够他们新建一所精致的住房。不幸的是，在东南亚，疟蚊在从树林的树影中流出的清水小溪中繁殖。橡胶种植园的树影增加了疟蚊繁殖点的数量，而村庄又恰好位于疟疾传播可能最为严重的地方。

疟疾的其他一些决定因素包括住房设计、浸泡蚊帐、对繁殖点的药物控制以及治疗服务的有效性。

2.8.4 农业

东非一个农民的传统午餐是玉米和豆子。该农民和他的家庭依靠水稻灌溉系统生活，他们不再种植玉米和豆类。在传统的生活体系中，妇女和儿童照料土地，种植玉米和豆类，然后收获、存储，在家中烹饪。而在商业水稻灌溉系统中，妇女和儿童在水稻田中劳作，丈夫则将水稻作物拿到市场上去出售，获得现金，然后他将钱交给妻子，以此去购买玉米和豆子。然而，他也可能将钱全留下来去购买酒和烟。如此一来，家庭的食物津贴就会减少，家庭成员营养不良的可能性就会增加。

有的喷药者喷洒农药的方式是错误的。例如，埃及的一位流动喷药者，他只穿着普通衣物，这导致其很容易吸收喷雾，并且也没有佩戴防护的面罩或手套。他缺乏相应的训练和教育，每天从事着从一个农场到另一个农场的喷洒农药的工作。他用裸露的双手来调配农药液体。他超出了健康风险评价的范围，因为他不是受管辖的劳动力。与消费农产品的普通大众相比，调配和使用这些现代农药的人中毒的风险要高得多。

2.8.5 空气污染

叙利亚大马士革城市上空空气污染严重。现在，已有很多关于空气污染和人类健康之间因果关系的科学研究（Mindell，2002）。根据经验法则，在欧洲，周围空气中 PM_{10} 微粒浓度每增加 10 μg/m^2，将会增加 1% 的急性死亡，还会导致哮喘药物和支气管扩张剂的使用，同时导致慢性心肺疾病、肺气肿、慢性支气管炎和咳嗽等疾病发病率的大幅增加。这些研究对富有和贫穷城市的市区规划、工业分区、工业排放和交通的 HIA 都有所启示。

世界上的很多食物都是在昏暗、乌黑、不透风的厨房中烹饪出来的。现在有很多关于这种条件和妇女儿童呼吸疾病之间联系的研究（WHO，2010a）。而在发达的经济体中，室内空气污染与潮湿、尘螨、吸烟、绘画颜料以及胶水中使用的有机溶剂相关（Wieslander et al，1996）。这些研究对于富有和贫穷社区的住房项目的 HIA 有所启示。

2.8.6　建筑和旅游

建筑行业给成千上万的流动男性带来了收入，但也使得他们远离了家乡，并且要长期在压力条件下工作，这些都导致他们乐于通过不恰当的性关系来寻求慰藉。另外，由于一些文化传统将女性排除在教育和有偿工作之外，因而她们缺乏一些基本的手段来养活自己和孩子，只能通过出卖她们的身体来获得雇佣机会。避免这一问题的一个方法是将男性关在建筑营地内，阻止他们与当地社区交往。但这样做可能会产生包括男男性行为和走私妇女等不良影响。最终可能导致性传播疾病的大量传播，包括艾滋病等。

东南亚一家酒店的旅游问询台提供了到当地按摩院的旅行和海岸沿线游览车旅行，这也阐明了旅游业、商业旅行以及性传播疾病之间的关系。

2.9　伤残调整生命年（DALY）

我们很难比较不同不良健康结果的相对重要性。例如，如何比较一个断掉的腿与一个被损坏的肺？一些影响是致命的，而另一些则是致残的。死亡会发生在不同的年龄，而残疾会持续不同的时间长度。为了克服这一问题，我们提出了一个常用度量标准，即伤残调整生命年或 DALY（Murray and Lopez，1996）。DALY 提供了一个分析基线健康状况的工具，今后可能会更多地用来分析健康影响。

DALY 是一个时间量度，它是指从预期寿命中减掉的由于特定疾病发病率和死亡率而失去的年数。最初的分析是以 107 个诊断实体为基础，在每一个案例中，都对其特定的年龄和性别中的事件、持续时间、存活和残疾进行了预计。对于死亡的案例，使用死亡年龄时的预期寿命来计算由于死亡而失去的年数。对于存活的案例，失去的时间是以不同疾病预期持续时间为基础的，而这个时间是通过每个疾病相关的残疾程度计算出的，而不同水平的残疾程度是通过讨论预计得出的。

现今，这一概念面临很多挑战。这个概念是建立在人口平均数的基础上的，并没有充分考虑人群内健康状况的分布情况。这个概念具有内在价值的假设，即未来健康状况可能会下降而寿命反而会延长。关于将健康损害和人类痛苦转换为 0 ～ 1 之间的效用权重，存在根本的反对意见。对于谁应该做出判断——专家还是失能群体，这点也很有争议。使用这个度量时，既可以有这些折扣和加权，也可以没有。尽管有这些挑战，当被用于大量人群时，DALY 单元似乎提供了一个有用的优先权指标。

DALY 使用的例子

在英国的一项近期研究已经使用了 DALY 方法来调查在新住宅区进行可持续水管理的行为产生的风险是否是可接受的（Fewtrell and Kay，2008）。假定对于一个正常健康成人来说，一个 DALY 风险阈值与 10^{-6} 的死亡风险相当。

2.10 流行病学转变

图 2.5 表明了在三个主要健康条件间每个世界银行区域内 DALY 的百分比分配（WHO，2008）。分段条形图表明一个国家的非传染性疾病情况（中灰色）、伤害（浅灰色）和包括传染性疾病、孕产妇和围产期状况以及营养不良的一组状况（深灰色）对一个国家的伤残调整生命年的贡献比例。这一比例将在不同经济水平的地区间进行比较。不健康的主要原因将根据经济发展水平的差异而有所不同。

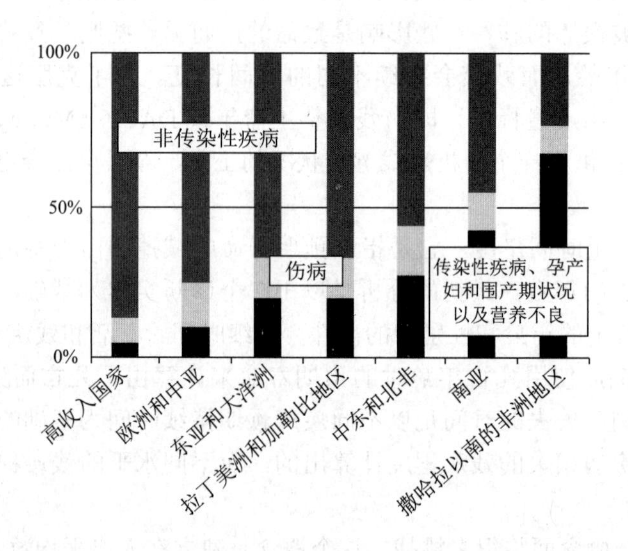

图 2.5　2004 年世界银行地域间的伤残调整生命年百分比

表 2.12 提供了更为详细的相同的数据，阐明了孕产妇和围产期状况以及故意和非故意伤害的相对贡献。在最贫穷的国家，儿童的发病率和死亡率大多归因于感染；在中东和拉丁美洲，故意伤害是一个重要的问题；而在其他一些地区，孕产妇和围产期状况是一个重要问题。

表 2.12　2004 年世界银行地域间的伤残调整生命年百分比详细状况（全面的）

	高收入国家	欧洲和中亚	东亚和太平洋	拉丁美洲和加勒比地区	中东和北非	南亚	撒哈拉以南的非洲地区
感染和寄生虫	2	4	9	8	8	18	41
呼吸道感染	1	2	3	4	5	8	11
孕产妇和围产期状况	1	3	6	6	12	13	13
营养不良	0	1	2	2	3	3	3
非故意伤害	5	10	10	7	12	9	5
故意伤害	2	4	2	6	5	2	3
非传染性疾病	88	76	67	67	57	46	24

这些图表可以协助进行对提案健康影响的优先排序。例如，在高收入国家，非传染性疾病所占人口疾病负担的比例最大（表 2.13），而化合物引发的环境污染是疾病的一个重要决定因素，因而降低环境污染是首要任务。EIA 是一种确保将与提案相关的污染物排放量维持在可接受范围内的工具。从另一方面讲，在最贫穷的国家，传染性疾病所占疾病负担的比例最大。在这些国家，首要解决的问题是洁净水的供应、环境卫生、食品安全、减少过度拥挤和控制带菌生物。在一个贫穷的国家，在一项提案评价期间，较之传染性疾病，优先考虑非传染性疾病的影响是不恰当的，虽然大多数时候都是这样做的。

表 2.13　在发达和欠发达经济中不同优先次序的概括

在欠发达经济中较频繁出现的	在较发达经济中较频繁出现的
如疟疾、呼吸道感染、腹泻、HIV 等的传染性疾病 蛋白质的缺乏 伤害	如心、肺和循环障碍和癌症等的非传染性疾病 肥胖 抑郁症

20 世纪 90 年代，有关机构使用伤残调整生命年对欧盟的疾病负担进行了一次预测（瑞士国家公共健康机构，1997）。疾病负担大多数是非传染性的。其中，最重要的是神经精神疾病、心血管障碍及各种癌症。该研究分析了与这些健康结果相关的一些风险因素或健康决定因素。其结果表明，失业、吸烟、饮酒、肥胖以及与工作相关的疾病已经成为远比化学污染重要的决定因素。

随经济发展而产生的传染性疾病和非传染性疾病的重要性的相对变化被称为流行病学转变或风险转变（Smith，1991，1997）。在这些转变中，最为人们所熟知的可能是人口转变。在经济发展过程中，“传统”风险（如传染性疾病）下降，“现代”风险（如非传染性疾病）上升。有时也可以在一些低收入经济体中的农村和城市地区中观察到此类现象（Birley and Lock，1999）。在偏远的地区，传统风险更为常见；而在城市地区，现代风险则更为常见。城市的边缘地区可能会出现以上两种地区中最糟糕的状况：与传染性疾病相关的拥挤和糟糕的环境卫生，以及与非传染性疾病相关的空气和水的化学污染。这里的社区通常是非正式的贫民窟，其中的居民多是为了寻求城市的工作机会而从农村迁移来的。此类迁移中，有些是非自愿迁移，可能属于某一提案的一个健康影响。大型基础设施提案逐渐进入农村的现象可能会改变传统风险和现代风险的比例。

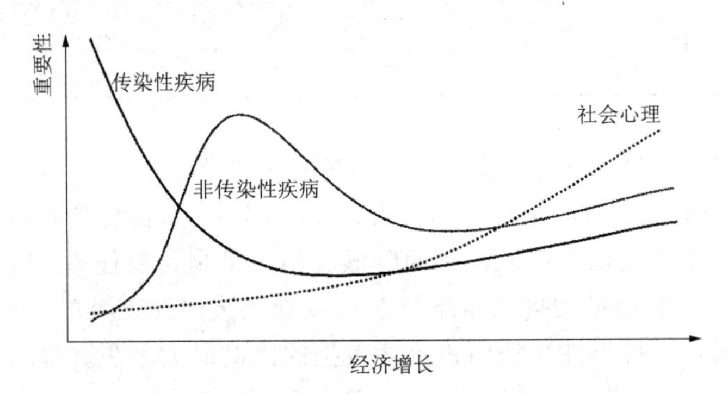

图 2.6　健康影响优先权及其发展中变化的理论模式

一些过渡场景的出现是可能的，但试图对这些场景进行归纳总结可能是不明智的，虽然图 2.6 尝试去这样做。在这种场景中，随着经济发展，首先传染性疾病会下降，但随后由于性传播感染的增加，传染性疾病的发生率又会上升。传染性疾病发病率的下降同时伴随着非传染性疾病发病率的上升。这些非传染性疾病中，有一些与环境污染和环境安全相关，随着环境污染得到控制、环境安全水平不断增加，这些非传染性疾病的发病率也会随之下降。然而，由于糖和脂肪的过度消耗，身体活动的减少，其他非传染性疾病在此时将变得更为普遍。同时，一些社会心理学疾病，譬如对精神药物的依赖，也正在增加。

2.11　医疗保健

一个社区可用的健康和医疗保健的质量和数量是健康的一个决定因素。它在国与国之间、同一国家的不同地区之间以及农村和城市之间存在巨大差异。这是一个专业的课题，应该向健康护理管理者、实践者和健康系统研究者咨询详细的信息。健康影响评价应时刻考虑一个提案对现有和今后的健康保健服务产生的影响。

以下对比了低收入和高收入经济环境中的不同情况。

2.11.1 低收入经济体

在很多低收入国家，健康管理框架会从国家层次的健康部门或机构开始，这一结构会在地区层面或者当地层面进行复制。政府官员会对包括初级医疗诊所、中级推荐诊所和三级推荐医院在内的所有公共医疗服务负责，他们也会对公共药店负责，但他们不会对私人部门负责。而私人部门包括传统治病术士、传统接生员、传统草药医生及私人诊所和药房。

贫穷国家的健康部门可能会有一个每人每年 20 美元的健康预算。比较之下，在发达国家的健康预算可能会达到每年每人 5 000 ～ 10 000 美元。

在贫穷的国家，可用的预算经常分配不均。它倾向于集中在高等部门和首都城市，这里居住着有钱人和有权者。一项提案所在的贫穷农村地区分到的预算数量可能会非常少。

在一些低收入国家，初级医疗严重短缺的例子

在农村地区的初级医疗单位可能没有自来水或公共厕所，药物供应时断时续，供职护士的工资得不到保障。这些单位缺乏功能设备，包括必要的交通设施。这些初级医疗单位可能是为配合被一项提案吸引来的移民而建立的诊所，当这项提案投入运营时，这些诊所的员工很可能会向提案的管理者乞求紧急援助。因而倡议者最好能够提前了解这些健康要求，并对此进行规划。这项提案也应该包含一项社会资本预算。

2.11.2 发达经济体

以英国为例，英国的健康医疗服务随处可用。然而，一项持续增加当地社区规模或密度的提案将需要医疗服务供应的相应增加。

在伦敦，健康城市发展单位（HUDU）已经开发了一个模式来预估额外的服务供应量（HUDU，2007）。这个模式使伦敦的英国国民健康保险制度能保证 1 000 万欧元用于超过两年的额外健康设施。这个模式考虑了当地层面的基线人口统计资料和健康数据，以及家庭简况和人民利益。它计算：

1）依据人口的急性选择性、急性非选择性、过渡性护理、精神健康和初级护理需求所需的医院床位数量或占地面积；

2）提供所需空间所需要的资本成本；

3）在保健服务资金管理时考虑新增人口之前，其运营所需服务的税收成本。

国家或国际政策对健康系统或服务产生的影响日益增强，引发了对特殊的健康系统的影响评价的需求。现今，有人已开发出了一种在线工具，用来对欧盟健康系统政策进行评价。

2.12 健康指标

许多指标都可以用来衡量健康决定因素的状况。好的指标衡量起来相对简单，且与大量的健康结果具有相关性。例如，表 2.14 提供了环境健康指标的一些例子（WHO，1999）。

表 2.14 环境健康指标的例子

类型	衡量	数据形式
污染物排放	排放速度	t/a
水供应	可供社区占社区总数的百分比	L/（人 · d）
户外和室内空气质量	悬浮颗粒物，硫氧化物，氮氧化物	mg/（m^3 · h）
土壤污染	重金属	mg/kg
住房供给	拥挤程度	每间房屋的平均居民数量

美国疾病控制中心有一套用以衡量与健康相关的生活质量的简单的比较指标（疾病控制和预防中心，2000）。这需要对社区成员进行调查并要求他们就四个问题进行主观回答（表 2.15）。尽管这些回答较为简单主观，但从这些问题中得出的数据具有很好的比较和预测价值。

有很多指标可以用来评价医疗护理的价值。表 2.16 提供了一些例子。

表 2.15 健康天数衡量

1）在大体上，你的健康状况是极好、非常好、好、一般还是糟糕？
2）现在考虑一下你的生理健康状况，这包括身体疾病和受到的伤害，在过去的 30 天中，有多少天你的身体健康状况不太好？
3）现在考虑一下你的精神健康状况，这包括精神压力、沮丧和其他一些与情绪相关的问题，在过去的 30 天中，你的精神健康状况有多少天处于不太好的情形？
4）在过去的 30 天中，你有多少天由于糟糕的身体或精神健康状况无法从事日常活动，如自我护理、工作或创作？

表 2.16　医疗服务指标的例子

可变因素	衡量
医院	单位人口拥有的床位数；不同疾病类别的病人的平均住院时间（较长的住院时间并不总是好的）
员工配备	每一万人所拥有的医生、护士、助理护士和社区志愿者的数量，初级、中级和高级护理设施的人员分配
地理位置	初级、中级和高级医疗场所的地图
存货	药品可及度、存储条件、低温运输系统
设备	功能、维护、杀菌
标准	转诊制度、卫生、废物处理
财务	成本回收、费用、保险、工资
记录	被收集并用于决策的数据

2.13　脆弱性和恢复性

每个人都有能力来应对生活中发生的微小变化。然而，有一些变化可能会超出我们个人的处理能力，这时我们就需要外部的支持。提案的影响就属于这类大的变化，它们的实施可能会使受影响的社区出现敏感（脆弱）点。例如，当孩子们步行去学校，且必须穿过繁忙的道路时，他们对交通密度的变化是敏感（脆弱）的。当人们住在河边时，他们对洪水情况的变化是敏感（脆弱）的。敏感（脆弱）点可由地点、贫困程度、教育、生计、性别、年龄和其他许多决定因素引发。

脆弱性可以定义为一系列与个人或集体相关的因素，这些因素会增加与变化相关的幸福感降低的可能性。例如，当一些具有脆弱性的社区遇到较大的变化时，它们很可能会解体。而恢复性则是脆弱性的相反面，它可以被定义为一系列与个体或社区相关的可以增加幸福感不被变化影响的可能性的因素。对于敏感的和易恢复的社区而言，变化都可能与一项提案或环境中的其他因素相关。

健康的大多数决定因素都可以影响社区的脆弱性和恢复性。例如：

1）个体的免疫力、行为、职业、教育和贫穷程度将导致其脆弱性；

2）自然环境也会对脆弱性带来影响，例如，当一个社区距离危险较近时，它们在面对一些变化时将变得“脆弱”；

3）社会环境为社区提供了支持网络和合作机制，使社区更具恢复性。

恢复性和脆弱性

比较脆弱性和恢复性的一个有用的类比是比较一块砖和一个棍子之间的不同。当你折断一块砖时，它就彻底地断掉了，但当你折弯一个棍子时，它很快会弹回原状。

影响社区脆弱性的外部因素包括：

1）向社区提供经济机会，使其能够成功地应对变化；

2）由政府或其他机构提供给社区的不在社区控制范围之内的服务；

3）气候；

4）各种类型的政策、规划和项目。

一项健康影响评价的目标之一应是提供一些建议，来保护社区不会被与提案相关的变化压垮。换句话讲，这些建议应当降低社区的脆弱性，增加其恢复性。例如，小额信贷法案可能会帮助社区改善生计，由此增加恢复性。

脆弱性和不平等之间有着密切的联系。一些社区团体会由于贫穷、地理位置和其他的决定因素而变得更加脆弱。一些社区团体会由于教育、生计、资金和其他决定因素而更具恢复性。

脆弱性和恢复性也是系统的属性。社会、气候和生态系统都具有倾向于保持稳定状态的反馈回路。外部压力会使系统从稳定状态移位，此时一个具有恢复力的系统可能会被相对深层次的系统所替代，但它仍然会返回原来的状态。当系统较原来状态的偏离过于严重时，它会暂时替换成一种新的状态。例如：

1）即使我们过量开采了渔业资源，世界上的渔场仍能够继续有效地运营。最后，当捕鱼的程度超出了系统的恢复性时，渔业就会瓦解；

2）地球的气候在数百万年来一直保持着一种稳定的状态，期间也伴随着一些自发的变迁和振荡。现在，大量碳的释放可能会压垮反馈机制，进而气候可能会进入一种不同的稳定状态，而这种状态可能会对人类生活形成更大的威胁；

3）有人已经绘制出了引起肥胖症的健康决定因素的复杂网络（Butland et al，2007）。改变这种策略可能会将一个清瘦、活跃、有着健康饮食的人转变成一个过胖、久坐并且与垃圾食品和酒相伴的人。

2.14 练习

下面的练习可以单独来做，但以团队的形式完成将会有更大的收获。

2.14.1　思维导图

假设你是一个投资集团的顾问，该集团正在向一个叫作 San Serriffe（神秘岛国）的滨海国家投资一个大型处理设备（图 2.7）。他们要求你对该提案可能引起的变化给出建议。该地点是一个海湾，有非常多的捕鱼活动。

这项练习的目标是构建与提案项目相关的健康问题的清单。它是一个思维导图练习，没有正确或错误答案。你不需要对你确定的健康问题进行分类或排序，或者给出建议。

2.14.1.1　对该社区的描述

提案项目的地点目前是一个渔村，有大约 2 000 居民将不得不迁移到他处。距此地最近的城镇有 50 000 人口，坐落于该村北侧 10 公里处。该渔村周围环绕着一些居民人数不超过 200 人的小型人类居住区。这个村庄里有一处宗教祭祀场所，村民大多数是渔民，但有一些人在城镇里工作，他们在那里可以学到加工金属的工艺。当地的农业主要是牲畜养殖和蔬菜种植，这里的水供应状况很差，几乎没有可正常使用的厕所。这里的交通方式以船运为主。这里的地势低洼且水位线较高，海岸带种植着一些红树林。在距此地最近的小镇上，既有私人医疗设施，又有公共医疗设施。有一条从小镇通往村庄的道路一直延伸到一个小型沿海居住点。

该社区主要由两个族群组成，他们中的大部分是基督教徒，还有一些是穆斯林教徒，其余的人则信仰其他宗教。他们遵循传统，坚守信仰，敬畏所有自然物，他们认为树木、灌木、池塘和土丘都有灵魂。不论信仰何种宗教，他们都恪守着一个悠久的传统，即男人比女人具有更高的地位，是一家之主。男人的角色被清晰地定位为捕鱼、从事政治活动、修缮房屋、掌管渔船和捕鱼设备以及掌管家庭经济和财产，女人的角色则被清晰地定位为收集野生食物和药物、收集水、种植粮食和烹饪食物、照顾家庭和从事商品交易活动。这里的男性比女性具有更高的文化水平，即更具“功能性”的读写能力。

2.14.1.2　对提案的描述

整个海湾都将变成一个综合园区（图 2.8）：

1）处理厂会经由管道接收原材料；

2）这里将会建造一个码头，用以停泊运输加工产品的船舶；

3）经由小镇的道路将会翻新拓宽；

4）需要进行一些疏浚和土地开垦的工作；

5）将禁止在这个海湾捕鱼；

6）村民将被安置到一个新的渔村；

7）在两年的建设周期内，将会建立一个大约能容纳 4 000 名工人的建筑营地；

8）将在海岸沿线为这些工人建设一个现代化的定居点；一些红树林会被砍伐掉；

9）将为当地提供就业机会。

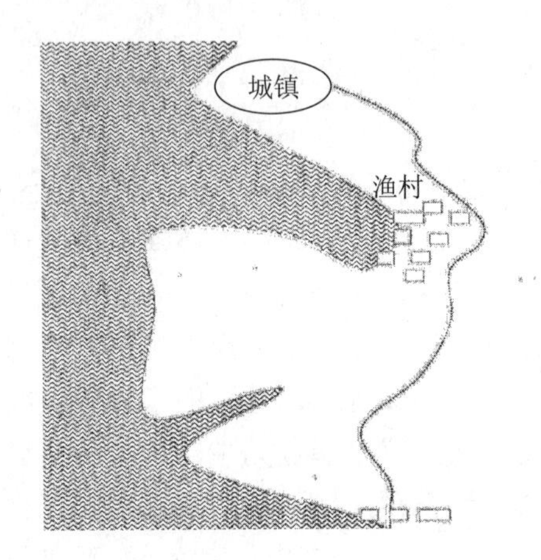

图 2.7 项目实施之前的 San Serriffe

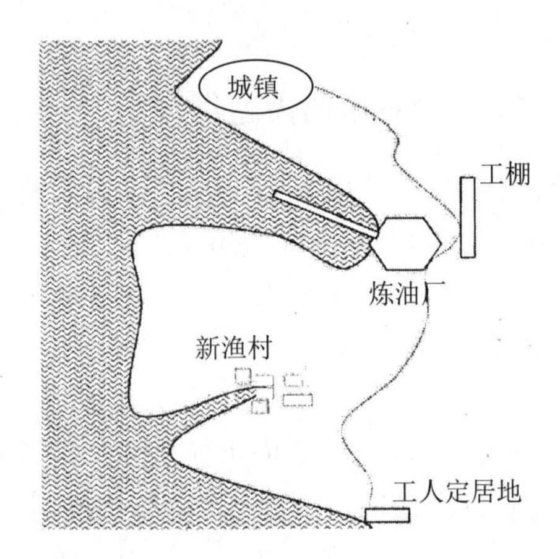

图 2.8 项目实施之后的 San Serriffe

2.14.2 对健康问题进行梳理

这一练习的目的是使用本章讨论的类别对健康决定因素和健康结果进行识别。

再次回顾一下你已经列出的健康问题清单。现在请将它们按以下类别进行分类：

1）健康决定因素；

2）健康结果；

3）HIA 过程本身的关注点；

4）评价方法的关注点。

HIA 过程关注点的例子如下，这些将在后面的章节进行探讨：

1）在什么情况下需要进行健康影响评价；

2）健康影响评价应该由谁来进行；

3）当评价完成时，会发生什么；

4）应采取怎样的控制措施来确保评价质量。

评价方法关注点的例子如下，这些也将在后面的章节进行探讨：

1）谁可能会被影响；

2）什么样的基准数据是可用的；

3）我们应该考虑多久以后的事情；

4）项目地点周围多大的范围内会受到影响；

5）为了保护健康，我们应该做什么。

参考文献

Acheson, D., D. Barker, J. Chambers, H. Graham, M. Marmot and M. Whitehead (1998) 'Independent inquiry into inequalities in health, www.dh.gov.uk/en/publicationsandstatistics/publications/publicationspolicyandguidance/dh_4097582, accessed February 2011

Amr, M. M., M. M. Salem and M. S. El-Beshlawy (1993) 'Neurological effects of pesticides', Biological monitoring conference, Kyoto University, Kyoto, Japan

Armstrong, F. (2005) 'McLibel', Spanner Films Ltd, UK : 85 minutes, www.spannerfilms.net/films/mclibel, accessed February 2011

Barton, H., M. Grant and R. Guise (2003) *Shaping Neighbourhoods: A Guide for Health, Sustainability and Vitality*, Spon Press, London and New York

Birley, M. H. (1991) 'Guidelines for forecasting the vector-borne disease implications of water resource development', World Health Organization, www.birleyhia.co.uk, accessed 2010

Birley, M. H. and K. Lock (1999)*The Health Impacts of Peri-urban Natural Resource Developmen*, Liverpool School of Tropical Medicine, Liverpool, www.birleyhia.co.uk/Publications/periurbanhia.pdf

Breslow, L. and G. Cengage (eds) (2002–2006) 'Noncommunicable Disease Control, Encyclopedia of Public Health', eNotes.com, www.enotes.com/public-health-encyclopedia/noncommunicable-disease-control

Butland, B., S. Jebb, P. Kopelman, K . McPherson, S. Thomas, J. Mardell and V. Parry (2007) *Tackling Obesities: Future Choices*, www.foresight.gov.uk, accessed September 2009

Centers for Disease Control and Prevention (2000)*Measuring Healthy Days: Population Assessment of Health-Related Quality of Life*, US Department of Health and Human Services, Atlanta www.cdc.gov/hrqol/pdfs/mhd.pdf

Clarke, S. E., C. Bogh, R. C. Brown, M. P inder, G. I. L. Walraven and S. W. Lindsay (2001) 'Do untreated bednets protect against malaria?', *Transactions of the Royal Society for Tropical Medicine and Hygiene*, vol 95, pp457–462

Crisp, R. (2008) 'Well-being', http://plato.stanford.edu/entries/well-being/, accessed February 2010

CSDH (Commission on Social Determinants of Health) (2008) 'Closing the gap in a generation: Health equity through action on the social determinants of health. Final Report of the Commission on Social Determinant of Health', www.who.int/social_determinants/thecommission/finalreport/en/index.html, accessed July 2009

Dahlgren, G. and M. Whitehead (1991) 'Policies and strategies to promote social equity in health', Institute for Future Studies, Stockholm

de Onis, M., M. Blossner, E. Borghi, E. A. Frongillo and R. Morris (2004) 'Estimates of global prevalence of childhood underweight in 1990 and 2015', *Journal of the American Medical Association*, vol 291, no 21, pp2600–2606, http://jama.ama-assn.org/cgi/content/abstract/291/21/2600

EUROSAFE (2007) 'Injuries in the European Union, Summary 2003–2005', Kuratorium für Verkehrssicherheit(Austrian Road Safety Board), Vienna, www.injuryobservatory.net/Injuries_euro_union.html

Evans, T., M. Whitehead, F. Diderichsen, A. Bhuiya and M. Wirth (eds) (2001)*Challenging Inequalities in Health – From Ethics to Action*, Oxford University Press, Oxford, New York

Executive Office (2010) 'Solving the problem of childhood obesity within a generation, White House Task Force on Childhood Obesity, Report to the President', Executive Office of the President of the United States, Washington, www.letsmove.gov/pdf/TaskForce_on_Childhood_Obesity_May2010_FullReport.pdf, accessed 2010

Fewtrell, L. and D . Kay (eds) (2008)*Health Impact Assessment for Sustainable Water Management*, IWA Publishing, London

Flynn, P. and D. Knight (1998) 'Inequalities in health in the North West', NHS Executive, North West, Warrington

Ford-Martin, P. A. (2002) *Gale Encyclopedia of Medicine*, The Gale Group, Inc., Detroit, www.healthline.com/galecontent/psychosocial-disorders

Harding, S., J. Brown, M. Rosato and L. Hattersley (1999) 'Socio-economic differentials in health: Illustrations from the Office for National Statistics longitudinal study', *Health Statistics Quarterly*, Spring, pp5–15

Health-EU (2007) 'Health Systems Impact Assessment Tool', http://ec.europa.eu/health/index_en.htm, accessed February 2010

Health Policy Institute of Ohio (2004)*Understanding Health Disparities*, www.healthpolicyohio.org, accessed September 2009

Heise, L. (1992) 'Violence against women: The hidden health burden',*World Health Statistics Quarterly*, vol 46, no 1, pp78–85

Hosseinpoor, A., K. Mohammad, R. Majdzadeh, M. Naghavi, F. Abolhassani, A. Sousa, N. Speybroeck, H Jamshidi and J. Vega (2005) 'Socioeconomic inequality in infant mortality in Iran and across its provinces', *Bulletin of the World Health Organization*, vol 83, pp837–844, www.who.int/bulletin/volumes/83/11/837.pdf

HUDU (Healthy Urban Development Unit) (2007) HUDU Model, www.healthyurbandevelopment.nhs.uk/pages/hudu_model/hudu_model.html, accessed February 2010

IAIA (undated) International Association for Impact Assessment, www.iaia.org

IOBI (2003) Injury Observatory for Britain and Ireland, www.injuryobservatory.net/index.html, accessed January 2010

Layard, R. (2005) *Happiness: Lessons from a new science*, Penguin, London

Marmot, M. (2010) *Fair Society, Healthy Lives: A Strategic Review of Health Inequalities in England Post-2010*, Global Health Equity Group, UCL Research Department of Epidemiology and Public Health, www.ucl.ac.uk/gheg/marmotreview, accessed March 2010, now at www.marmotreview.org

Marmot, M. and R. Wilkinson (eds) (1999) *Social Determinants of Health*, Oxford University Press, Oxford

McGranahan, G., C. Hunt, M. Kjellén, S. Lewin and C. Stephens (1999) 'Environmental change and human health in Africa, the Caribbean and the Pacific', The Stockholm Environment Institute, Stockholm, http://sei- international.org/

Mindell, J. S. (2002) 'Quantification of health impacts of air pollution reduction in Kensington & Chelsea and Westminster', Imperial College of Science, Technology and Medicine, University of London, London

Murray, C. and A . Lopez (eds) (1996) *The Global Burden of Disease – A Comprehensive Assessment of Mortality and Disability from Diseases, Injuries and Risk Factors in 1990 and Projected to 2020*. Harvard University Press, Boston

National Mental Health Development Unit (2010) Mental Wellbeing Checklist and Mental Wellbeing Impact Assessment Toolkit, www.nmhdu.org.uk

nef (new economics foundation) (undated) 'Well-being', www.neweconomics.org/programmes/well-being, accessed February 2010

Peden, M., K. Oyegbite, J. Ozanne-Smith, A. A. Hyder, C. Branche, A. F. Rahman, F. Rivara and K. Bartolomeos (eds) (2008) *World Report on Child Injury Prevention*. World Health Organization, Geneva, www.injuryobservatory.net/documents/WorldReport_childinjuryprevention.pdf

Popkin, B. (1996) 'Understanding the nutrition transition',*Urbanisation and Health Newsletter*, vol 30, September, pp3–19

Population Health Institute (2010) 'County health rankings, mobilizing action toward community health', www.countyhealthrankings.org, accessed November 2010

Seligman, M. E. P. (2002) *Authentic Happiness: Using the New Positive Psychology to Realize Your Potential for Lasting Fulfillment*, Free Press, New York, www.ppc.sas.upenn.edu

Smith, D. H. (1984) 'Bura Irrigation Settlement Project – Mid-term evaluation, health sector report', Liverpool School of Tropical Medicine, Liverpool

Smith, K. R. (1991) 'Managing the risk transition', *Toxicology and Industrial Health*, vol 7, no 5–6, pp319–327

Smith, K. R. (1997) 'Development, health and the environmental risk transition', in G. S. Shahi, B. S. Levy, A Binger, T. Kjellstrom and R. Lawrence (eds) *International Perspectives on Environment, Developmen and Health: Towards a Sustainable World*, Springer, New York

Spurlock, M. (2004) 'Supersize Me', US: 100 minutes, http://en.wikipedia.org/wiki/Super_Size_Me

Swedish National Institute of Public Health (1997) 'Determinants of the burden of disease in the European Union', European Commission, Directorate General 5, Stockholm

Watts, C. and C. Zimmerman (2002) 'Violence against women: Global scope and magnitude', *The Lancet*, vol 359, no 9313, pp1232–1237

WHO (World Health Organization) (1946) 'Preamble to the Constitution of the World Health Organization as adopted by the International Health Conference, New York, 19 June–22 July 1946; signed on 22 July 1946 by the representatives of 61 States (Official Records of the World Health Organization, no 2, p100) and entered into force on 7 April 1948', www.who.int/suggestions/faq/en/index.html, accessed July 2009

WHO (1977) *Manual of the International Statistical Classification of Diseases, Injuries, and Causes of Death*. World Health Organization, Geneva

WHO (1986) 'Ottawa Charter for Health Promotion',www.euro.who.int/en/who-we-are/policy-documents/ottawa-charter-for-health-promotion,-1986, accessed September 2009

WHO (1999) 'Environmental health indicators: Framework and methodologies', WHO , Geneva, http://whqlibdoc.who.int/hq/1999/WHO_SDE_OEH_99.10.pdf

WHO (2006a) 'Gaining health, the European strategy for the prevention and control of noncommunicable diseases' , www.euro.who.int/en/what-we-do/health-topics/environmental-health/urban- health/publications/2006/gaining-health.-the-european-strategy-for-the-prevention-and-control-of- noncommunicable-diseases

WHO (2006b) 'Obesity and overweight', www.who.int/mediacentre/factsheets/fs311/en/index.html, accessed September 2009

WHO (2008) 'The global burden of disease: 2004 update', www.who.int/healthinfo/global_burden_disease/GBD_report_2004update_full.pdf, accessed September 2009

WHO (2010a) 'Indoor air pollution', www.who.int/indoorair/en, accessed April 2010

WHO (2010b) *Maternal Mental Health & Child Health and Developmen*, www.who.int/mental_health/prevention/suicide/MaternalMH/en/index.html, accessed January 2010

WHO (2010c) Media Centre fact sheets, www.who.int/mediacentre/factsheets/fs310/en/index.html, accessed January 2010

WHO (2010d) 'Mental health', www.who.int/mental_health/en, accessed January 2010

WHO (2010e) *Mental Health, Human Rights and Legislation: WHO's Framework*, www.who.int/mental_health/policy/fact_sheet_mnh_hr_leg_2105.pdf, accessed January 2010

Wieslander, G., D. Norbäck, E. Björnsson, C. Janson and G. Boman (1996) 'Asthma and the indoor environment: The significance of emission of formaldehyde and volatile organic compounds from newly painted indoor surfaces', *International Archives of Occupational and Environmental Health*, vol 69, no 2, pp115–124, www.metapress.com/content/6y4q8y2yv4akrqc9/

Wilkinson, R. and M. Marmot (eds) (2003) 'Social determinants of health: The solid facts'. WHO Regional Office for Europe, Copenhagen, www.euro.who.int

World Bank (1990) *World Development Report 1990: Poverty*, Oxford University Press, New York, http://econ.worldbank.org/external/default/main? pagePK=64165259&theSitePK=469372&piPK=64165421&menuPK=64166093&entityID=000178830_98101903345649

World Bank (1992) *World Development Report 1992: Development and the Environment*, Oxford University Press, New York, www-wds.worldbank.org/external/default/main? pagePK=64193027&piPK=64187937&theSitePK=523679&menuPK=64187510&searchMenuPK=64187283&siteName=WDS&entityID=000178830_9810191106175

World Bank (1993) *World Development Report 1993: Investing in Health*, Oxford University Press, New York , www-wds.worldbank.org/external/default/WDSContentServer/WDSP/IB/1993/06/01/000009265_3970716142319/Rendered/PDF/multi0page.pdf

WRI (World Resources Institute) (1998)*World Resources 1998–99, A Guide to the Global Environment – Environment for Change and Human Health*, World Resources Institute, United Nations Environment Programme, United Nations Development Programme and World Bank with Oxford University Press, New York and Oxford, www.wri.org/publication/world-resources-1998-99-environmental-change-and-human- health

第3章

健康影响评价的历史

本章内容提要：

1）我从事健康影响评价工作的个人经历；
2）健康影响评价的起源；
3）健康影响评价在世界发展和水资源发展背景下的演进历程；
4）健康影响评价发展的其他趋势。

3.1 引言

在本章，将主要就我自己从事健康影响评价工作的个人经历回顾健康影响评价的发展历程，而非从纯学术的角度探讨健康影响评价的起源。出于写作的需要，我将提及一些我参与国际发展项目时的相关人员，因不能为他们一一具名，特地在此表示歉意。

健康影响评价的起源并没有很明显的时间点，我们仅能从不同区域、部门、项目和政策所表现出来的一些趋向上窥见一斑，这些趋向可回溯到19世纪时的损害人口健康的问题。在当时，发达国家在进行供水和公共卫生改造时，以及欠发达国家在居民点的选址时，都会系统地评价基础设施建设给人们的健康带来的影响。

1842年出版的《大不列颠劳动人口卫生状况调查报告》（Hamlin，1998；Hennock，2000）中对健康影响评价有所提及，这一报告随后引发了迄今都还在激烈争论的问题：疾病发病率主要与自然环境因素有关，还是与社会经济因素有关。随着城镇中新工厂的不断出现，大量人口从农村迁往城镇。在自由的市场条件下，工厂能够以尽可能低的工资雇佣到合适的劳动力。这些成人和儿童每天在恶劣的环境下工作超过10小时，下班后疲惫饥饿地回到脏乱且拥挤的宿舍。宿舍中没有垃圾箱，也没有干净的水。霍乱、伤寒、斑疹伤寒以及其他流行性传染疾病在欧洲非常普遍。政府已经意识到自身有责任和义务去帮助患病的人和极其贫穷的人，但当时的状态尚未到达强制执行最低生活工资标准制度的程度。在医疗界联合改革的过程中，一些改革者认为，贫穷和过劳是影响健康的关键因素。但是，从政治的角度来看，这种观点并不被接受，因为这对于富人阶层来说是一种威胁。相反地，Chadwick 等改革者认为恶劣的自然环境才是影响健康的关键因素，而这一观点就比较受欢迎。

英国于 1848 年颁布实施了《公共健康第一法案》，并同时成立了地方健康委员会，1893 年成立了卫生局，主要负责公共健康方面的工作。英国的城镇和国家发展规划起初就考虑到了公共健康（Cullingworth and Nadin，2006），1909 年，英国首次实施了城镇规划法案。新的城镇和住房设计应达到空间、光照、通风、卫生、消防和抗震等方面的标准要求。整个规划过程都可以说是一个“满足健康生活环境的必备条件”的过程。

健康影响评价的另一支起源，可见于公共健康政策和健康促进运动的发展变化。本书在第 1 章中已经对公共健康政策有所提及，对于健康促进运动来说，加拿大的 Lalonde 报告（1974）是一个里程碑，这个报告提出了“四维健康观”的概念：环境、人体生物学、生活方式和健康保健机构，这也是现在公认的影响健康的四个方面。

3.2 健康影响评价的国际发展

我在健康影响评价工作上的个人经历源于对热带害虫药物防治和水资源开发的科研工作和案例。水是稀缺的自然资源，必须存蓄起来，以用于农业灌溉、水力发电、民用与工用以及其他方面。然而，在温暖的气候下，水又是许多致病菌和病原体的载体。我曾经有幸在利物浦大学热带医学学院工作过一段时间，所以有足够的时间和资源来研究这些问题。

到了 20 世纪 80 年代，人们对害虫的防治主要使用化学制剂，并由此引发了一场对应该通过改善环境的方法还是更多使用杀虫剂的方法这一问题的大讨论。这场讨论开展于现代杀虫剂发明之前，并吸收了部分早期卫生运动的经验。那时，有些经媒介传播的疾病可以通过改善环境的方法得到成功控制。在印度殖民统治时期，民众不停地呼吁工程的设计和建设应考虑到对疟疾的防治（Milligan and Afridi，1938）。

在国际发展背景下从头到尾地分析健康影响评价的起源已经超出了本书所涵盖的内容，但一些早期专业的参考文献可以帮助大家完成这一工作。我自己的资料中包括了以下所列的早期文献，我在 20 世纪 80 年代所持的思想观点就来源于这些文献。这个小例子是为了说明健康影响评价是在这些国际上的争论中提出的：

- 孟加拉的疟疾与农业（Bentley，1925）
- 工程建设的副产品——疟疾预防（Mulligan and Afridi，1938）
- 津巴布韦水力发电计划的医学影响（Webster，1960）
- 卡富埃河流域发展引发的健康后果（Hinman，1965）
- 灌溉对蚊子数量及其携带的人类疾病的影响（Surtees，1970）
- 人工湖的健康影响（Brown and Deom，1973）
- 热带地区的水资源、工程、区域发展和疾病（McJunkin，1975）
- 不拉地区的灌溉安居工程（Smith，1978）
- 西非荒漠草原发展项目设计的健康影响指南（家庭健康护理会员中心 / 美国国际开发署，1979）
- 血吸虫病与区域发展（Prescott，1979）
- 越南南邦水资源发展计划的健康与营养问题（Sornmani et al，1981）
- 农业灌溉发展项目的环境健康影响评价（WHO，1983）
- 经济发展中需要考虑的因素：环境、公共健康和人类生态（World Bank，1983）
- 大型水坝的社会与环境影响（Goldsmith and Hildyard，1984）

以上文献说明，热带贫困地区疾病发病率的改变，是因为对水坝、灌溉系统和其他基础设施的建设进行了相关论证，20 世纪 70 年代，英国、美国、泰国和澳大利亚的发展机构开展了一些前瞻性的委托评价项目，而其他国家尚没有此类项目。

20 世纪 80 年代，也存在一些关于国际发展政策对落后国家贫困居民福利和生活的影响的争论。这是对主流发展模式的批判，这种发展模式被认为是在牺牲穷人和弱势群体的利益来让富贵和权力阶层受益。世界银行的许多类似政策就饱受非议（Hancock，1989；Cooper Weil et al，1990；Caufield，1997）。

这些争论导致世界卫生组织、联合国粮农组织、联合国环境规划署在 1981 年共同成立了病菌传播控制环境管理专家组（PEEM），其目的是为了建立一个能够促进有效的跨部门合作并能加强参与机构之间合作的制度框架。事实上，PEEM 确实通过使众多致力于卫生、水资源和土地资源发展以及环境保护的组织或机构之间进行广泛的合作而起到了相应的作用。其目标是推动环境管理手段在疾病传播控制发展项目中的广泛应用。当时，工程师们并没有考虑到水资源发展项目的设计、建设和运营所带来的健康影响（参见 Fewtrell 和 KAY 所写第 1 章内容）。

1984 年，PEEM 委托我编制能够预测水资源发展项目带来的病原体疾病的指南。他们付给我佣金，让我着手系统化地编制一套评价程序。而我和我的同事们却没有意识到在更广泛的公共卫生领域内已经有了类似的发展。我的第一个步骤就是去阿伯丁大学参加环境影响评价的课程，该课程由世界卫生组织在欧洲的办事处提供支持，并且多亏了该区域的环境健康顾问 Eric Girault 的先见之明，该课程主要关注环境影响评价中的健康和安全方面。我将从阿伯丁大学课程上收集到的论文资料编辑成书，并在随后出版发行（Turnbull，1992）。

PEEM 的主要想法来源于将危险因素分类为脆弱性、接受性和警惕性的现有的控制疟疾的观念。群体所具有的某些特征使他们或多或少容易受到疟疾感染。这就致使我们再次将群体细分为不同的弱势群体，承认群体之间的不平等性并借鉴社会人类学家的工作成果。生物物理环境也具有某些特征，这使其或多或少地较为容易容纳疟疾媒介。警惕性描述了其需要医疗服务以应付增加的健康危害所需要的容量和能力。同样，我们区分了危险和风险之间的差别，并借阅了一些职业性的安全文献（WHO，1987）。我们在赞比亚、泰国、马来西亚和巴基斯坦现场测验了我们的想法。为了优化影响，PEEM 曾尝试运用数字模拟系统，但最终确定采用一个简单的排序方法。该项目由世界卫生组织日内瓦总部管理专家组秘书处的罗伯特・博斯领导管理，并于 1989 年首次颁布了指导方针（Birley，1991）。风险因素包括了很多当今公认的社会因素、环境因素和制度因素，但是并不是全部（更多细节见第 9 章）。在本书的起始部分，我已经对那些给我思维灵感的同事们表达了谢意。

PEEM 的指导方针指明了健康影响评价的方式，但我们并没有描述评价过程中可能需要的管理架构（关于健康影响评价管理的更多部分请参考第 4 章）。对于我而言，从量化、预测到计算机建模，这些都是尝试性的一步。与此同时，我所属的生物医学科学界却对这种技术不抱任何希望，因为它没有提供评价每一种疾病可能需要的所有的技术细节。例如，在非洲，主要的疟疾传病媒介通常是多个物种的混合体，只能通过基因或分子方法来识别它们。为了制定出管理策略，就需要对物种进行详细精确地了解（更多细节请参考第 9 章）。

在系统性研究方法准备阶段，我们尝试了两种基于计算机的评价方法：专家系统和超文本（hypertext）（Birley，1990）。专家系统这一方法是把信息提供给计算机，然后由计算机做出决定。与此相反，超文本这种方法是计算机提供信息给人，然后由人来做出决定。PEEM 指导方针的超文本版本已经出版。超文本的概念逐渐演变成了如今在互联网上很常见的超链接。

1990—1995 年，我领导了由官方发展并援助、由英国国际发展部和英国政府外交发展部资助、位于利物浦热带医学学校的利物浦健康影响研究计划。在项目层级上，那些在疾病和特定行业环境中已经得到发展的概念被推广到了其他的部门和行业。我们的任务之一是为亚洲开发银行办公室的环境开发项目的健康影响评价编制指导方针（Birley and Peralta，1992）。该指导方针由我和菲律宾大学的 Gene Peralta 合作完成，并作为一套完美的世界级别的文件存档在我的网站上。在这个指导方针中，我们涉及了危害、风险、弱势群体、环境因素和健康保护机构的能力等内容。

其论述的范围从水资源开发扩展到一系列更广泛的发展领域，但仍然集中在经济欠发达的国家。利物浦团队负责对在特定的领域里已知健康结果的与开发项目相关联的文献资料进行系统评价（Birley and Peralta，1992；Birley，1995）。代表“警戒”的卫生部门的体制作用有所扩大。我们认识到包括公安和消防在内的很多机构都有责任来保护人们的健康。我们从实施方法中分离出影响评价的过程。在工程定位、规划设计、施工和运营等不同阶段，我们使用了传染性疾病、非传染性疾病、营养和受伤这四种类别的健康结果。我们将心理障碍问题添加到了我们制订的疾病类别列表里，但却被认为是有争议的，因为从生物医学模式角度来考虑，这样做是存在分歧的。1995 年，这本书以精装本和超文本的形式出版发行。我经常会谈到咖啡桌上的健康影响评价读物，因为它的信息可以通过随意翻看就能理解。在那时，几乎没有能让大家感兴趣的健康影响评价的话题，所以我们书中的信息必须是简单、生动和有益的。我们的读者主要是那些不相信自己支持的开发工程会对健康产生影响的非健康专家们。

1989—2003 年，我曾经参加过一个合作项目，该项目由丹麦发展机构和世界卫生组织的 Robert Bos、丹麦血吸虫病实验室的 Peter Furu、伦敦大学的 Charles Engel 共同赞助支持，该项目被命名为“发展中的健康机遇”（Birley et al，1995，1996；Bos et al，2003）。该项目的目标之一是开发一些关于健康影响评价的培训材料，使那些非健康专家的其他专业性人才更容易学习和理解相关内容。另一个目标则是在更多的国家里开展健康影响评价建设能力的专题研讨会，重点是欠发达经济体中的水资源开发。其中，一个具体目的就是从灌溉和能源部门以及卫生部门中汇集政府的公职人员，以探索跨部门的协调工作。据我们推测，为了保障健康，卫生部门需要详细了解他们的日常工作事项、优先事项和其他部门的工作方式。

项目开发出的培训材料在津巴布韦、加纳、坦桑尼亚、印度和洪都拉斯等地进行了实地的实践测试后，作为手册出版发行。我们随后开发了专为小型工作组设计的基于具体问题的学习材料，课程也在不断地发展和改编，以便适应很多不同的国家，但总是保持一个相同的格式。例如，它构成了利物浦培训课程运行的基础，后者后来成为荷兰皇家壳牌石油公司的课程。在我的同事 Amir Hassan 的合作帮助下，该课程在中东地区也得以开设（Hassan et al，2005），并且世界卫生组织设在东南亚的讲习班也开设了该课程。1986—2002 年，利物浦热带医学学校里的很多课程都在讲授健康影响评价。

1995 年，我加入了国际影响评价协会（IAIA），并在南非德班首次参加了 IAIA 的年会。在那次会议上，我提出应该在国际影响评价协会中建立专门负责健康的部门，并像环境影响评价和战略影响评价一样，将健康影响评价变成评价的主要部分之一。国际影响评价协会编制了一本关于环境和社会影响评价的书，这本书包括了一章健康影响评价内容（Birley and Peralta，1995）。1997 年，国际影响评价协会的健康部门在新奥尔良会议上成形，并由我和 Roy Kwiatkowski 共同主持。在那个时候，国际影响评价协会仍然以开展环境影响评价和研究大量的涉及生物物理学环境的文献资料为主要工作。在随后的 10 年中，我帮助国际影响评价协会扩展了工作重点，使其均衡地包含了所有的影响评价形式。包括 Rita Hamm 在内的国际影响评价协会的很多老成员都非常支持我的工作。此外，我和 Robert Bos 就在世界卫生组织和国际影响评价协会之间成立健康影响评价的机构这件事达成了谅解备忘录。后来，国际影响评价协会的健康部门改为由 Lea den Broeder、Supakij Nuntavorakarn、Ben Cave 和 Francesca Viliani 等主持领导（至今）。

1995 年，我和 Peralta 通过一个问题树状图解释了健康风险为什么会随着社会发展而增加（Birley and Peralta，1995），我们认为其主要因素是缺乏训练材料，缺少制度性要求、缺乏专业技能和必要的经济分析。更广泛地说，我们认为一个重要的原因是公众缺乏政治兴趣。

自 1997 年起，在托尼 • 布莱尔执政的时期，因撒切尔夫人支持的右翼保守政府的下台，以及在布莱尔领导下更多的左翼新政客的出现，英国民众对政治的兴趣开始随着政府政策的改变而增加。新的政府更加注重健康的公共政策和健康的不平等现象，这就意味着各个层面的新政策都需要在健康影响方面受到仔细审查，而健康影响评价提供了一些相应的工具。我和利物浦大学的 Alex Scott-Samuel 设计了一个计划来把健康影响评价介绍给英国的公共卫生部门，我们的工作得到了利物浦大学公共卫生方向 Margaret Whitehead 教授的鼎力支持。而这样做就导致不同的学科中的概念整合。就像第 2 章讨论的一样，与那些欠发达国家优先考虑的事项相对照而言，在英国公共卫生政策优先考虑的事项中，健康不平等和健康的社会决定因素应被给予更多的重视。

在英国，我们获得了政府的拨款，得以进行健康影响评价，该拨款可以确保我们能够组织健康影响评价年会的第一次例会。如今，年会已经在利物浦、伯明翰、加的夫、都柏林和鹿特丹都成功地举办过了。年会的举办历史和进程将在本书的结尾处的补充信息来源部分进行列举。我们还建立了国际健康影响评价联盟（IMPACT），一个由公共卫生部门和利物浦热带医学学校联合组成的合作企业，该企业的其他早期合作者包括环境健康专家 Mike Eastwood，参与了曼彻斯特机场第二条跑道建设工程的健康影响评价的 Kate Ardern（Will et al，1994），以及 Debbie Abrahams 和 Andy Pennington 等。利物浦都市自治区健康部门的领导者们（包括 Ruth Hussery）提供了对评价方法和程序进行试点测试的机会，我们共同开发并开展了国际健康影响评价联盟的健康影响评价培训课程，这是英国国内在这方面的第一种课程（Birley et al，1999）。我们制定出了关于健康影响评价的默西塞德郡指导方针，该指导方针成为学生和从业人员的核心阅读材料（Scott-Samuel et al，2001）。

20 世纪 90 年代，一些其他的援助也是很重要的。当时，就像现在一样，我们正在讨论是否将健康影响评价作为一个独立的主题，或是将其更加建设性地包含在现有的环境影响评价的流程中。世界银行定义的环境影响评价内容包括自然环境（大气、水和土壤）、人类健康和安全、社会方面的问题（非自愿移民，土著居民和物质文化资源）以及跨境和全球环境方面的问题。1996 年，世界银行委托我更新其在环境影响评价中健康方面的原始资料，英国医学协会委托我、Alex Scott-Samuel 以及其他同事编写一本将健康影响评价和环境影响评价结合在一起的书籍，国际发展部也委托 Karen Lock 编制一本关于城郊自然资源开发对健康的影响的书籍。此外，下一步的研究工作也将在 Amir Hassan 和 Balsam Ahmed 的带领下在中东地区开展，特别是在巴林地区，从而促进了地区导则的产生。当时，专题研讨会正在荷兰和德国举办，由荷兰的 Lea den Broeder 和德国的 Rainer Fehr 分别组织。这一切都标志着健康影响评价的时代已经到来。

尽管国际上对健康影响评价的兴趣在增加，但不幸的是，一些因素正在影响英国大学的研究结构。只有在某些知名期刊上发表的研究才被认为是有效的。这些期刊的优劣由基于引用次数的影响因子来衡量，并且会受到科学潮流的影响。总的来说，健康影响评价本质上是整体的，是跨部门和跨学科的，而不是简单化的。健康影响评价打破了当时正逐渐以分子生物学为方向的生物医学模式。健康影响评价也不能向从业人员提供与从事实验室研究工作相同的收入。在健康影响评价发展的整个过程中，曾经遭遇过专业隔离和反对的挑战。当我所属的部门要求我停止研究健康影响评价时，我所面临的挑战就会增加，或许这就是 Kuhn 思考模式转变的一个例子（1962）。这两个相关范例可以被确定为解决全球疾病负担的尝试。还有一些人通过发现新的分子和分发新药来寻求解决方法，以及通过减少贫困、增加权益，并确保提议是有益的来寻求解决方法。可以说，这两种方法都是必要的。

最近的政策发展已经总结在本书的序言中。截至 2001 年，一些跨国公司已将健康影响评价添加到项目规划进程中。2002 年，我被荷兰皇家壳牌石油公司邀请担任健康影响评价的高级健康顾问。2006年，国际金融公司发布了新的标准，其中包括了要为大型建设项目进行健康影响评价的要求，这一做法也得到了从业者和学者的一致好评。然而，在撰写本书时，把健康影响评价作为职业还是要面对较大压力的，这是因为研究成果必须发表在一些知名期刊上才被认为是有效的。

3.3 健康影响评价在其他国家的发展趋势

在项目开发和环境影响评价的背景下，Roy Kwiatkowski描述了加拿大联邦健康影响评价的发展。一个特别小组于1995年成立，旨在解决环境评价中对健康进行评价时存在的不足之处。在由Reiner Banken（2004）、魁北克（国家合作中心健康的公共政策，2002）和渥太华（加拿大公共卫生协会，1997）描述的健康公共政策中的健康影响评价发展的同时，这个过程似乎就已经发生。同时，在不列颠哥伦比亚省也存在着独立的发展行动（法兰克，1996；健康促进研究，1999）。加拿大健康影响评价（2004）手册已经出版。

在澳大利亚，早期的对健康影响评价的兴趣可以追溯到与大型水电项目的开发及虫媒病毒相关的问题（Ackerman et al，1973；Stanley and Alpers，1975）。1993年，我参加了在吉隆坡举行的世界卫生组织主办的环境健康影响评价研讨会，在那里我遇到了《澳大利亚的环境影响评价中健康影响评价的国家框架》一书的作者Dennis Calvert（Ewan et al，1992；NHMRC，1994）。一位新西兰健康影响评价导则的作者当时也在现场（新西兰公共卫生委员会，1995）。1995年，在汤斯维尔市（澳大利亚东北部港市），由Brian Kay组织的关于水资源、卫生、环境和发展的会议回顾了从20世纪70年代至今已经开展过的健康影响评价方面的前期工作，并做了新的工作报告（Kay，1999）。其中的一篇论文描述了1995年澳大利亚和新西兰的政治环境。

随着政局的改变，澳大利亚政府对健康影响评价的兴趣一度有所减退。直到2000年，环境健康委员会（2001）提出了一项新的举措，这种情况才得以转变。在这样的背景下，健康影响评价仅被看作是对环境影响评价的补充，而评价的焦点依然是项目问题和环境问题（Wright，2004）。与此同时，通过Ben Harris-Roxas、Elizabeth Harris、Patrick Harris以及其他人的工作，新南威尔士州大学和初级卫生保健中心对健康影响评价的兴趣却在日益增长（Harris et al，2007，2009；CHETRE，未标日期）。在新西兰，政府对健康影响评价的兴趣也在日趋减少，直到2000年政局发生变化，政治环境重新变成百家争鸣的局面时，这种趋势才得以转变（Signal et al，2006）。我的同事Rob Quigley和

Richard Morgan 等继续推动了这种新的趋势。关于澳大利亚和新西兰健康影响评价的更多细节讨论请参考 CHETRE 网站。

在泰国，这里已经出现过两次健康影响评价兴趣的浪潮，第一次是由 PEEM 的资深会员 Sansori Sornmani 教授领导的（Sornmani et al，1981；Bamraporn et al，1986）。这波健康影响评价浪潮的中心在国立玛希隆大学的热带医学系。专门从事大型水坝建设的泰国电力局委托该系进行了大量的各类研究。举例来说，我是第 30 届 SEAMEO-TROPMED 研讨会“水资源开发对群体健康的影响以及应对此类影响的预防措施”的主讲嘉宾，该研讨会于 1998 年在素叻他尼举行。第二次浪潮覆盖的范围更广，与健康公共政策的联系也更加密切。关于这次浪潮的盛况，我们也能在其他出版物中找到全面的描述（Phoolcharoen et al，2003），并且到现在也依然维持着强劲的热度。

在威尔士和苏格兰的自治区，得益于 Eva Elliott、Liz Green 及其威尔士的同事们以及 Margaret Douglas、MARTIN Higgins 及其苏格兰的同事们的工作，这些地区已经开始大力倡导和实践健康影响评价（苏格兰卫生部，未标日期；WHLASU，未标日期）。在爱尔兰，有一家由 Owen Metcalfe 及其同事进行管理的爱尔兰共和国和北爱尔兰地区共同出资的合资企业（爱尔兰公共卫生研究所，未标日期）。爱尔兰和威尔士已经举办了与健康影响评价相关的全国性会议，荷兰、德国、瑞典和芬兰的一些同事们也为此做出了重要的贡献，我曾经多次与德国的 Rainer Fetr 和荷兰的 Lea den Broeder 进行过讨论。

得益于 Andy Dannenberg、Rajiv Bhatia、Aaron Wernham 及其同事们的工作，美国对健康影响评价的兴趣一直在增长（健康影响工程，2009）。2009 年，两家慈善组织——Robert Wood Johnson 基金会和 Pew 慈善信托基金——为健康影响评价在美国的发展和提升提供了大量资金。同样，这里也得到了国际资金的捐助，既包括 Bill Jobin（PEEM 成员）和同事们所从事的水资源开发项目以及世界银行的 Robert Goodland、Larry Canter 及其同事对健康影响评价的支持等这些先前的工作，也包括 Gary Krieger 及其同事们所完成的后期工作。在英国，推动健康影响评价发展的工作包括 IMPACT 建立的健康影响评价列表服务器、Salim Vohra 的维基社区网站和由 John Kemm 及其同事共同管理的健康影响评价网站。

3.4　世界卫生组织的健康影响评价

在世界卫生组织内部，也出现了几个支持健康影响评价的不同的部门。这些部门都已经通过 Carlos Dora 的出众工作被合并在一起。一个是曾经由 Anna Ritsitakis 管理的卫生政策主线，该主线主办了“哥德堡共识”研讨会，本次研讨会汇集了很多公共卫生政策的实践者并制定了健康影响评价的标准定义（世界卫生组织欧洲健康政策中心，1999）；这里同样也有 PEEM 在水资源和卫生部门方面的工作，他们专注于研究经济欠发达国家与工程项目和水资源相关的疾病；在 Erica Ison 的大力协助下，健康城市运动也推动了健康影响评价的发展（见第 11 章）；此外，还有一个被环境卫生部门的总部（如 Corvalan 和 Kjellstrom）和区域办事处（如 PEPAS，1991；CEHA，未标日期）推广的环境健康影响评价（EHIA）的主线。

健康影响评价中常用的健康决定因素包括自然环境和社会环境两方面。另一方面，EHIA 必须有与 HIA 不同的含义，否则就没有必要采用它。大致来看，EHIA 主要强调生物物理决定因素而不是社会决定因素，但世界卫生组织的网站不会针对这一点做出解释。

世界卫生组织有规范性的功能，在未来，该功能将应用于促进分类的优选（世界卫生组织）。然而，世界卫生组织有其自身特殊的体制结构，包括许多与职责目标相关的部门。这导致健康影响评价工作被分散到了上文所列的子部门中。

3.5 环境健康影响评价

在健康影响评价的发展过程中，环境健康影响评价和健康影响评价之间的某些紧张关系已经有些升级，这似乎在某种程度上导致环境这个词有了不同的定义。严格来说，环境是指一切而不仅仅是指自我。在很多语境中，环境这一术语有时会专门用来强调生物物理学。例如，关于环境健康和安全的一部词典给环境健康的定义是通过控制在空气、水和食物以及那些可能对人们健康有影响的环境控制因素中的化学或物理因素来预防疾病的知识体系（Lisella，1994）。该定义强调了生物物理因素，但没有阐明环境因素的意义。相比之下，Lalonde（1974）将环境定义为与人体健康相关的、个体几乎不能掌控或根本不能掌控的一切因素，这同时包括了自然环境、社会环境和经济环境。

针对这一难题的一种解决方法是把生物物理因素和社会因素安置在因果网络的不同部分中。例如，社会决定因素可以引发生物物理因素，反之亦然，这也会相应地影响健康状态（WHO，1997）。在第 5 章所述的驱动因素、压力、状态、暴露、特效、动作（DPSEEA）模型等因素中，驱动因素（比如经济发展）、贫困和其他社会因素将给生产、消费和排放（WHO，2005）带来压力。这种压力会导致不同程度的污染。暴露于这样的状态下，人类的健康状况、发病率和死亡率都会受到影响。

环境健康影响评价也可以是环境影响评价内部综合健康建议的反映（Birley，2002）。在很多国家，都存在是否应该将环境健康影响评价和健康影响评价进行合并的争论。这些国家包括菲律宾——关于环境健康影响评价的国家框架和指导方针（菲律宾环境服务，1997）；加拿大——健康影响评价手册（加拿大卫生部，2004）；澳大利亚——国家框架以及其他工作（Ewan et al，1992；NHMRC，1994；环境卫生局，2001；Harris et al，2009）；毫无疑问，还包括其他的一些国家。环境健康影响评价也在环境流行病学研究中得到了应用（Hurley and Vohra，2010）。

环境健康领域

国际金融公司（IFC）发布了一项对健康影响评价的介绍以支持其执行标准（2009）。鉴于国际金融公司是一个有影响力的机构，由它改进的健康影响评价方法将是非常有价值的。在其他的文献中，作者们选择了一种不同的方法来对健康的影响进行分类，而不是通过结果和决定因素进行分类。作者把他们所从事的工作的类别叫作“环境健康领域”（EHAs），如下所列：

1）与病媒相关的疾病；

2）呼吸系统疾病和住房问题；

3）兽医和动物传染病的问题；

4）性传播感染；

5）与土壤和水资源卫生相关的疾病；

6）与食品和营养相关的疾病；

7）意外事故和伤害；

8）暴露的有潜在危害的物质；

9）健康的社会因素；

10）健康的文化因素；

11）卫生服务基础设施和服务能力；

12）非传染性疾病（NCDs），比如高血压、糖尿病、中风、心血管疾病、癌症和心理健康问题。

环境健康评价（EHA）是健康状况和健康因素的混合体，如媒介传播疾病这样的健康状况以及暴露在外的健康因素。特别重要的是传染性疾病，其出现在大约五种不同的类型中。传染性疾病在全球的重要性会随着地区流行病的不同而转变。在设计了环境健康评价的非洲，环境健康评价处于优先发展的领域，因为其本身就是为非洲设计的。而流行病学转变的另一方面，环境健康评价却不具有任何优势。这表明，环境健康评价不具有普遍意义。另外，环境健康评价也并没有把幸福的一般概念表达清楚，并且这也不等同于在第 2 章中讨论的健康不平等性的概念。

环境健康评价中的主要健康因素是住房问题、健康的社会因素、文化卫生措施、卫生服务基础设施和服务能力以及暴露的有潜在危害的物质。当这种健康决定因素的分类方法与本书中所使用的系统相比时，一些差距是显而易见的。例如，健康的制度性因素包括卫生服务基础设施和能力，但它们还包括一系列其他基础设施和能力，如供水、卫生、电力、交通、法律、市场、教育和警察等。

环境健康在国际金融公司的文件中被定义为通过控制在空气、水和食物以及那些可能对人们健康有影响的环境控制因素中的化学或物理因素来预防疾病的知识体系。基于上述定义，社会决定因素和文化卫生措施肯定属于环境因素。在我的分类系统中，对于生物物理环境和社会环境而言，我都一视同仁。作为一个特别的提议，优先级评定的任务变成了评价过程的一部分，但它不是预先就确定的。

20 世纪 90 年代，环境健康评价方法的基础工作在世界银行实施。这项基础工作的重点是评价非洲撒哈拉以南地区的基础建设发展。这项工作表明，不健康的显著比例可以归因于数目相对较小的在实际中应该被干预的环境健康问题（Listorti and Doumani，2001）。同时，这项工作也是基于世界银行内部逐步达成的需要将健康影响纳入现有的环境影响评价实践中的共识（Birley，1997；Mercier，2003）。世界银行内部的各正式部门之间的责任分工同样会对这项工作产生影响，比如住房和交通。健康影响评价的工作由环境部门发起，而不是卫生部门，并对其自身的需要做出反应。随着关于健康影响评价和健康决定因素的共识在欧洲和其他地区的迅速传播，专业术语也发生了改变。世界银行及其合作伙伴发展出了有分歧的共识。因此，必须进行综合。

Listorti 和 Doumani 在这一领域的成就不容低估。实施健康影响评价是在世界银行内部反对意见占主流的时期提出的。健康部门主张应利用贷款对健康领域进行大幅扩张，并用投资该行业会产生实质性的国家经济利益这一证据来支持这一观点。

与本书优先提及的其他评价方法相比，EHA 有一个很大的优势：它是一个封闭的系统。这一优势向客户指明了 EHA 将包含的内容，这一点会让客户非常欣慰。相比之下，首选的方法是开放式，并且健康影响评价过程中确定的健康影响可能包含任何内容。EHA 的缺点是其单一的形式无法满足所有类别的需求。

EHA 方法已经影响了其他导则，包括为石油和天然气部门编写的指导准则（IPIECA/OGP，2005）。在国际采矿与金属委员会起草健康影响评价指导准则的准备阶段，EHA 方法也引发了关于在采矿行业中应采用哪种评价方法的辩论

（个人观察，2009）。

总的来说，本章描述了在健康影响评价发展历史中出现的一些部门，并在对其中一些部门的描述中加入了自己的亲身经历，但还有不少其他的经历没有写在这里。对于影响评价而言，一些新的观点正在不断出现，包括心理健康的影响评价、政策的健康影响评价、卫生系统的影响评价和健康公平性的评价。

参考文献

Ackerman, W., G. White and E. Worthington (eds) (1973) *Man-made Lakes, Their Problems and Environmental Effects*. American Geophysical Union, Washington, DC

Banken, A . (2004) 'HIA of policy in Canada', in J. Kemm, J. Parry and S. Palmer (eds) *Health Impact Assessment, Concepts, Theory, Techniques and Applications*, Oxford University Press, Oxford

Bentley, C. A. (1925) *Malaria and Agriculture in Bengal: How to Reduce Malaria in Bengal by Irrigation*, Government of Bengal Public Health Department, Calcutta

Birley, M. H. (1990) 'Assessing the environmental health impact: An expert system approach', *Waterlines*, vol 9, no 2, pp12–16

Birley, M. H. (1991) 'Guidelines for forecasting the vector-borne disease implications of water resource development', World Health Organization, www.birleyhia.co.uk, accessed 2010

Birley, M. H. (1995) *The Health Impact Assessment of Development Projects*, HMSO, London

Birley, M. H. (2002) 'A review of trends in health impact assessment and the nature of the evidence used' , *Journal of Environmental Management and Health*, vol 13, no 1, pp21–39

Birley, M. H. and K. Lock (1999)*The Health Impacts of Peri-urban Natural Resource Development*, Liverpool School of Tropical Medicine, Liverpool, www.birleyhia.co.uk/publications/periurbanhia.pdf

Birley, M. H. and G. L. Peralta (1992)*Guidelines for the Health Impact Assessment of Development Projects*, Asian Development Bank

Birley, M. H. and G. L. Peralta (1995) 'The health impact assessment of development projects', in F. Vancla and D. A. Bronstein (eds) *Environmental and Social Impact Assessment*, Wiley, New York

Birley, M. H., R. Bos, C. E. Engel and P. Furu (1995) 'Assessing health opportunities: A course on multisectoral planning', *World Health Forum*, vol 16, pp420–422

Birley, M. H., R. Bos, C. E. Engel and P. Furu (1996) 'A multi-sectoral task-based course: Health opportunities in water resources development', *Education for Health: Change in Training and Practice*, vol 9, no 1, pp71–83

Birley, M. H., M. Gomes and A. Davy (1997) 'Health aspects of environmental assessment', http://siteresources.worldbank.org/intsafepol/1142947-1116497775013/20507413/update18healthaspectsofeajuly1997.pdf, accessed October 2009

Birley, M. H., A . Boland, L. Davies, R. T. Edwards, H. Glanville, E. Ison, E. Millstone, D. Osborn, A . Scott-Samuel and J. Treweek (1998) *Health and Environmental Impact Assessment: An Integrated Approach*, Earthscan / British Medical Association, London

Birley, M. H., A . Scott-Samuel, K. Ardern and M. Eastwood (1999) 'Health impact assessment training course course report', Merseyside HIA training consortium, Liverpool Public Health Observatory, University of Liverpool, Liverpool

Bos, R., M. Birley, P. Furu and C. Engel (2003)*Health Opportunities in Development: A Course Manual on Developing Intersectoral Decision-making Skills in Support of Health Impact Assessment*, World Health Organization, Geneva

Brown, A. W. A. and J. O. Deom (1973) 'Health aspects of man-made lakes', in W. C. Ackerman, G. F. White and E. B. Worthington (eds) *Man-made Lakes, Their Problems and Environmental Effects*, American Geophysical Union, Washington, DC

Butraporn, P., S. Sornmani and T. Hungsapruek (1986) 'Social behavioural housing factors and their interactive effects associated with malaria in East Thailand', *Southeast Asian Journal of Tropical Medicine and Public Health*, vol 17, no 3, pp386–392

Canadian Public Health Association (1997) 'Health impacts of social and economic conditions: Implications for public policy', Canadian Public Health Association, Ottawa

Caufield, C. (1997) *Masters of Illusion: The World Bank and the Poverty of Nations*, Macmillan, London

CEHA (undated) Centre for Environmental Health Activities, World Health Organization, Eastern Mediterranean Regional Office, www.emro.who.int/ceha, accessed 2011

CHETRE (Centre for Health Equity Training, Research and Evaluation) (undated) 'HIA Connect, building capacity to undertake health impact assessment', www.hiaconnect.edu.au/index.htm, accessed September 2009

Cooper Weil, D. E. C., A. P. Alicbusan, J. F. Wilson, M. R. Reich and D.J. Bradley (1990)*The Impact of Development Policies on Health: A Review of the Literature*, World Health Organization, Geneva

Corvalán C. and T. Kjellstrom (1995) 'Health and environment analysis for decision making',*World Health Statistics Quarterly*, vol 48, no 1, pp71–77

Cullingworth, B. and V. Nadin (2006) *Town and Country Planning in the UK*, 14th edition, Routledge, London

Environmental Health Council (2001) *Health Impact Assessment Guidelines*, Department for Health and Aged Care, Commonwealth of Australia, Canberra www.dhs.vic.gov.au/nphp/enhealth/council/pubs/pdf/hia_guidelines.pdf

Ewan, C., A. Young, E. Bryant and D. Calvert (1992)*Australian National Framework for Health Impact Assessment in Environmental Impact Assessment*, University of Wollongong

Family Health Care Inc./USAID (1979)*Health Impact Guidelines for the Design of Development Project in the Sahel: Volume 1: Sector-Specific Reviews and Methodology*, United States Agency for International Development, Washington, DC

Fewtrell, L. and D. Kay (eds) (2008)*Health Impact Assessment for Sustainable Water Management*, IWA Publishing, London

Frankish, C., L. Green, P. Ratner, T. Chomik and C. Larsen (1996) 'Health impact assessment as a tool for population health promotion and public policy', Health Promotion Development Division of Health Canada, Vancouver

Goldsmith, E. and N. Hildyard (eds) (1984) 'The social and environmental effects of large dams – overview' Wadebridge Ecological Centre, Wadebridge

Hamlin, C. (1998) *Public Health and Social Justice in the Age of Chadwick , 1800–1854*, Cambridge University Press, Cambridge

Hancock, G. (1989) *Lords of Poverty*, Macmillan, London

Harris, P., B. Harris-Roxas, E. Harris and L. Kemp (2007)*Health Impact Assessment: A*

Practical Guide, Centre for Health Equity Training, Research and Evaluation (CHETRE), University of New South Wales Sydney, www.health.nsw.gov.au

Harris, P. J., E. Harris, S. Thompson, B. Harris-Roxas and L. Kemp (2009) 'Human health and wellbeing in environmental impact assessment in New South Wales, Australia: Auditing health impacts within environmental assessments of major projects', *Environmental Impact Assessment Review*, vol 29, no 5, pp310–318, www.sciencedirect.com/science/article/b6v9g-4vtvjk2-2/2/1fd830648709abd9e78bac232eb4322e

Hassan, A. A., M. H. Birley, E. Giroult, R. Zghondi, M. Z. Ali Khan and R. Bos (2005) *Environmental Health Impact Assessment of Development Projects, A Practical Guide for the WHO Eastern Mediterranean Region*, World Health Organization, Regional Centre for Environmental Health Activities (CEHA), Jordan

Health Canada (2004) *Canadian Handbook on Health Impact Assessment,* www.hc-sc.gc.ca, accessed November 2009

Health Impact Project (2009) 'Health Impact Project, advancing smarter policies for healthier communities', www.healthimpactproject.org, accessed May 2010

Health Scotland (undated) 'Scottish Health Impact Assessment (HIA) Network', www.healthscotland.com/resources/networks/shian.aspx, accessed May 2010

Hennock, P. (2000) 'The urban sanitary movement in England and Germany, 1838–1914, a comparison' , *Continuity and Change*, vol 15, no 2, pp269–296

Hinman, E. H. (1965) 'Health implications of the Kafue river basin development, with special reference to bilharziasis', World Health Organization

Hurley, F. and S. Vohra (2010) 'Health impact assessment', in J. G. Ayres, R. M. Harrison, G. L. Nichols and R. L. Maynard (eds) *Environmental Medicine*, Hodder Arnold, London

IFC (International Finance Corporation) (2009)*Introduction to Health Impact Assessment*, IFC, Washington, DC, www.ifc.org/ifcext/sustainability.nsf/attachmentsbytitle/p_healthimpactassessment/$file/healthimpact.pdf

Institute of Health Promotion Research (1999) 'Canadian conference on shared responsibility and health impact assessment: Advancing the population health agenda', *Canadian Journal of Public Health*, vol 90, no S1, ppS1–S75

Institute of Public Health in Ireland (undated) 'Health impact assessment', www.publichealth.ie/hia, accessed May 2010

IPIECA/OGP (2005) 'A guide to health impact assessments in the oil and gas industry', International Petroleum Industry Environmental Conservation Association, International Association of Oil and Gas Producers, London, www.ipieca.org

Kay, B. H. (ed.) (1999) *Water Resources: Health, Environment and Development*. Spon, London

Kuhn, T. S. (1962) *The Structure of Scientific Revolutions*, University of Chicago Press, Chicago

Kwiatkowski, R. (2004) 'Impact assessment in Canada: An evolutionary process', in J. Kemm, J. Parry and S. Palmer (eds) *Health Impact Assessment, Concepts, Theory, Techniques and Applications*, Oxford University Press, Oxford

Lalonde, M. (1974) 'A new perspective on the health of Canadians',www.phac-aspc.gc.ca/ph-sp/pdf/perspect- eng.pdf, accessed September 2009

Lisella, F. S. (1994) *The VNR Dictionary of Environmental Health and Safety*, Van Nostrand Reinhold, New York

Listorti, J. A. and F. Doumani (2001) *Environmental Health: Bridging the Gaps*, World Bank, Washington, DC, www.worldbank.org/afr/environmentalhealth

McJunkin, F. E. (1975) 'Water, engineers, development and diseases in the tropics', USAID,

Washington, DC

Mercier, J. (2003) 'Health impact assessment in international development assistance: The World Bank experience ', *Bulletin of the World Health Organization*, vol 81, pp461–462, www.who.int/bulletin/volumes/81/6/mercier.pdf

Mulligan, H. W. and M. K. Afridi (1938) 'The prevention of malaria incidental to engineering construction',*Health Bulletin*, vol 25, pp1–52

National Collaborating Centre for Healthy Public Policy (2002) 'The Quebec Public Health Act's Section 54', www.ccnpps.ca/docs/Section54English042008.pdf, accessed October 2009

NHMRC (National Health and Medical Research Council) (1994) 'National framework for environmental and health impact assessment', www.hiaconnect.edu.au/files/NHMRC_EHIA_Framework.pdf, accessed September 2009

PEPAS (1991) 'Summary of activities', World Health Organization, Pacific Regional Centre for the Promotion of Environmental Planning and Applied Studies

Philippine Environmental Health Services (1997)*National Framework and Guidelines for Environmental Health Impact Assessment*, Department of Health, Manila

Phoolcharoen, W., D. Sukkumnoed and P. Kessomboon (2003) 'Development of health impact assessment in Thailand: Recent experiences and challenges', *Bulletin of the World Health Organization*, vol 81, no 6, pp465–467, www.scielosp.org/pdf/bwho/v81n6/v81n6a20.pdf

Prescott, N. M. (1979) 'Schistosomiasis and development', *World Development*, vol 7, no 1, pp1–14

Public Health Commission of New Zealand (1995)*A Guide to Health Impact Assessment*, Public Health Commission, Rangapu Hauora Tumatanui, Wellington, New Zealand

Scott-Samuel, A ., M. Birley and K. Ardern (2001) 'The Merseyside Guidelines for health impact assessment', www.liv.ac.uk/ihia/IMPACT%20Reports/2001_merseyside_guidelines_31.pdf, accessed January 2007

Signal, L., B. Langford, R. Quigley and M. Ward (2006) 'Strengthening health, wellbeing and equity: Embedding policy-level HIA in New Zealand', *Social Policy Journal of New Zealand*, no 29, pp17–30

Smith, D. H. (1978) 'Bura Irrigation Settlement Project – Project planning report – Public health annexe', publisher unknown

Snellen, W. B. (1987) 'Malaria control by engineering measures: Pre-World War II examples from Indonesia', *ILRI Annual Report 1987*, pp8–21

Sornmani, S., F. P. Schelp and C. Harinasuta (1981) 'Health and nutritional problems in the Nam Pong watey resource development scheme', *Southeast Asian Journal of Tropical Medicine and Public Health*, vol 12, no 3, pp402–405

Stanley, N. and M. Alpers (1975) *Man-made Lakes and Human Health*, Academic Press, London

Surtees, G (1970) 'Effects of irrigation on mosquito populations and mosquito-borne diseases in man, with particular reference to ricefield extension', *International Journal of Environmental Studies*, vol 1, pp35–42

Turnbull, R. G. H . (ed.) (1992) *Environmental and Health Impact Assessment of Development Projects: A Handbook for Practitioners*, Elsevier, London and New York

Webster, M. H. (1960) 'The medical aspects of the Kariba hydro-electric scheme', *Central African Journal of Medicine*, vol 6, supplement, pp1–36

WHIASU (undated) Wales Health Impact Assessment Support Unit, www.wales.nhs.uk/sites3/home.cfm? OrgID=522, accessed May 2010

WHO (World Health Organization) (1983) 'Environmental health impact assessment of irrigated agricultural development projects', WHO/EURO, Copenhagen

WHO (1987) *Health and Safety Component of Environmental Impact Assessment*, World Health Organization

WHO (1997) *Health and Environment in Sustainable Development: Five Years after the Earth Summit*, World Health Organization, Geneva

WHO (2005) 'The DPSEEA model of health-environment interlinks', www.euro.who.int/EHindicators/Indicators/20030527_2, accessed November 2009

WHO (unpublished) 'Health impact assessment in development lending – a reference guide', WHO, Geneva

WHO European Centre for Health Policy (1999) 'Health impact assessment, main concepts and suggested approach, Gothenburg consensus paper', www.who.dk/hs/echp/index.htm, accessed 21 August 2000

Will, S., K . Ardern, M. Spencely and S. Watkins (1994) 'A prospective health impact assessment of the proposed development of a second runway at Manchester International Airport', Manchester and Stockport Health Commissions, Stockport

World Bank (1983) *The Environment Public Health and Human Ecology: Considerations for Economic Development*, World Bank, Washington, DC

World Bank (1999) 'OP 4.01 -Environmental assessment' http://web.wor1dbank. org/wbsite/external/projects/extpolicies/extopmanua1/0,, contentmdk:20064724~menupk:4564185~pagepk:64709096~pipk: 64709108~thesitepk:502184, 00.html, accessed November 2009

Wright J. S. F. (2004) 'HIA in Australia', in J. KemmJ. Parry and S. Palmer (eds)*health Impact Assessment: Concepts, Theory, Techniques and Applications*, Oxford University Press Oxford

第 4 章

健康影响评价管理

本章内容提要：

1）如何管理健康影响评价的进程；
2）熟悉筛选和调查等步骤；
3）如何寻找可胜任的健康影响评价顾问；
4）注意事项检查；
5）评估预算、时间控制和整合。

4.1 程序

健康影响评价程序或过程包括我们在评价前、评价中和评价后这三个时间段所采取的行动，具体内容见表 4.1。完成这些行动需要两组有不同技能和经历的人：管理者和助理。管理者负责发起评价，招募助理并使用评价的结果。助理则负责应用具体的方法、收集信息、分析、区分优先次序、编写意见书和报告。

表 4.1 健康影响评价程序概览

阶段	目标	行动包括
评价前	准备评价	筛选 调查 获取 利益相关者参与 准备参考术语
评价中	进行评价	基线和文献回顾 分析 优化 建议

阶段	目标	行动包括
评价后	检查并应用评价	评估 / 评价 / 评论 会谈 执行 监管

这里需要明确一下相关术语。提案由一个倡议者提出，倡议者通常是一个组织，而非个人，其中包括负责决策的管理者，管理者是影响评价的专员。倡议者、管理者、决策者和专员这些意义相近的术语都会在本书中用到。

关于这些阶段的另一种观点见图 4.1。左侧的条目描述了步骤，右侧的条目描述了方法。这些都是理想化的观点，在现实中，其内容和用词将更具多样性。

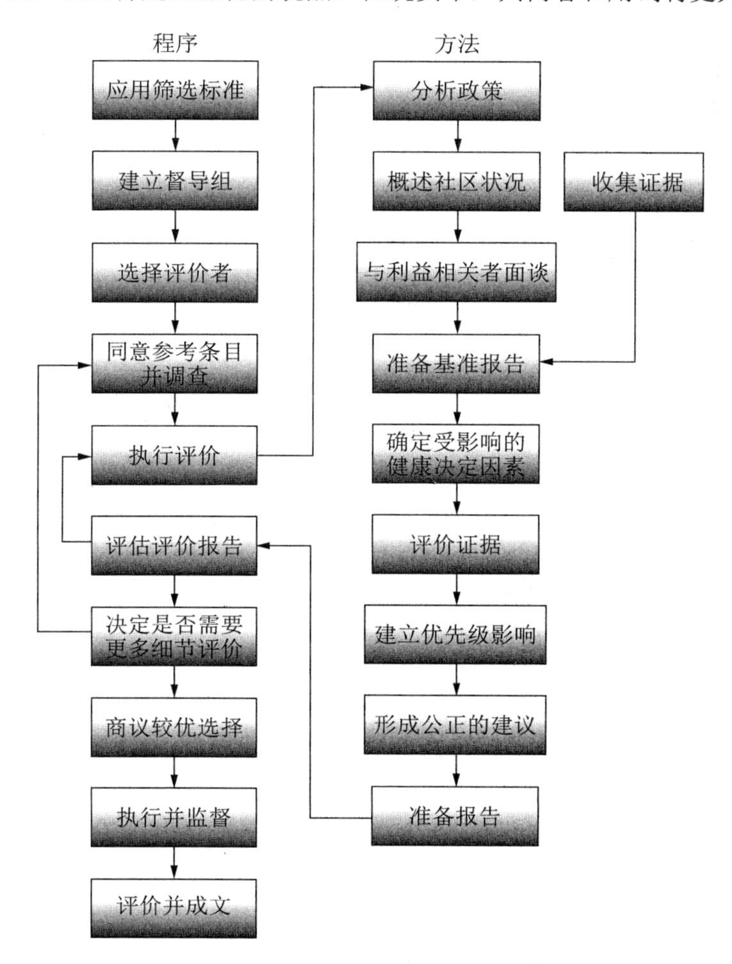

图 4.1　健康影响评价程序和方法流程

来源：依据 Scott-Samuel 等，2001，2006；健康及消费者保护总署，2004。

4.2 筛选

作为健康影响评价程序的第一步，筛选受到了广泛的重视，并引发了不少争议。该术语源自将不同大小的物品分类的过程。想象一下有很多项提案，而且有充足的资源来实行所有提案的健康影响评价。这些提案需要被筛选为需要评价的和不需要评价的。该使用哪种标准呢？

对于这一问题，已经形成了两种不同的方法。第一种方法的假设前提是决策者对公众健康一无所知或并不了解。他们仅仅是被雇来设计并执行一项提案的管理者。他们需要问自己："这个提议有任何健康影响吗？"这些决策者需要非常简单的规则。而这有时被称为预筛选。典型的规则大致如下：

1）如果需要环境影响评价，那么也需要健康影响评价；

2）如果你不了解情况，去询问健康团队；

3）如果有对健康影响评价的外部需求，就需要进行健康影响评价。

第二种方法的假设前提是决策者或其顾问中有健康专家。他们会收到一个对提案的简短概要描述，然后他们将对是否需要进行健康影响评价提出建议。对他们而言，用于制定决策并证明其有效性的时间和信息量非常有限。

提案管理者当然不愿意去进行健康影响评价。他们认为这会涉及项目延期、额外的费用、引发争论等问题。他们已经有了项目的固定目标，所以不希望他们可能不了解的附加活动而节外生枝。如果给他们提供一个做决定的清单，他们很可能会勾选所有"否"选项。健康团队了解这一点。从另一方面讲，健康团队当然希望进行健康影响评价，这将给他们提供资源，并在保护人类健康的同时也提升了他们的地位。提议管理者同样也了解这一点。

提议者和健康影响需求之间的紧张关系需要细致的管理。在一些跨国企业中，这一点通过筛选过程的严格规定成功实现。下面的例子就是来自这样的过程，并提及了能力框架，该框架将会在4.7节中进行详细介绍（见表4.7）：

1）筛选过程必须获得具有知识层面能力的健康专业人士的帮助。

2）所有其他参与者必须具有认知层面的能力。

3）管理者必须确保所有这些人都将参与筛选过程。

4）健康专业人士对品质保证负责。

5）筛选团队必须包含以下人士：对提案充分了解的人；对受影响社区充分了解的人；对于可能产生的健康影响有充分了解的人；对当地健康概况有充分了解的人。

6）筛选团队成员的姓名和能力应包含在筛选报告中。

7）结论必须在提案风险记录中以文件形式写出，并由一位有熟练技能的人签字。

在公共部门和金融机构可能会出现类似的紧张关系。比如，金融机构中可能有项目经理想要借贷大量资金以供给提议者。此时，辅助他们的顾问要确保安全政策得以执行。在公共部门，有规划机关来平衡利益冲突，也有法律顾问来促进部门利益。

启动健康影响评价的筛选标准可能与提案并不相关。这些标准可能是建立在国家立法和当地规划需求的基础上，或是借用银行标准，或其他提案管理者控制能力之外的因素。在环境影响评价中，进行环境影响评价的典型的必要条件建立在项目的规模、花费和选址上。通常会有必须进行环境影响评价的此类项目的名单。但在健康影响评价中，尚没有相同性质的通用标准（截至本书写作时）。

进行环境影响评价的必要条件可以提供一个有效且简单的标准来启动健康影响评价。然而，一些提案并不影响任何社区，而仅会影响工作人员。例如，一个钻机可能被放置于深海，在这些情况中，并不需要健康影响评价。但这个结论始终需要对灾难性失败后果的辩护和考量。也有不需要环境影响评价但需要健康影响评价的情况，因为这些提案没有基础设施构成。比如，就业惯例的变化就可能造成健康影响。

具有相似大小、相似位置的相似提案经验可以提供有用的筛选触发点。对一个新提案的健康影响最好的预测，就是已经被实施的一项相似提案结果的经验。大体来说，除非采取了新的行动，在相似的提案中，相同的健康影响会一直重复出现。当有大量小项目时，经验可以互相借鉴。比如，一个石油公司想要建立许多加油站，或者一个农业部门想要建立大量灌溉小工程。每个小项目都实施一项单独的健康影响评价是不现实的。需要对一个或多个试验项目实行健康影响评价，然后据此推断其余的项目。

筛选通常以召开会议的方式进行，但在某些情况下，一次简短的实地考察常会获得很多信息。

筛选的结果可以将一个提案划分到以下三种类别中的一种：

A. 该提案有健康影响，需要做更多的健康影响评价工作。

B. 该提案将有健康影响，但这些影响很好理解和处理，不需要再进行健康影响评价工作。

C. 该提案的健康影响可以忽略不计，不需要再进行健康影响评价工作。

要做出一份筛选报告，证明分类的合理性。

类似的过程被应用于环境影响评价。比如，赤道原则的环境和社会筛选过程规定，进行每个提议项目的环境筛选是为了判定环境影响评价的适合范围和类型（赤道原则，2006）。提案项目被分配到三个类别中某一类别的依据是项目的类型、地址、敏感度、规模及其潜在影响环境和社会的性质与程度：

A 类：如果一个提案项目可能会对环境造成敏感、多变或史无前例的重大不利影响，那么该项目将被归为 A 类。如果潜在影响是不可逆的（例如，导致一处主要自然栖息地的消失）或影响到弱势群体或少数民族，引起非自愿的迁移或重新定居，或者影响到重大文化遗址，该项目将被认为是“敏感的”。这些对一个地区的影响要比劳动工作的选址和设备引起的影响广泛得多。这时通常需要进行一项全面的环境影响评价。它将测试潜在的消极和积极环境影响，并与那些可行的选择（包括“没有该项目”的情况）进行比较，并推荐可以阻止、最小化、减轻或补偿不利影响的方案，提高环保成效。

B 类：如果一个提案项目对人口或重要环境区域造成的不利影响低于 A 类项目，那么该项目将被归为 B 类。这些影响具有地域性，基本没有不可逆影响，在大多数情况下，可以有更多时间设计缓和措施。评价的范围比 A 类要窄。它也将测试项目的潜在消极和积极环境影响，并推荐采取缓和措施。

C 类：如果一个提案项目对环境的影响最小或无不利影响，那么该项目被归为 C 类。除筛选过程外，不需要再采取环境影响评价行动。

该分类系统中使用的语言提示健康影响已被包含进去，但是通常仅局限于像污染之类的问题。这个例子是为了说明如何形成分类的详尽定义。

4.3 迭代过程

在筛选阶段，压倒提案管理者反对意见的一个方法，就是认识到筛选并不是一个最终的决定。评价可以反复进行。在这种反复的每一个步骤，管理者都可以问：“我们有足够信息来做决定了吗？”假如答案是否定的，那么可以分配更多时间和资金资源，以获取更多的信息。筛选过程本身可视为第一次迭代。

在迭代的每个循环过程中，投入的资源都会增加。初期筛选在过程中占用最少的资源，最多需要几个工时。这可能导致一个快速的评价过程，需要一名职员、一些案头工作、简短的实地考察、建议以及一到两个星期的活动。这个被称为“调查”的过程被应用于每个阶段，以决定在评价中要包含什么。对于该过程的用词会有所不同，在一些情况下，可能会用“高水平评价”这个术语，而在其他情况中，可能会用“初级健康影响评价”“快速健康影响评价”或“调查报告”。最后，可能需要做出一个进行全面影响评价的决定，需要很多人、多次实地考察、关键知情者访谈，以及几个月的工作。提案的大小和复杂度将影响决定。小的提案可能只需要一个快速评价。图 4.2 总结了筛选和迭代的情况。

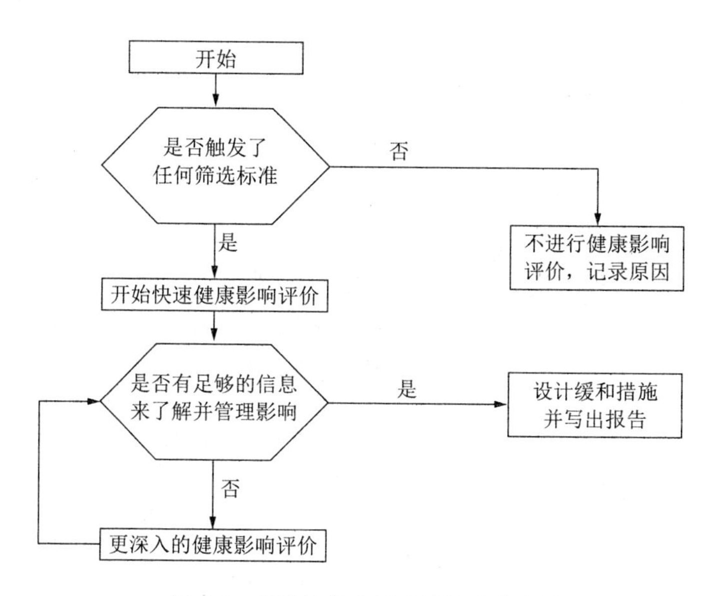

图 4.2　筛选和健康影响评价迭代方法

筛选标准

许多针对健康影响评价的适用指导方针都包含筛选标准的清单。并没有唯一的标准清单，筛选标准需要适应世界上的不同部门和区域。表 4.2 将对此做出说明。如果筛选标准清单落入错误的人手中，这些清单就是危险的，因为这些“否”的答案可能被他们用于所有标准。

表 4.2　适合低收入经济体中大型基础设施工程的描述性筛选标准

标准（回答是或者不回答）	例子
是否需要一项环境影响评价或战略影响评价？有人受到影响吗？那么就需要一项健康影响评价。	
项目建设场地、工棚或施工地点位于诸如住宅、商业、学校、医院或会议厅之类的房屋或公共结构 2 千米以内吗？项目选址是否会削减植被区域和临近社区的缓冲带？	人们居住在项目选址附近或在工棚和工作地之间，可能会暴露在健康风险下，如噪声、车祸引发的伤害、尘土、空气污染物排放或与项目工人和工地小贩相关的社会问题。
项目是否为新的地点而制订，或该地点是否添加了新的与现有程序不同的处理单元？	对一个已经被评价过的地点，添加相似的程序不太可能会引起额外的影响。然而，可能会产生累积效应。
先前是否有相似的项目或项目阶段引起了负面健康效应？	对于未来影响的最好依据就是类似项目在类似选址所形成影响的记录。假设我们会重复同样的错误。

标准（回答是或者不回答）	例子
项目是否会带来任何新的化学排放或其他如噪声和光之类的有害物质，当地社区可能会在日常或紧急情况下暴露于其中？	设计层面的健康风险评价可能已经指出了社区居民面对的空气、水和土壤等有害暴露。
是否为了满足项目需求，会有对公共基础设施的大量需求，如健康护理、内部水供应、污水排放或交通系统？	公共设施已经超负荷运转，无法承担由项目工人和工地小贩带来的额外负担。
项目是否会有产生高水平公共健康关注、期望或意识的潜在可能？	社区害怕并担心暴露风险或输入性疾病。对有间接潜在健康益处的工作和收入有高期望。
项目是否要招募临时工以及进行临时住所安置？	大批不带家属的男性工人的临时迁移是许多骚乱的起因，而且会导致性传播疾病、性骚扰、暴力和药物滥用的发生率上升。临时居所将对水供应、垃圾处理、警察力量和其他服务的能力形成考验。
现行当地或国际法规或筹资机构是否需要健康影响评价？	如果有筹资机构参与到项目中，那么他们将会有严格的健康影响评价要求。一些国家也有希望公司遵守的指导方针。
是否需要非自愿移民？	非自愿移民是一个主要挑战。世界银行指导方针要求移居者至少要跟他们以前过得一样好。因而需要考虑到他们的房屋、资产、社区和生计等问题。
项目大小和范围是否会对当地经济、食物供应和社会结构产生重大的影响？	项目会影响健康的社会决定因素，包括贫穷和不均衡。

4.4 资源

表 4.3 表明在每次迭代过程中进行评价所需要的时间和资源。进行一次健康影响评价可能同时需要内部和外部资源。管理者以采购、交流和监管的方式提供内部资源。顾问承担评价的技术部分，他们通常来自外部，通过签订合同加入到项目中。

这些时间资源是象征性的，由很多因素决定，比如提案的大小和复杂度。

表 4.3 不同水平的健康影响评价的参考时间资源

水平	管理者	顾问	备注
1. 筛选	2～8 小时	无	必须要有足够的能力
2. 快速、高水平、调查或初步评估	1～3 个工作日	2 个工作周	桌面讨论、简短实地考察、咨询主要知情者和利益相关者
3. 适度评价	10 个工作日	2～3 个工作月	报告的收集和分析，广泛开展与主要知情者的面谈工作

水平	管理者	顾问	备注
4. 全面评价	10 ～ 20 个 工作日	3 ～ 12 个 工作月	一些专家成员、社会调查，可能包含物理环境模型和样本

4.5 偏差

如果一个提议者花钱来做健康影响评价，那么就存在偏差的风险。提议者自然希望以最少的花费批准他们的提议，因而，提议者感兴趣的是，怎样使认定的不利影响最小化，积极影响最大化。而准备健康影响评价报告的顾问希望与其客户保持友好关系，因而就有了利益冲突。解决冲突的方法一部分由顾问的职业精神决定，另一部分则由其他制衡因素决定。举例来说，IAIA 有一套成员同意遵守的规则。

为了控制这个偏差，制订了很多程序。举例如下：

1）提议者为健康影响评价支付费用，但是工作由一个独立的政府代理委任，比如当地机关或当地健康部门；

2）健康影响评价的范围通过专业人士和社区利益相关者共同进行的广泛讨论来决定；

3）组成一个督导组来审查该过程。这个组应具有广泛的代表性，包含被提案影响的社区；

4）健康影响评价报告有时会被审查委员会质疑。

通过一个政府部门或代理机构委任健康影响评价工作并不能完全消除偏差。公众部门与私人部门同样受制于偏差，因为一个部门可能会以其他部门的代价达成其目标。一项提议可能会有政治义务，而公共服务管理者不能反对。此外，政府部门可能对健康影响评价的知识了解有限或根本不了解。

有些人认为偏差应作为头等大事来考虑，因为只有解决了这个问题，健康影响评价才可能是稳健有效的。然而，偏差仅仅是健康影响评价中许多重要问题和未解决问题之一，而且这一问题也绝非健康影响评价所独有的。

组成督导组

控制偏差问题最有效的方法之一是通过督导组来委任健康影响评价。督导组成员应包括提议者、政府官员和受影响社区的代表。理想情况下，督导组将控制预算、管理顾问纳入以及掌控健康影响评价报告。这并不会完全消除偏差的影响，但是可以通过一些措施来降低影响。督导组在获取相关信息渠道、获得利益相关者加入以及帮助决定评价范畴方面是非常有用的。

4.6 调查

调查提供了一次决定评价应该包含什么、不包含什么的机会。通过调查来设定评价在空间和时间上的界限，并帮助核实利益相关者。它依据筛选期间的可用信息而实现，并提供给利益相关者第一次参与评价的机会。它帮助确保健康影响评价的范围、计划和执行的合理性。值得注意的是，糟糕的调查会制造偏差（见 4.6.5 节）。调查的投入和产出总结如下：

调查的投入：

1）筛选报告；

2）提案信息；

3）利益相关者观点。

调查的产出：

1）调查报告；

2）额外工作的安排。

调查阶段的主要内容进一步细分为技术内容和使该内容发生的过程。这些都在表 4.4 中进行了总结。

关于矿业部门的一套详细调查报告已经出版（ICMM，2010）。

表 4.4 技术构成和调查过程

技术构成	调查过程
地理界线 时间界线 利益相关者 基线 健康问题 相关法规	利益相关者参与 调查研讨会 数据映射 参考术语 调查报告 与环境和社会评价有重合 专家角色

4.6.1 利益相关者

利益相关者包含很多不同的社区群体，必须仔细地识别，并明确哪些相关者已经处于数据收集和分析中，哪些相关者将要被加入。可以通过年龄、性别、种族特点、经济层次、地域、职业、影响以及其他因素来区分这些利益相关者。

4.6.2　地理界线

调查过程应界定评价的地理界线，有时也被称为影响区域。它有局部、区域的，有时还包括全球。在一项基础设施提议的案例中，最明显的局部影响区域包括选址本身以及外缘区域（见图 4.3）。要做出一项实际决定，就是选址周边多少千米内应算作影响区的一部分。典型的标准包括：可检测到排放物的下游区或顺风区，一天内可到达的人类社区，以及诸如陆运和海运路线的线性特征。

地区成分可包括外来工迁移或购买物品和服务的主要城镇。大的提案可影响整个地区的经济。在局部、地区性和全球层面上可能会有累积效应，这些我们将在第 12 章进行探讨。

健康影响评价将灾难性失败的潜在影响包含在内，这暗示还有其他标准。比如，大规模的石油泄漏会毁掉渔场以及依赖于此的生计。

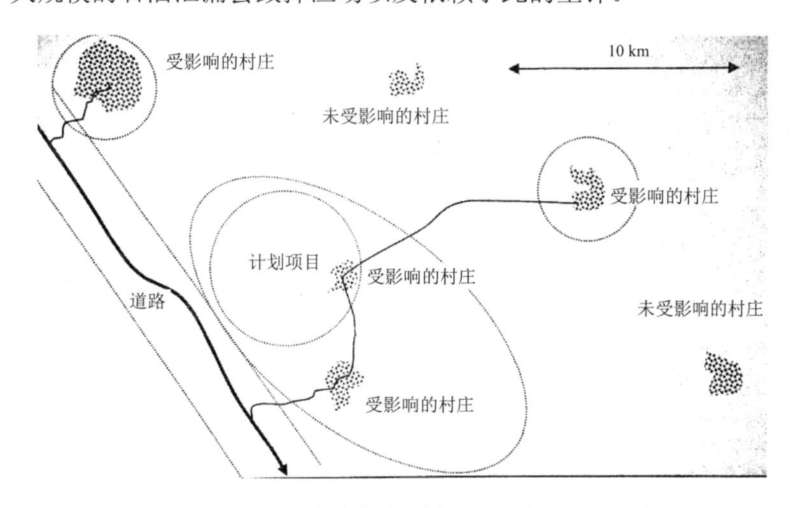

图 4.3　一项提议对小镇、村子和道路的区域影响

4.6.3　时间界定

所有的提案都由四个主要时间段构成。描述各个阶段所用的术语根据该阶段是否包含基础设施成分而不同，分别为设计、建设（转出）、运作、废弃（或停止使用）。每个阶段的健康影响可能会有所不同。

这些阶段可以通过一项生产项目来阐明。在设计阶段，社区会关注这一提案，并担心该提案将对他们的生活造成影响。他们也会不现实地期待该提案将会为他们带来好处。设计阶段可能会持续数年。在建设阶段，将会有建筑工人以及小商贩迁移而来，影响当地社区的健康，并随之受到当地社区健康的影响。

建设阶段可能会持续两年。在运营阶段，很可能出现污染物的排放、车辆行驶频繁、物质的流动和突发灾难带来的风险等情形。较之建设期间，劳动力的总数将减少，但这一数量将维持很长时间不变，而该阶段可能持续 50 年。废弃阶段将涉及旧工厂的迁移，这时在厂址累积的有害物质将可能造成油污染或水污染。

主要的健康影响会因阶段的不同而有所差别。在建设阶段，主要的健康影响包括如伤害、传染病和幸福丧失（如焦虑、挫败）。在运营阶段，则包含更多的如非传染疾病、伤害、营养问题和精神健康问题（如压抑、习得性无助感）。

废弃阶段通常在很远的将来才会到来，因而该阶段并不会带来主要的健康影响。然而，健康影响评价可以建议对现场的所有应用材料和主要运营做出记录并存档。将来应该对废弃阶段也进行健康影响评价，此时便可以利用这些档案。

在政策层面，可提前设定审核日期，从而为实行新的健康影响评价提供一个具体的时间。

4.6.4 数据映射

调查也提供了鉴定相关文件和其他数据的机会。这些数据可能包括近期的政策声明、健康数据资源和对提案的描述。同时包括关键知情者的联系信息，如健康官员、社区代表、社区联络官和当地大学的联系方式。这些资料将得到鉴定和分类。通过参考摘要或执行摘要，筛选相关的参考资料。联系关键知情者，他们这些知情者可以提供其他相关信息和其他知情者。数据内容和信息资源将在第 6 章进行探讨。

这类信息的收集是健康影响评价的重要部分，而且研究人员可能会在这一阶段遭遇挫折。作为一种经验法则，至少应投入是它应需时间两倍的时间来进行这项工作。很多关键知情者，包括建议者，都不能及时对信息或会议的请求进行回应，需要频繁地提醒他们。对一个数据库进行维护，在其中标明以什么目的、在哪天联系了谁，也将是非常有用的。所有的后续行动日期以及收到信息和关闭项目的日期都应得到完备的记录。应该制作一份所有采访的手写记录，并储存于数据库中。

4.6.5 调查陷阱

很多提议者希望能尽可能缩小工作范围以实现自己的既得利益，因为他们担心评价会干扰提案的递交并增加花费。因而，他们可能会将明显应包含的问题排除。这一问题将在下列文本框中的例子得到阐明，与高糖、高脂肪含量的食品和烟草相关的个人健康风险是众所周知的，而且可能比石油产品的风险更高。而对这些风险的确认将意味着相关产品的停售，这将明显损害企业的利益。管理者提议此时的健康影响评价分为两个阶段实施。第一阶段在开展健康影响评价时，可以先不考虑企业的销售利益，而第二阶段健康影响评价中将企业的收益利润考虑进去。他们还辩称，购买非石油产品是个人生活方式的选择，这是顾客的责任，而非石油公司的责任。这相当于他们已经预先对健康影响评价进行了自我的预判。因为反对这一观点，我被从第一阶段的评价工作中排除了。即使存在评价的第二阶段，我也没有收到邀请去协助参与。

石油行业的例子

一个客户计划新建大量的加油站，并且想获得一份综合的能涵盖所有问题的健康影响评价。调查的内容包括加油站内石油产品的销售情况和通过加油站的车流量。调查排除了非石油产品在服务站商店的销售。这些产品是烟草、快餐食品、快餐饮料和甜食，大约能占到净销售额的一半。

在另一家情况不同的石油公司，我注意到了一个更为极端的排他主义的例子。在这家公司，标准由公司律师决定，以最小化诉讼风险的需求为基准。有一点很容易理解，贫困国家的石油项目实施过程中都会伴随性交易的问题，而且有HIV传播的风险（IPIECA/OGP，2005）。然而，该公司不论在任何书面交流中都禁止提及HIV，以此来控制诉讼风险。这是一个“双重思维”的世界，我们无法充分地了解现实情况。

对这些调查问题的部分解决方案，是让受影响的利益相关者或督导组来决定健康影响评价的范围，而不是由提议者决定。在一些情况下，健康影响评价顾问可参考国内或国际规则和标准来确保评价范围能够合理地得到拓宽。而在其他情况下，会存在现实的两难状况，顾问是应该忠于原则，还是应尽量满足客户要求呢？此时需要新的解决方案。

4.7 委托执行一项健康影响评价

一项健康影响评价的被委任者可以利用内部员工资源，也可以联系一位专家顾问。但因为被委任者很少能完全掌握健康影响评价的专业知识，他们通常选择第二种方法。

委托执行一项健康影响评价的过程分为若干个阶段。首先，要写一份投标邀请函，在上面写明提议的背景、评价的主要目标和目的。提议者应在编写投标文件时获取健康建议，但大部分人都不会这样做。健康影响评价承揽人在这份文件的基础上进行投标，投标应包括资质描述、员工名单及简历、对概要理解的描述以及预算。资质将在4.7.3节进行探讨。客户将拟定顾问的最终候选人名单，然后选择更优的投标。决定的做出一部分由投标的技术内容决定，另一部分由预算决定。在很多情况下，最终候选人名单上的顾问会被邀请参加筛选座谈小组的面谈。理想情况下，客户有能力区分好的和差的投标。委员们迫于压力，将会接受价格最低、但不一定最好的投标。4.7.1节中有一个这样的例子。在这个基本过程中有很多变动。比如，投标邀请可能是为了进行综合环境社会公众健康影响评价（环境战略健康影响评价），或者是SEA。领先的投标者通常就是一家环境咨询公司。这个公司可能会利用内部员工来完成评价的社会和健康部分，或者将这一部分工作外包给专家。

4.7.1 一个糟糕的选拔流程例子

下面介绍油气部门的一个糟糕的环境战略健康影响评价选拔流程的例子（Birley，2007）。五家环境咨询公司受邀参加竞标（A-E）。所有的预算信息均从技术评价中排除。投标的环境、社会和健康部分被分别进行评价。健康影响评价部分将收到从5（非常好）到1（非常差）的得分。评分依据是员工数量、员工在健康和健康影响评价方面的经验，以及他们对概要的技术层面理解。B公司因所列员工的数量较多，技能也比较高，获得了很高的得分。C公司的得分最低，因为其员工数量最少，且员工在健康方面的经验有限。

但最终C公司赢得了竞标，因为该公司拥有实力很强的环境团队，而且提出了最低的预算。然而，事实上他们完成健康影响评价部分的能力很差，导致最后结果很一般而且提出的建议非常有限。

4.7.2 影子领导

为了赢得合约，大型咨询公司在投标中任命影子领导，这是一个令人不安的趋势（Birley,2007）。影子领导是国际知名专家或类似身份的人。赢得竞标后，这些影子领导就不再参与合同了，而是由初级研究人员从事这些工作。这种行为的不同版本被熟知为“诱导转向法”。在提议中，影子领导位列其中，但当赢得合同后，他们或他们的团队就不再参与了。而是由承包领导选择自己内部的员工或招聘临时初级员工来从事这项工作。这类做法不会带来高的质量，反而更可能使健康影响评价丧失名誉。显然，服务中间商需要注意这种行为，并启动一些监督办法来确保影子领导确实为评价工作出了力。

4.7.3 选拔和能力

写作本书时，符合资格的健康影响评价顾问在全球都处于短缺的状况。有合适资质的顾问少于 200 人，另有 1 000 人对健康影响评价较为精通。由于对健康影响评价从业者所需的技能、能力定义不充分，因而负责选拔顾问的经理不知道如何选择。结果，承包领导也不知道应由谁来开展健康影响评价部分。健康影响评价的质量也得不到保证。选拔工作没有统一的选拔标准，因而缺乏提高健康影响评价质量的激励。同时，也存在着因为市场不明确而导致的供应和需求的矛盾问题。

表 4.5 国际提案健康影响评价中的优势和弱势

	健康影响评价中的优势	健康影响评价中的弱势
国际金融结构	借款条件	评价和监管能力
国家政府	立法和监管体系	没有法律或法规
提议者	管理系统，对健康影响评价的要求	采购、能力、一致性
签约负责人	管理系统、后勤	健康影响评价部门的知识和经验
健康影响评价分包者，国际	能力	对国家的了解、项目部门的经验
健康影响评价分包者，国内	健康背景、国家经验	健康影响评价部门和项目部门的知识和经验

表 4.5 描述了一项国际提案所需的所有主要参与者的优势和劣势，比如一个主要的基础设施项目（Birley，2007）。作为新业绩标准的结果，金融机构正在推动健康影响评价（IFC，2006）。然而，这些机构雇佣“多面手”员工，并且可能没有对产生的评估报告进行评价，或者决定谁有能力承担健康影响评价的能力。各国政府在管理其国内大型基础设施项目时都有一套完备的法规。然而，很少有国家专门为健康影响评价立法，即使意图为此立法，他们的官员也不太可能具备相关的经验和能力。提议者可能是一家跨国公司，有很强大的内部管理系统。然而，提议者自身的健康影响评价经验很少，无法获取合格的服务。跨国公司也很难保证其管理在每个运营的国家都能一致。承包领导者可能是提议者熟知的一位环境顾问。他们有一套强大的管理系统，能够将国际员工派到偏远地区。从另一方面讲，他们可能对健康影响评价的知识和经验有限，需要

分包给一位国际健康影响评价顾问。那位顾问可能有能力承担一项健康影响评价，但是对计划项目的国家和其语言却不了解。该顾问也可能不熟悉这个部门以及相关的健康影响，比如采掘业、城镇规划或用水管理等领域。

这时就需要一位熟悉该国家基本情况、语言、当地机构、当地健康问题和健康信息系统的国内健康影响评价分包者。然而，这可能对健康影响评价毫无经验或没有接受相关训练，并且没有这一部分的经验。

对于这样的一项国际提议，如果想进行一次成功的健康影响评价，所有参与者都需要将健康影响评价方面的能力提升到合适的程度。为了实现这一点，必须存在关于健康影响评价能力框架的国际协议。表 4.6 表明了这样一份能力框架应该是什么样的。所描述的框架以油气行业内曾经使用过的一个框架为基础（Birley，2005）。

表 4.6　健康影响评价能力框架

水平	如何获得	一些用处
了解	参加健康影响评价入门课程	知道需要管理什么
理解	参加健康影响评价课程	能作为团队成员参与一项健康影响评价
精通	健康影响评价经验 参加了两门课程 健康背景	可以领导一项健康影响评价
专家	健康影响评价方面的丰富经验 国际声誉 健康背景	可以改进健康影响评价方法和程序

到写作本书为止，在健康影响评价团队之间尚无关于此类框架的通用协议，且没有可以认证课程、提出标准或授权个人的管理部门。也没有能保证国际或国内层面的选拔代理能用于判断能力的约定系统。在健康影响评价方面，虽然有单独的演讲、部分模块和短期课程，但还没有研究生层次的大学课程。最近一项由 IAIA 发起的倡议已寻求为所有影响评价（IA）技能制定专业标准。写作此书时，该倡议已在起草中（IAIA，pers.com）。它区分出三种水平的能力：IA 从业者、IA 资深从业者和 IA 带头从业者。能力包含培训、经验、方法理解、管理、可持续发展的理解、管理系统、专业发展和指导。IA 管理者也正在酝酿一个类似的框架。

在表 4.6 列出的健康影响评价能力框架中，那些寻求购买服务的将需要第一层次的能力——了解。他们不能亲自来做一项健康影响评价，但明白应管理什么。这种了解可以通过参加一个半天到一天的短期训练课程来获得。第二个层次——理解，将建立在一个更长的培训课程上，对此具体的描述详见下文。更高的层次将建立在健康经验和背景的基础上。

4.7.4　对应各知识层次课程的内容

管理者希望知道典型的健康影响评价知识层面的课程将包含什么。下面的课程纲要是以一个已经在全世界内成功运作了数年的五天训练项目为基础的。该课程建立在一个较长的课程之上，是为水资源部门而建立的（Bos et al，2003）。它已经演变为多种不同的形式，并已被多个不同部门采纳。在利物浦大学，一个常规课程已在 IMPACT 运作。该课程通常面向 12 ～ 24 名参加者，他们在大部分时间里以六人一组的形式工作。参与者从政府部门、当地机关、跨国公司、联合国代理和非政府组织中选拔。曾经有数百名参加者，但他们中的大部分人可能没有练习技能的后续机会，而且可能已经被指派了与此不相关的任务。随着时间的流逝，他们学到的知识将会逐渐遗忘，此时应该再为他们开设一次补习课程。

该课程包含五个任务：

1）健康影响评价背景；

2）使用过的方法；

3）使用过的程序；

4）如何判定优先次序；

5）对一次完整的评价进行严格的评价 / 评论。

每个任务都有目标和目的，这些在表 4.7 中进行了总结。随着课程被采用和被改编，这些目标和目的不断演变以适应新的环境。

表 4.7　知识层面课程的任务目的和目标概要

任务	目的	目标
	该任务的目的：	任务最后，你能有机会做：
1	依据它是什么、它如何起作用将健康影响评价放入上下文背景中。 提供你所需的背景，充分运用余下的课程。	形成健康和健康影响评价的工作定义。 考虑健康影响的例子。 在课程上对你将要承担的工作获得一个背景基础:
2	通过承担相关案例研究的一项快速健康影响评价来探索方法论问题。	考虑在执行健康影响评价时需要涉及什么。 专注于方法论部分。
3	探索与健康影响评价相关的程序性问题。	决定什么时候需要健康影响评价。 检查真实评价之前和之后应发生什么。 考虑如何保证健康影响评价的质量。

任务	目的	目标
4	考虑风险预期、资源限制因素和项目提议者利益以探索不同的途径来区分优先次序。	探索不同的途径来设置优先次序和限制。 考虑每个利益相关者社区对健康风险和收益的理解。
5	考虑什么构成了一个“好”的健康影响评价研究。 学习如何批判性地评价健康影响评价步骤和方法论。	修订你在早期任务中学到的东西。 严格评价健康影响评价的各个方面。 检查一项健康影响评价的要素。 考虑是哪些问题促成了成功的健康影响评价。 估量不同限制因素可能影响健康影响评价结果的程度。

曾经有人尝试在电子学习环境中开展该项健康影响评价课程，但这些尝试并不总是成功的。

该课程有一个知识迁移的明确目标，但也有一个暗含的（有时候或是明确的）旨在培养部门间工作技能的目标。参与课程意味着参加者有机会从彼此身上学习，获得非正式的关系网，学习其他学科的术语、议程和同事的设想，以及提升沟通技能。这些目标很多都依赖于面对面的相互影响，以及确保学员能够学完全部课程（如将地点选择离家和工作场所较远的地方）。

4.7.5 必要和期望技能

在理想情况下，健康影响评价应该由具有一定技术水平能力的有经验及受过训练的参与者来引领。由于此类人才短缺，水平稍低的专家也可以参加。但有一个非常不好的倾向，就是想当然地认为任何有医疗资质的人都有能力承担一项健康影响评价，这是错误的。从另一方面讲，在健康相关学科的教育经历更可能保证对问题的基本理解。

表 4.8 列出了一个带头的健康影响评价顾问应具备的必要技能，以及证明这些技能所需的证据。无法满足最低要求的顾问可以在起始期接受培训，但这会产生额外的花销。接受培训的人应具备公共和 / 或环境健康的背景，并且应对环境、社会以及健康问题表现出浓厚的兴趣。在投标邀请书中，承包者应被告知他们必须只能提议那些合适的有资格的顾问。令人愉快的是，健康影响评价中的领队顾问都具备丰富的技能，他们可以将知识教授给其团队中的其他人。

表 4.8　对技术胜任、领导健康影响评价的顾问的用人要求

	必须	优秀	证明
教育	健康相关课程的学历	环境或公共健康硕士学位	学历证书
培训	环境或公共健康培训	健康影响评价方面的培训，项目管理方面的培训	参与证书，老师姓名，课程表
经验	咨询工作 影响评价 参与、领导或管理健康影响评价	在相关项目中领导健康影响评价	完成的健康影响评价项目列表
兴趣	影响评价专业团队活动的会员，如 IAIA 参加过健康影响评价会议	关于社会、健康、国际发展、不均衡或环境问题方面的知识	在简历中列出参加过的活动和会员证明 列出参加过的健康影响评价会议和研讨会
技能	至少有实地考察、分析或管理之一的技能 能够评估或总结报告、权衡证据、进行逻辑 / 分析论证、与主要知情者会谈、具备正义感和专业的交际手段 坚持揭露敏感信息	有实地考察、分析、管理或教学之中的一项或多项技能	先前评价报告的复印件，标明个人贡献
其他	熟悉与提议相关的地区或部门	在所在地工作过	承担过的项目清单

4.7.6　专业或通用技能

许多但并非全部的健康影响评价所需的技能是通用的，它们其实是公共健康顾问所需正常技能的一部分。通用技能包含以下方面（Kemm，2007）：

1）项目管理；

2）谈判；

3）团队合作；

4）社区参与；

5）调查；

6）丰富的常识；

7）整合不同元素的能力；

8）说服不同人合作的能力。

曾有争议说，健康影响评价不需要罕见的技能和一个新的专业。很多人都有能力执行健康影响评价，并且借此会增加他们的自信。从这个观点出发，聚焦点应放在产品的质量上而非评价者的资质上。这种观点对有过硬公众健康背

景的个人来说是可取的。然而，健康影响评价需要的技能和训练在日常生活中可能并不常用。

健康影响评价可能需要专业技能和通用技能相结合。能力映射过程显得非常必要，并且在英国被提出，以辨别和区分这两种技能。迄今为止，还没有合适的完成这样一次能力分析的资源。此外，任何一个场景都需要专业技能。比如，当在温暖的气候中工作时，掌握有关热带病的良好应用知识就变得尤为重要。详见第 9 章。

4.7.7 职权范围

职权范围（ToR）代表客户和顾问就健康影响评价过程、资源和内容达成的合约协议。职权范围可能直接建立在投标文件和摘要的基础上，也可能在后续的工作中产生。比如，顾问可能参与到调查过程中，在符合职权范围要求前提下判断和评价健康影响评价报告。

职权范围可能包含以下条目：

1）对顾问能力的要求；

2）工作范围的纲要，如应包含什么，不包含什么；

3）评价中使用的方法和工具；

4）成果的形式和内容以及与它们的机密性、产出和出版相关的条件；

5）与督导组见面的性质和频率；

6）预算和资金来源；

7）时间轴，包括截止日期和大事记；

8）顾问要汇报的管理者或代理；

9）合同细节，如保险和合同作废。

我愿意提供职权范围的一个模板以供管理之用。然而，这项工作实际上是很困难的。与 IAIA 健康章节一起，我起草了一份详细的通用职权范围，以石油工程环境战略健康影响评价作为例子。这份文件大约有 30 页，但其至今尚未完成。

4.8 评价期间

评价的内容和方法将在第 5 章至第 9 章进行详细解释。当与顾问签订协议并开始进行评价时，委员们仍有管理任务。委员们的任务之一是确保顾问有使用所有相关文件和健康数据、问询主要知情者和利益相关者的权利。然而，可用信息的使用权通常受到政治或商业理由的限制，但可通过寻求合适的人（支持健康评价）来解决这个问题，包括邀请政府官员进入督导组，或为主要利益相关者开设一次设在当地的健康影响评价培训课程（Birley，2007）。

没有意外

在健康影响评价报告草案准备期间，委员们应计划与顾问进行定期交流。随着影响被确认和区分，以及建议的形成，委员们应该被随时告知这些情况。影响评价应该是一次达成共识的过程，而这需要委员会的团队参与。第 8 章将进一步探讨。

4.9　整合

在一些案例中，存在着将健康影响评价、环境影响评价和战略影响评价进行整合的意向，常被称为环境战略影响评价或环境战略健康影响评价。对一项整合评价的管理面临许多额外的挑战，包括报告内容和预算等方面。

健康影响是由许多不同的健康决定因素交互作用的结果。健康决定因素广义来讲有生物性的、环境性的和社会性的。环境和社会评价的许多输出结果可以被认为是环境决定因素中的变化，因而是健康影响评价的输入因素。例如，在环境影响评价中考虑对空气质量的影响。空气质量是气喘患者健康的一个决定因素。在另一个例子中，在战略影响评价中考虑对收入分配的影响。收入分配是健康不平衡的一个决定因素。

一份整合良好的报告将包含环境影响评价、战略影响评价和健康影响评价部分的交叉引用。如果环境影响评价和战略影响评价的输出因素常常是健康影响评价的输入因素，随之交叉引用的数量在健康影响评价中将会更多。下面将以萨哈林能源投资公司完整环境战略健康影响评价的例子来进行说明（Birley，2003；萨哈林能源投资公司，2003）（见表 4.9）。

表 4.9　一个战略环境健康影响评价报告中的互相引用数量

至 \ 来自	健康影响评价	环境影响评价	战略影响评价
健康影响评价	—	6	3
环境影响评价	37	—	15
战略影响评价	46	15	—

图 4.4 说明了信息流管理的一个可能的图解（Birley，2003）。第一，评价的范围必须分配给三个子成分。因为会有相当多的重叠部分，分配要尽可能地建

立在务实的基础之上，予以恰当的预算。第二，这三个评价应同时进行。图中，健康影响评价的大方框并不意味着它是一个更大或更重要的任务。它仅仅意味着健康影响评价的完工可能需要等待环境影响评价和战略影响评价的输出结果。第三，形成一套综合建议，对利益相关者进行安全防护，并改善他们的健康状况、改善其社区的环境质量，并提高其社会福祉。执行摘要将提供整合的最后机会。一次严格的评价会判定在调查过程中确认的所有元素是否在某一个报告中进行了论述，并提供了迭代的机会。评价和预算将在下面进行详细论述。

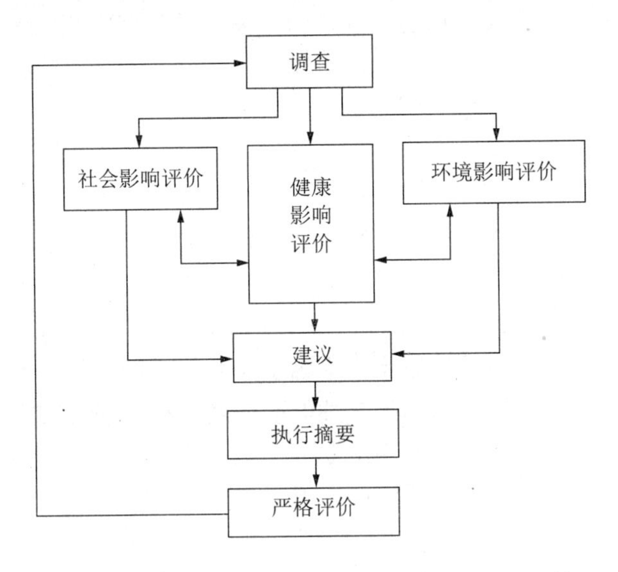

图 4.4 环境战略健康影响评价内的健康影响评价管理

作为例子，表 4.10 概述了环境战略健康影响评价如何从环境、社会和健康角度为萨哈林能源工程处理水源问题（萨哈林能源投资公司，2003）。

表 4.10 萨哈林能源环境战略健康影响评价中的饮用水源例子

环境影响评价	工程设计应避免污染潜在饮用水源。
战略影响评价	饮用水问题被确定为社区的主要顾虑。 编制一份现有基础设施的详细目录。
健康影响评价	编制一份污染源的详细目录。 列出与污染水有关的疾病的发病率和流行程度。
执行摘要	摘要确认许多社区水源在不改善或修复的情况下无法达到公司安全标准。同时提议如果有足够盈余，一些公司设施应该使用公共供给。

与同时期的其他可用报告相比，该报告进一步实现了整合。然而，纵使知晓健康水源对社区和项目的重要性，执行摘要并没有从这三个评价中获取结论，

且报告中的建议并没有提示这个联合要求应该如何实现。

4.10　评价、评论和评估

该步骤用到多个术语，我采用的是“评价”这个术语，但其他人更喜欢用评论或评估。健康影响评价研究的委员们既有期待优质产品的权利，也有保证资源合理利用的责任。同样地，询问此类问题以健康影响评价进行评价是非常重要的，即是否：

1）在健康影响评价中呈现的证据是严密的、充分的和适当的；

2）从证据中得出了恰当的结论；

3）健康影响评价是一个优质产品；

4）建议是实用且恰当的；

5）使用了合适的步骤和方法。

评价使委员或评论者能够判定报告的质量并决定：

1）接受这样的报告；

2）要求较小的修改；

3）退回报告，进行大幅重写；

4）反对这个报告。

质量保证阶段很重要。正如管理的其他方面一样，有明确的管理系统来保证质量是很必要的。管理评价任务是委员的责任。如有可能，应执行同业互查过程；从一开始，对评价任务的管理就应该纳入预算内，根据提议的复杂程度，这项工作应该需要 1 ～ 4 天。

在很多情况下，评价会由在健康或健康影响评价方面没有任何知识的客户进行。近期一个例子：一个欠发达地区的高速公路工程，当地驾驶员的行为存在各种缺点。该工程将需要相当多的建筑工人，部分人是从外地某处招聘来的。文本框中总结的来自客户的反馈是匿名的，但看似来自于土木工程师。该报告特别强调了工人群体相互交流、驾驶员行为、与个人机动化运输相关的肥胖和事故，以及急救服务的规定等方面的管理。此外，该客户认为高速公路的出现与环境变化并无关联。该反馈描述了评价者和客户观点相异的巨大分歧。虽然并未明确指出，但该报告对哪里应该进一步的解释进行了暗示。

从一个调查报告中得到的真实反馈的例子

"评价者做出了否定陈述，提示项目可能在STIs方面有影响，但看起来没有事实依据。"

"我认为住在当地社区的工人没问题——为什么假定这种没有依据的问题？"

"高速公路和营养问题（肥胖）之间好像很难扯上关系。"

"报告暗示高速公路会引发更多的事故，但高速公路的建造会依照最高的安全标准。"

迄今为止，仍没有世界公认的评价工具。然而，近日在英国发展规划许可中，推荐使用一个工具（Fredsgaard et al，2009）。作者建议，该工具可以引申到其他内容中。这一出色简明的工具已经进行了广泛的业内互查，并吸收了大量已发表的文献。它将评价细分为4个部分、12个类别和36个小类别（见表4.11）。它给出了一个工作表来为每一个小类别打分。它代表了一种理想的情况，而这在现实中很难实现。不过它确实为评价过程提供了一个有价值的框架。

表4.11 健康影响评价评价工具的纲要

方面	类别
1 背景	选址描述和政策框架 项目描述 公共健康概要
2 管理	潜在健康效应的确认和预期 管理 承担
3 评价	健康效应描述 风险评价 影响分布分析
4 报告	结果讨论 建议 交流和安排

评价的补充因素如下（Birley，2003；Bos et al，2003）：

1）职权范围的恰当性和充足性；

2）包含财务责任在内的潜在利益冲突；

3）健康影响评价中的潜在的偏见和陷阱是否可能影响了调查的结果和建议；

4）执行健康影响评价所需的技能；

5）用以支持健康影响评价结论的数据的有效性；

6）健康影响评价报告的可访问性；

7）建议的可行性和可接受性的依据；

8）执行和监督健康影响评价推荐的所需措施的原因。

4.10.1　方法质量

为了评价这一方法，我们应当考虑是否使用一个简洁的分类过程，比如健康的决定因素。文献回顾应当有所聚焦，并严谨、有效且系统地进行。有不同的工具来评价文献回顾，这些将在第 6 章中讲到。引用的依据应该恰当，而且差异应该清晰地辨明。文本应支持得出的结论。比如，假设应明确；应从证据中获得合适的结论；建议应实用、可接受、可达成。

健康影响评价的目标

健康影响评价的目标不是发现科学真理或发表一些出版物，而是在对健康结果做出合理判断的基础上，向利益相关者提出安全防护措施，以及促进人类健康的可接受的建议。

4.10.2　过程质量

一个有能力的评价者可能会由于管理上存在的缺陷而做出一份糟糕的报告。在理想情况下，评价者应该能够调查清楚这一点。以下就是一些程序问题的例子：

1）职权范围的恰当性和充分性很重要，报告应当在其中提及所有确定的问题。

2）应包含与利益相关者的讨论。公众参与是否充分？是否包含了弱势群体和差异影响？

3）可能会有与利益冲突和经济负担相关的偏差的证据。比如，评价者是直接向委员报告还是向督导组报告？

4）评价的时间线可能是与项目周期不相宜的。比如，浇筑混凝土之后开始进行评价是为时过早的。

5）评价团队的能力和经验可能是不合适的。评价者可能只专长于整个评价体系中的某些组成部分，从而过多地关注这些部分，代价是牺牲了不太熟悉但更重要的部分。比如，在很多低收入国家，婴儿腹泻远比室外空气污染重要得多；但是室外空气污染可能受到更多的关注，因为它是环境影响评价的一个标准组成部分。

6）健康影响评价的预算可能不足，而且比环境影响评价预算少很多。

7）报告的书写风格可能让特定的受众难以理解。

8）建议可能是不切实际的、不严谨的以及难以实现的。

9）与相关评价和报告的交互应当明晰。后者可能包括环境影响评价、战略影响评价、健康风险评价、交通评价、持续性评价、不平等评价、健康系统评价、健康需要评价和社会投资计划。

10）应明晰权限范围。

相互作用的例子

中东的一家污水处理厂将经过处理的污水排放到市政当局辖区的一个河道。工厂经理观察到有人非法抽取排入河道的污水用来灌溉蔬菜作物，但却无能为力，因为工厂排放的污水，别人能否使用这件事情已经不归他管。

为避免影响评价的交叉，评价应当包含 4.9 节中的附加因素。这些可以包含以下内容：

1）健康影响评价报告应当与其他影响评价报告互相参照。

2）在健康影响分析中应参考社会和环境评价结果。

3）应有健康、社会和环境评价者一起工作的证据。

4）健康建议应与其他建议相关。

5）确认的利益相关者团队应与社会评价中的人员一致。

6）在所有评价中，地理和时间相位界限应确认一致。

7）执行摘要应从所有评价的集中结果中得出。

此外，评价应考虑预算在各部分间如何分配。这将在下面进行探讨。

4.11 预算

需要对一项健康影响评价所需的时间和其他资源进行仔细预算，常见的趋势是将过多的预算用在基线研究上（环境概况和文献回顾），而为研究和建议的形成留下的预算过少。根据经验，分给基线研究的预算最好少于健康影响评价总预算的 50%。

健康影响评价的目的是为安全防护和改善健康状况做出合理的建议。因而分析、形成建议和管理计划是影响评价最重要的部分。

图 4.5 描述了在一些主要活动中，资源是如何被细分的。该图仅是象征性的。

图 4.5　不同活动的预算分配

交互评价的预算

交互评价（环境战略健康影响评价）对预算分配有一个附加的范围。交互评价的主要预算持有者通常是一个环境咨询公司。此类公司的管理者通常对环境影响评价有很强的偏爱。他们对综合环境影响评价报告的交付程序非常熟悉，因为这是法定要求的一部分。这样的报告通常包含十个或更多的主要分支部分，包括生物多样性、考古文物、污染模拟、交通模拟和水资源管理等。他们可能将健康影响评价当作额外分支的一部分，只需要交互评价总预算的 5% ～ 10%。相反地，仅就健康问题，一位健康专家就会预想出十个或更多的分支研究。这些例子可能包含于初级、中级和高级层次的健康和社会关怀服务设施，健康信息系统和流行病学，传染病控制和环境健康，不平等以及社会心理健康之中。

保证合理的预算

建议负责健康影响评价的团队确保在他们同意投标前，为交互评价分配一个合理的预算份额。

更合理的预算分配在图 4.6 中进行了描述。这种分配是象征性的，具体的分配数额需要依环境而定。如果没有人类社区受到影响，那么健康所占预算的部分将是最低的。这种预算分配假定环境成分中的环境影响评价获得最大的预算份额，只是因为这是一个法定要求，而非因为它更重要。如果像经常发生的那样，健康部分仅被分配了 5% 的预算，那么健康评价的质量将会较差。

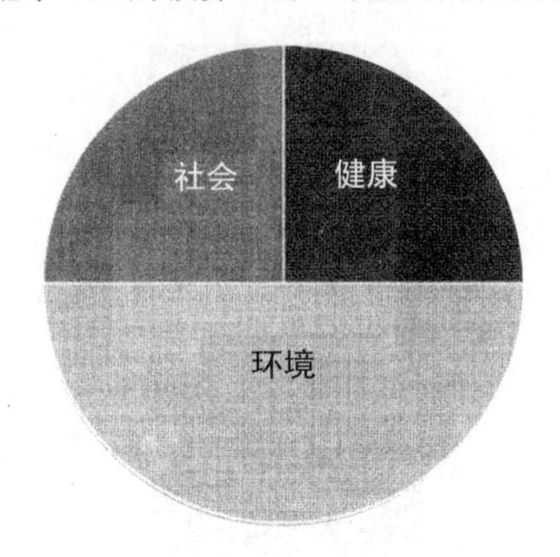

图 4.6 不同评价的预算分配参考

4.12 时间控制

提议要经过一个演化的过程，即由粗略的框架演变到详细的说明书。对正在进行的阶段实施评估可能影响到报告的客观性和有效性。如果影响评价开始的过早，就只有很少的信息可利用。如果影响评价开始的过晚，此时施工场地已经被清理，就无法提出基础设施选址和设计相关的建议了。

项目影响评价最好在有一些可供考虑的可选设计，且在建设合同（或类似物）已经被发出进行招标之前进行。比如，建设合同可能需要包含一些条款建议。在评价分别针对规划和政策的不同情况下，时间控制细节将有所不同，但都需要采用同类的思考方法。

图 4.7 描述了已建工程项目中，健康影响可能作用的阶段。

健康影响评价的时间控制与项目周期内其他计划和设计活动的关系决定了评价的价值。通常这超出顾问的控制范畴。不恰当的时间控制很容易导致整个研究毫无用处。一项健康影响评价的严格评估应决定什么时候进行评价，以及该时间控制如何影响建议。

时间控制案例

在培训课程中，我们经常提供以下三个项目时间控制的例子，并让参与者来讨论哪一个案例是最佳做法。为避免读者无法自行得出最佳结论，本章最后将提供一个可能的答案。

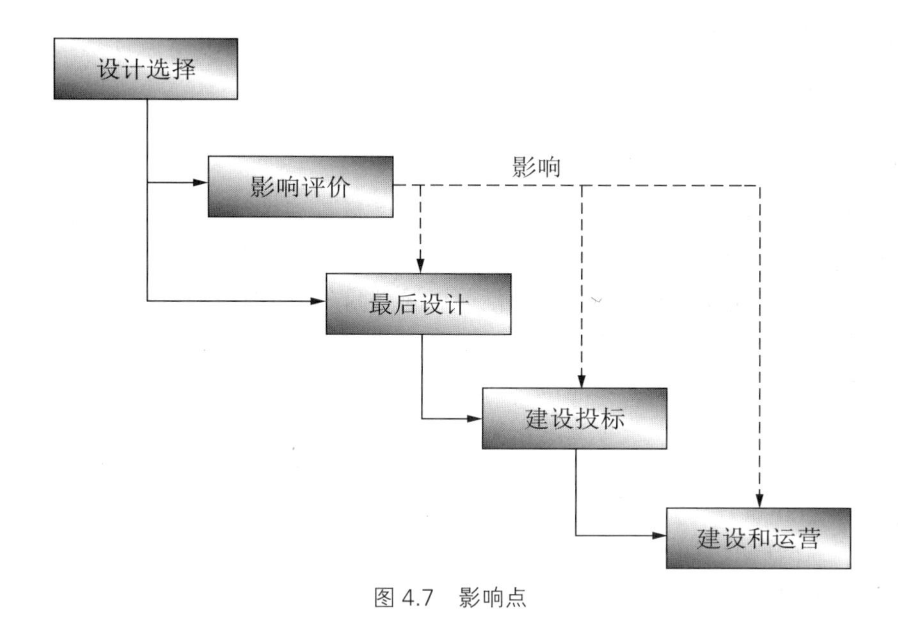

图 4.7　影响点

案例 A

以一个两页的提议纲要为基准，顾问执行了一个新项目的健康影响评价，该提议由投资小组提交。选址已经确定了，但没有关于用户潜在数量和活动类型的细节。

案例 B

顾问在新项目建设中执行了一个该项目的健康影响评价，对于将要提供的设施已经做好了决定。顾问已经考察了项目的选址情况，且环境影响评价报告是可行的。

案例 C

在提议初期准备并提交规划当局进行考虑时，顾问执行了项目的健康影响评价。有两个可选方案，每个方案的内容都列出了纲要。

4.13　管理计划

本书的其他章节考虑的是有关基线研究、分析、优先次序和建议形成的细节。这些是健康影响评价报告的所有元素。建议者收到该报告，用同行和社区的观点来评价，进行编辑、修改和接受。最后一步是形成一个执行建议的管理计划，并对执行情况进行监督。第 8 章将进一步探讨与建议和管理相关的计划。

4.14 评价和监督

当健康影响评价被接受，且管理计划被同意且开始执行之后，有时会存在一次对健康影响评价整个过程进行评估的机会。这将在第 12 章进行更多细节的探讨。类似评估的结果有助于提升健康影响评价的有效性。有很多不同的评估形式，包括过程评估、影响评估和结果评估。

过程评估用于回答此类问题：时间控制和评价内容合适吗？它提供了一个机会，用以评估过程用于实践的成功程度。它也提供了一个机会，用以询问社区团体是否觉得自己参与了健康影响评价——是否真正参与了健康影响评价（Kemm，2007）。

影响评估用以监督建议的接受程度和执行情况。结果评估用以监督提案执行后的指标和健康结果（Mindell et al，2003）。时间可以显示健康影响确定后的准确度。然而，有一个反事实论证：在健康影响评价中，相关方可能会故意避免产生一些必然的结果，而这些难以被观察到。结果评估是复杂的，有许多方法上的困难。

由于我们无法预知未来，因而健康指数的检测提供了随时间调整提案的一个机会。计划和政策通常提前决定了评审要点。良好执行的计划通常有整体监督步骤，以将其作为项目管理的一部分。在第 8 章中我们会探讨更多的细节。

4.15 健康影响评价项目管理的案例研究

几年前，我审查了位于中国北方偏远地区的一个天然气田发展的健康影响评价。审查过程很有挑战性，在此期间，我决定接受一份不合规格的报告，而这一决定至今让我懊悔。这也是我们将从这个例子学到的主要经验。当时我面对的挑战包括：当地对健康影响评价缺乏经验；语言和交流问题；后勤问题；根深蒂固的文化差异；数据缺乏以及有限的预算。

该项目由一家中国公司管理，该公司由一家跨国企业拥有。这家跨国企业已经在公司层面建立了健康影响评价的政策和规划，并在相关的国营公司铺开推行。虽然这家中国公司对健康影响评价毫无了解或经验，但明白它必须与总公司的要求保持一致。之后，在北京与这家中国公司高层的讨论中，我明显看出这些管理者无法区分健康影响评价和职工健康与安全管理这两个不同概念。公司的医生被指派为健康影响评价的地方经理，而他的任务就是在我的帮助下控制预算，从这次的工作经验中学习，同时也要考虑我的建议。

我们需要一家当地的中国咨询公司在进行环境影响评价的同时承担健康影响评价任务。一家咨询公司回应了职权范围，并提交了一份有竞争力的报价。投标的经济方面由中国公司负责，他们并没有咨询过我。当地的环境咨询公司对环境影响评价有相当多的经验，公司设在距工程点数百公里之外的一所有名的公立大学，但他们对健康影响评价毫无了解或经验，而且他们的团队中没有健康专家。然而，在这所大学的内部有一个健康部门，可以从中招聘公共健康专家。比如，该健康部门的一位教授是大骨节病（Kaschin-Beck）方面的国际专家，该病是一种严重的骨骼疾病，由缺碘引起，是一种地方病。我们在调查阶段已经确定了一项健康担忧，即提案是否会引起足够的农业干扰，加剧引发这种疾病的环境条件。这位专家同意加入团队，并指派了一位初级研究助手来承担这项工作。由于有太多的语言困难，我只能依靠公司的医生来翻译我的建议和要求。

我们建立了一个督导小组，其中包括来自距离项目地点最近城镇的当地健康部门的代表。我在这个镇开设了三天有关健康影响评价的培训课程，环境专家的顾问团队、健康教授及其研究助手、公共健康官员和公司医生参加了这个课程。开课之前，我和顾问团队对项目选址情况及其周围环境做了一次快速调查，并与一些关键知情者进行了会谈。我的最初印象是，虽然这个地区有很多公共健康问题，但该提案仅会对这些问题造成极小的影响。

在培训课程结束之后，顾问团队承担了该健康影响评价。随后，该团队准备了中文的健康影响评价报告草稿，并将其翻译成了英文。草稿的质量非常糟糕。比如，健康基线依赖国家数据而非当地数据。

健康影响评价报告共进行了四次修改，包括由我完成的一次，该报告勉强可以通过，但想实现质量上更多的提高看起来并不现实。在当地镇上安排了最后的督导组会议来商议这份报告。我从欧洲到当地要两天半的时间。在会议期间，当地公众健康部门的代表反对报告的一些内容。他们的反对在当时看起来非常微不足道，我认为既然报告已被接受，再对其进行一小部分的校订就足够了。

回想起来，这是我后悔的一个决定：既然当地督导小组成员对报告不满意，那么我就不应该接受这份报告。会议后，我了解到咨询团队在培训课程之后没有再访问过这个地区，因为他们没有做该项预算。他们没有与关键知情者或社区人员进行会谈，没有做出任何确认和报告当地健康数据的重要尝试。健康教授没有参与评价，而初级研究助手的知识和了解非常有限。这份报告由环境专家以最低的预算，作为一项书面练习写出。由于地理距离、语言和文化差异等障碍，我对其真实的状况知之甚少。作为一个可实现的目标，健康影响评价仅仅是能力建设过程中的第一步。

4.16 健康影响评价报告的可读性

健康影响评价报告应该简单、明了、全面，因为它们将面对不同的读者。这些读者包括当地居民群体、志愿部门机构、基层护理团队和/或健康机构、当地和中央政府机关和当选议员、理事会、公共咨询、新闻媒体以及学术研究员。报告的可读性可从语言、布局、清晰、陈述、可负担性和发布方式等方面来提高。可能需要为特定受众而调整报告，例如：

1）理事会理事可能仅需要一份执行摘要；

2）新闻媒体需要一份新闻稿；

3）学术研究员需要整份报告以及其他文件；

4）当地居民需要用他们自己语言编制的报告纲要；

5）公共咨询部门需要所有的配套文件；

6）在相关网站的发布。

4.17 练习

请看是否能答出下面的问题（答案在本章最后）：

1）调查的主要目的是什么？

2）哪个利益相关团队在健康影响评价中最重要？

3）与利益相关者接触的主要目的是什么？

4）领导并承担一项健康影响评价需要什么样的能力？

5）对于无陆上成分的海上平台，健康影响评价的评价预算应占多少百分比？

再看一下第2章介绍的神秘岛国（San Serriffe）练习。确定评价的一些合适的地理界线，并写一段文字来证明每一项的合理性。

4.18 答案

案例C是最佳的一个练习，因为本例中包含了足够的可用信息，并且设计选择也是可用的。

1）编制一份职权报告以确保所有的健康问题都能得到解决和分析；

2）最脆弱群体：如果他们都是安全的，那么所有人就都是安全的；

3）确保大多数健康问题都能得到优先的识别和分析；授权利益相关者自主进行评价；

4）参加过健康影响评价的培训课程，具有从事健康影响评价工作的经验，拥有健康方面的背景；

5）接近于零。

参考文献

Birley, M. (2003) 'Health impact assessment, integration and critical appraisal', *Impact Assessment and Project Appraisal*, vol 21, no 4, pp313–321

Birley, M. (2005) 'Health impact assessment in multinationals: A case study of the Royal Dutch/Shell Group' *Environmental Impact Assessment Review*, vol 25, no 7–8, pp702–713, www.sciencedirect.com/science/article/b6v9g-4gvgt8v-1/2/01966b5af4f9ae9ecd390e4dd382a5a3

Birley, M. (2007) 'A fault analysis for health impact assessment: Procurement, competence, expectations, and jurisdictions ', *Impact Assessment and Project Appraisal*, vol 25, no 4, pp281–289, www.ingentaconnect.com/content/beech/iapa

Bos, R., M. Birley, P. Furu and C. Engel (2003)*Health Opportunities in Development: A Course Manual on Developing Intersectoral Decision-Making Skills in Support of Health Impact Assessment*, World Health Organization, Geneva

EC (European Commission) Health and Consumer Protection Directorate General (2004) *European Policy Health Impact Assessment: A Guide*, http://ec.europa.eu/health/index_en.htm, accessed July 2009

Equator Principles (2006) 'The Equator Principles', www.equator-principles.com, accessed October 2009

Fredsgaard, M. W., B. Cave and A. Bond (2009)*A Review Package for Health Impact Assessment Reports of Development Projects*. Ben Cave Associates, Leeds, www.apho.org.uk/resource/item.aspx?rid=72419

ICMM (2010)*Good Practice Guidance on Health Impact Assessment*, International Council on Mining and Metals, London, www.icmm.com/document/792

IFC (International Finance Corporation) (2006)*Policy and Performance Standards on Social &Environmental Sustainability*, www.ifc.org/ifcext/enviro.nsf/content/envsocstandards, accessed April 2008

IPIECA /OGP (International Petroleum Industry Environmental Conservation Association, International Association of Oil and Gas Producers) (2005) 'HIV/AIDS management in the oil and gas industry', IPIECA, London, www.ipieca.org

Kemm, J. (2007) 'What is HIA and why might it be useful?', in M. Wismar, J. Blau, K. Ernst and J. Figueras (eds) *The Effectiveness of Health Impact Assessment*, European Observatory on Health Systems and Policies, Brussels, www.euro.who.int/en/home/projects/observatory/publications

Mindell, J., E. Ison and M. Joffe (2003) 'A glossary for health impact assessment',*Journal of Epidemiology and Community Health*, vol 57, pp647–651, http://jech.bmjjournals.com/cgi/

reprint/57/9/647.pdf

Sakhalin Energy Investment Company (2003) 'Health, social and environmental impact assessments', www.sakhalinenergy.com, accessed March 2003

Scott-Samuel, A., M. Birley and K. Ardern (2001) 'The Merseyside Guidelines for health impact assessment', www.liv.ac.uk/ihia/impact%20reports/2001_merseyside_guidelines_31.pdf, accessed January 2007

Scott-Samuel, A., K. Ardern and M. H. Birley (2006) 'Assessing health impacts on a population', in D Pencheon, C. Guest, D. Melzer and J. Grey (eds)*Oxford Handbook of Public Health Practice*, Oxford University Press, Oxford

第5章
方法与工具

本章内容提要：

1）在目标、不确定性与证据背景下的健康影响评价方法；
2）健康影响评价的模型；
3）证据的性质；
4）健康问题的信息来源；
5）利益相关者的参与；
6）包括流行病学工具在内的一些分析的要素。

5.1 引言

进行健康影响评价的方法并非只有一种，业内的不同人士可能会提倡不同的方法。本书所支持的方法具备以下几点构成要素：

1）要向与提案密切相关的利益相关者收集尽可能多的健康问题；
2）已有资料的文献综述，确定健康问题；
3）描述受提案影响的群体的健康状况，确定健康问题；
4）描述健康影响评价执行的政策环境；
5）划分健康问题的类别与子类别；
6）对支持各个健康问题的证据进行总结；
7）确定每个健康问题的重要程度；
8）提出健康问题的合理建议；

此外还有一些步骤，它们可视为健康影响评价过程的一部分（见第4章），而非单独的方法。例如：

9）寻求利益相关者与决策者之间的一致意见；
10）确保决策者提供实用的管理计划。

本章将简单介绍一些健康影响评价常用的方法。关于方法的进一步讨论将在后续章节中展开，主要是第 6 章与第 7 章。

5.2 正确理解健康影响评价

以下观念会影响健康影响评价的方法。

5.2.1 健康影响评价并不意味着完美

健康影响评价的建议不一定是最佳的建议，更不是以无限资源为前提的建议。虽然最优化是理想状态，但不能因为追求最佳而忽略了可行性。该建议仅仅意味着它的实施会给人类健康带来更好的影响。健康影响评价以及其他类型的影响评价都是实用型管理工具，这一特点意味着健康影响评价必然不会是完美的。

5.2.2 健康影响评价并不是为了追求真理

在本书中，健康影响评价并不是为了探索科学真理或绝对真理，也不是为了验证某个科学假设。它只是被期望能够影响提案的设计与操作，以保护并提高人类群体的健康状况。

5.2.3 健康影响评价并不是一篇论文

看起来比较草率的健康影响评价只是一种粗略的估计，但它可以真正提高对人类健康的保护，远比束之高阁的几卷论文更具价值。但问题在于，许多决策者委托相关机构进行影响评价，但拿到报告后却不知道该怎么做，当提案经审批部门或贷款机构批准之后，许多影响评价报告似乎并没有发挥作用。

5.2.4 健康影响评价并不是一种预测

我认为，(任何类型的) 影响评价都不是对未来的预测，但这一观点尚存在争议。在我看来，“预测”意味着比保证更加严格和精确。如上所述，健康影响评价不会完美无瑕，也不是为了追求真理，而且其真实性尚无法检验。影响评价过程中关于未来的任何论述，都将影响决策者日后的规划与管理，他们将或多或少地改变其规划管理思想，而这势必影响结果，最终呈现出的未来将不同于预测的未来。综上所述，健康影响评价的准确性不能以传统的科学观念来检测。这是一种基于“不确定原则”的表述：任何管理者都不希望被指控为损害人们的健康，任何一项衡量某提案能否实施的调查都可能改变管理者将要做出的一些决定。图 5.1 形象地表现了这些观点。

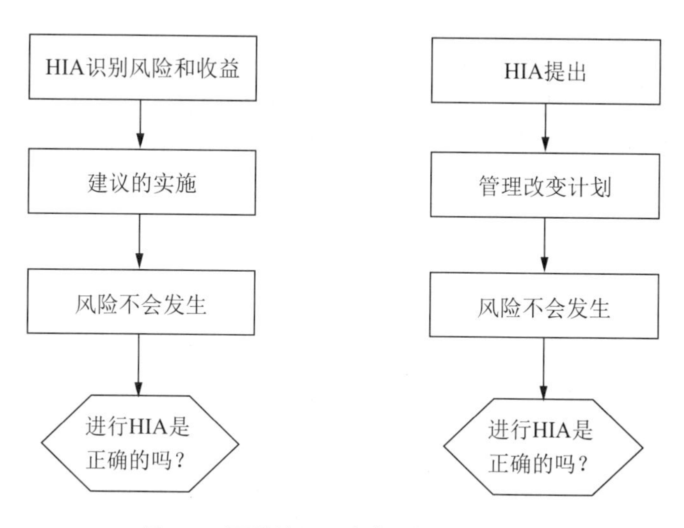

图 5.1　两种关于反事实的问题的观点

5.2.5　健康影响评价并不是一种前后对比的工具

健康影响评价并不是用来对事件前后的情况进行对比。某些管理者委托进行健康影响评价的目的是出于自卫，这样可以避免他人以该提案可能有害于人体健康为由而将其控告。如果管理者遭到控告，受委托方在法庭上可以以该提案实施前后疾病的发病情况并没有变得更加糟糕来为其辩护。虽然影响评价受委托方也希望能合理地开展前后对比，但这不属于健康影响评价的范畴。5.15.7 节将讨论对比分析所需要的资源和方法，这些内容在第 6 章也有提及。对比分析所需要的资料通常比健康影响评价多很多。

5.2.6　健康影响评价并不是一种实证性方法

健康影响评价是一种基于解释性的方法，而不是以实证性方式来体现科学性的方法（Veenstra，1999）。实证性方法假设自然法则可以管理大范围人类群体的行为，而且这些行为可以通过科学研究为我们所了解；解释性方法假设观察者能够利用意义和价值，且不同种群之间的社会现实有所不同。哲学上将使用一系列实践和技术来揭示可理解的意义的过程称为诠释学。健康影响评价潜在的诠释学功能确实需要进一步探索。

5.2.7 健康影响评价不是为了否决提案

健康影响评价的目的并不是为了否决提案，而是为了否决一些不恰当的提案。对提案的提出者来说，健康影响评价只是指出提案对人类健康可能造成的影响，但衡量提案影响大小是决策者的工作，而非健康影响评价专家的工作。如果决策者认为健康影响评价是为了终止他们所支持的提案，那么定会阻碍健康影响评价委员会开展工作。

5.3 证据的本质

在健康影响评价中必须用到许多不同类型的证据。这些证据包含但不局限于科学证据，其他证据可来源于调查资料和未发表的报告。值得注意的是，使用的证据可能是不完整的、未总结的、不精确的、不完全可信的、有偏见的或不确定的。证据应该以一种符合道德、无偏见的方式获取并使用，以便指导、支持和证明健康影响评价的结论和提议（Scott-Samuel et al，2001；Birley，2002；Mindell et al，2006），这在第 12 章中也有提及。

表 5.1 显示了健康影响评价中不同来源的证据的强度等级（Pennington et al，2010）。这个强度是相对的，低强度证据也可能是真实可靠的。健康影响评价的文献综述通常会利用各个等级的证据，并且可以规定每一条证据的强度。

表 5.1 证据的层次结构

排名	强度	类型	来源
6	最强	来自学术论文	综述评论或 Meta 分析
5			系统综述或 HIA 综述
4			单一 HIA 的综述
3			单一研究
2		来自人群	专家（关键被调查者）的证据
1	最弱		利益相关者的证据

例如，为了支持房屋重建的健康影响评价，我们评估了房屋干预与健康之间的关系。包括系统评价信息（Thomson et al，2001），单独的健康影响评价

（Gilbertson et al，2006）和房屋重建项目的单一研究（Critchley et al，2004），也包括来自官方人员和具有房屋重建方面经验的人员所提供的信息。

健康影响评价方法应该对已获证据的可信度进行证实。可信的证据应该具备以下条件（Audi，1998；Schum，1998）：

1）切实的——可以直接查看；

2）权威的——可接受的，来源于像参考书这样无偏见的资料；

3）可被证明的——可通过被调查者来确定。

在健康影响评价中，我们经常依赖被调查者所提供的证据。通过该方式获得的证据由两方面组成：证据本身和被调查者的可信度。被调查者的可信度建立在他们的作证能力和诚信程度之上，而这一点又决定于他们的客观性、诚实程度和观察能力（仔细观察的能力），这一点也与被调查者与话题之间的自然联系有关。

除了可信度之外，证据还具有推理力（可能产生巨大的争论）和相关性。证据的推理力依赖于个人的判断力，如果某一证据使一个重要事实在一定程度上是可信的，那么这一证据就是中肯的，中肯的证据可能有以下几种表现形式：

1）直接的——可以直接得出一个结论；

2）间接的——为结论的得出提供一个程序；

3）辅助的——对其他证据的强度进行支持或反驳。

在健康影响评价中，如果遇到较为复杂的系统，证据可能被分成许多部分，并且它们之间可能会相互支持或反驳。证据用来在多个可代替结论之间做出选择，用一个简单的例子来解释，一个特殊的提案可能会：

1）对健康有一点或没有影响：不要求具体行动；

2）对健康有一些负面影响：要求具体行动；

3）对健康仅有正面影响：可能会要求具体行动。

以问题的形式表达健康决定因素。以下三点决定着提案是否可能改变：

1）个人或家庭的健康决定因素是否会因为提案而增加或减少群体的易受伤害性；

2）身体的、社会的或者经济方面的健康决定因素是否会因为提案而改变易受伤害群体的暴露可能；

3）制度上的健康决定因素是否会因为提案而增加或减少保护易受伤群体健康的能力。

反过来，这些问题的答案还要基于对次要健康决定因素的检测。一个原因链以这种方式形成：从与提案有关的改变，到健康决定因素的改变，再到可能的健康结果的改变。

与许多其他公共健康领域的工作类似，健康影响评价中使用的证据可能是不完善的，因而措施的实施必须以预防原则为基础（WHO，1999）。其目的就是在不确定条件下，以一种具有建设性的方式利用有效证据，从而做出合理的决定。由于评价是具有前瞻性的，证据并不来自于结果，并且前瞻性评价也不一定能够得到证实（从上述的与事实相反的观点可以看出）（Mcintype and Petticrew，1999）。同样地，对一个新提案的未来影响的最好评价，通常是基于对一个相似提案在类似区域实施后所产生结果的了解。此类影响能够依靠的证据很少，但后者也在随着时间的推移不断增多。

我认为，健康影响评价的目的就是保障并提高那些受到提案影响的群体的健康水平，而达到这样的目的依赖于对有效证据的均衡且合理的解释。

5.4 有效证据

一般的科学证据会发表在由同行评审的杂志、报告和书籍上，它们的收集与评论应该以一种系统的、符合道德的且无偏见的方式进行。同时，我们也需要证据具有实用性：因为时间和资源是有限的，即使在缺乏证据的情况下也要为决策者提供信息。这些证据有时候会存在科学上的争议，如高压电线的健康影响就是一个有争议的问题；但在多数情况下，证据是没有争议的，如本地疟蚊的种类和表现行为很容易得到确定。其余已确立的证据通常来源于国内的报告，这可以参考一些类似灰色文献的内容。现已有很多关于相似类型提案健康影响的评论，如上文提到的关于房屋改善健康影响的系统评论（Thomson et al，2001）。

客观的、严格的和量化的科学证据可能是有效的，也可能是无效的。例如，如果可以很好地了解一种污染物的毒性，那么根据特定的排放比率能够模型化计算出某些疾病新发病例的数量。然而许多证据都无法量化，这会降低它的价值。

目前已经有指南可供审查出版健康影响评价过程中使用的证据（Mindell et al，2004，2006）。本指南基于高收入经济条件下现成的有效信息，但不一定适用于信息相对缺乏的中低等收入经济条件。总之，该指南表明一个文献综述应该包括以下几个特点：

1）目的是总结证据，支持潜在健康影响分析及相关建议；

2）文献综述应使负责批判性评价的人能够清楚地理解；

3）综述试图回答的问题应该是清楚的、明确的和中肯的。设置并陈述纳入和排除标准，这可能包括多个国家和多种语言；

4）确定人口群体或利益相关者；

5）对减缓措施效果的评论应该考虑到可逆性和不平等性。可逆性即如果暴露A引起B增加，那么少暴露A就会导致B的减少，但不应作此假设；

6）检查现有综述，并指出核对方法，尤其是关于系统评价的；

7）陈述研究术语，公布该文献综述开始和结束的日期，指出其涉及的时间跨度，同时公布已确认的文章总数并说明纳入和排除的文章数量；

8）包含关键被调查者信息；

9）确定信息差距；

10）对已公布的证据进行质量分级，判定有冲突的结果；

11）确保引用和参考是完整的；

12）概括结论，并用现有证据证明；

13）提供一份“总结”；

14）理想情况下，邀请那些没有涉及的人来评论文献综述草稿。

指导规定一个高质量的文献综述需经过九个步骤（见表5.2），且指导针对各步骤给予了解释，提出了建议。

表5.2　指导中关于文献综述发布的总结

步骤	附加评论
制订需要回答的问题	问题应该是清晰的、明确的、中肯的； 应该规定受影响人群和人口统计学因素，包括易受伤害性； 应该寻找关于减缓策略有效性、可逆性、不公平性、经济评价等方面的证据
确定是否需要文献综述及范围	检查现有综述并评估其质量
目的、组织和结构	说明发起者和发起目的；结构应该包括问题综述、文献调查细节、相关发现、所有文章和报告的参考文献、结论及完成日期； 获得关于综述草稿的评论
设定纳入和排除标准	确定解决文献综述问题所需要的研究类型，可能需要设计多种研究； 设置纳入或排除的标准，如国家或语言、设计、干预和人口
收集文献	明确需用到的调查策略，如时间年限、数据库检索、调查术语、涉及的语言、有关的专家、是否包括灰色文献、它们是怎样被定义的以及被定义的文章和发表的数量； 确定可能的约束，如时间、进入数据库的途径及是否获得文件的复印件
批判性评价	注意可能影响所得结论可信度的弱点。例如，部分来源的缺少；调查方法的适应性和严格性；结果能够支持结论多长时间。列出在质量要求下被排除的文章和报告

步骤	附加评论
解释	具体描述得出结果的各步骤及方法； 确定差距； 确定影响质量的因素，如偏见和混杂； 确定经济评价； 总结所有研究、提供完整参考； 讨论健康影响评价背景下研究的可比性； 考虑研究是否强调了因果关系； 指出暴露 - 影响 / 剂量 - 响应的关系； 表明在出现冲突时所使用的原则，如权重
得出结论	提供基于证据并被确认的清晰结论； 总结差距、偏见、冲突、质量问题和其他限制条件； 表明这个特殊健康影响评价的相关性
完成报告	包括一个容易阅读并且包含所有主要信息的总结

在某些案例中，证据可能是矛盾的，此时就需要利用三角校正来确定，即比较数据的独立来源。如果两个来源相悖，那么就会出现第三个来源。独立性往往很难建立，因为许多来源间会相互参考。表 5.3 说明：其中两个来源得到的数据可能来自于另一个共同的未知来源。证据可能有不同的解释，此时就需要进行一致性构建过程（NICE，2008）。

表 5.3 关于尼日利亚 2005 年 HIV 患病率的国际数据三角校正

来源	网址	成人(15 ～ 49 岁)HIV 患病率 /%
全球健康事实	www.globalhealthfacts.org	3.1
中央情报局世界概况	www.cia.gov	5.4
联合国艾滋病规划署	www.unaids.org	3.1

5.5 健康问题

健康影响评价方法的起点是收集健康问题。在本书中，健康问题的特点是非正式的、被忽略的、广泛的、模糊的或特殊的，以及现实或不现实的。它们可能是积极的（提案怎么才能够增加健康收益）或消极的。收集的目的是获得一个容易理解的、包含各种可能性健康问题的列表。这种分析按照检测、分类、剔除和排序的程序进行。图 5.2 列举了一些可能用到的来源。

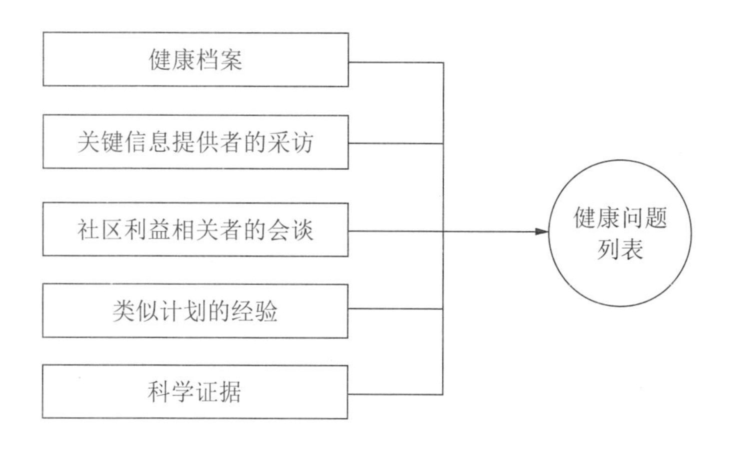

图 5.2　用于识别健康问题的信息来源

问题可能来自于接受思维导图（头脑风暴）等科学引导的群体或被调查者。头脑风暴方法是从一组参加者中收集健康问题，在此过程中，认为所有的问题都是真实有效的，并且认为所有参加者都具有同样的能力，下一个阶段是对这些问题进行挑选并分类。健康文件指出健康需求与现有群体及其物理、社会环境有关（详见第 6 章）。在类似区域开展相似提案的经验，对于健康问题在其他地区的提出及新提案的制订都具有参考价值。这些经验可能是相似的；只有少数需要进行前后对比的科学研究，相关的科学报告应该有很多。

影响评价过程是重复执行的，最终公开结束，因此有很多机会完善列表。把这些列表展示给主要的被调查者及利益相关者，可能会帮助他们想出更多的内容以完善列表。

健康结果的种类和第 2 章描述的健康决定因素提供了一个提示：健康问题的确定应该包含一个大范围的种类。例如，如果收集的健康问题只考虑到和污染有关的非传染性疾病，那么该列表就需要重新考虑。提案的任何一方面是否会影响群体的营养状况？是否可能产生新的或消除已有的身体活动障碍（如焦虑等）？

5.6　健康问题的检测

在分析过程中，对提案的各阶段和每一个可替代的提案，都对其健康问题进行检测并分类（见图 5.3）。该分析能够区分不同群体组别影响的结果（收益或者严重程度）（参见第 7 章优先顺序的确定）。在各案例中，必须得出一个结论，并提出合乎情理的建议，该判断在一定程度上依赖于证据。同时应考虑减缓措施对结果的弱化程度以及可能产生的剩余或积累影响（参见第 7 章和第 12 章）。

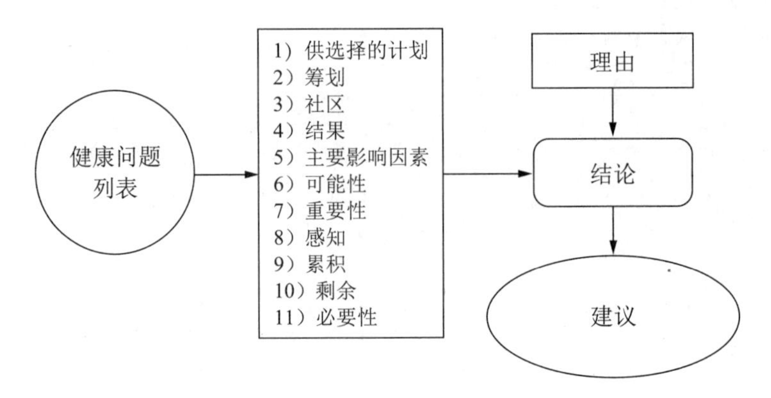

图 5.3 健康问题分类

分类表应该能够区分以下几点：

1）提案的备选方案，比如选择 A 地点还是 B 地点；

2）提案的不同阶段，比如创建阶段、运行阶段和废弃阶段；

3）受到影响的群体组别，比如那些最容易受到伤害的群体；

4）健康问题的性质，比如健康结果和健康决定因素；

5）直接或积累性影响。

对每一个健康问题来说，在分析中应该考虑到以下几点：

1）目标与提案间是否存在似是而非的关联；

2）可能性、重要性和优先性（参见第 7 章）；

3）证据的强度；

4）保护、提高人类健康要求的建议；

5）建议的影响（残余影响）；

6）社区的风险认知水平；

7）证据的确定性。

5.7 被调查者的承诺

健康问题要通过尽可能多的被调查者或利益相关者的承诺来收集。利益相关者的承诺需要满足一系列的目标。那些崇尚民主的国家就为群体提供了一个控制影响自身生活因素的机会，这在管理风险认知水平方面具有重要价值。利益相关者可能是一个基准数据的有效来源，比如说，一个专业的利益相关者可能会记得书架上未发表的报告。

风险认知部分来源于一种无法控制的感觉。如果一个计划不能带给本地利益相关者较大的个人利益，那么他们就不愿意接受这个计划。不可避免地，他们会对提案产生一些怀疑，他们可能会害怕自己和孩子会中毒或者会失去家园。尽管现代的提案已十分注重细节，但这些担心仍会持续下去。他们可能不相信污染物排放将维持在一个安全水平或者他们的个人利益能得到保障。对风险认知的管理包含了使群体能够控制自己生活的内容。例如，给某群体提供单独的检测周边空气污染水平的方法，这是可取的（详见第 7 章）。

承诺是很复杂的并且有很多缺陷，所以人们一定会尽量避免做出承诺或提高其期望值。对一些关键被调查者安排一对一的采访，是因为他们具备特殊知识，这使他们或者在群体中表现突出；也可能会有一些关键被调查者声称他们可以代表整个群体，但事实上却不能。例如，思想保守的领导者通常不会被群体选为代表。为了能够邀请相当数量的人并且获悉他们的观点，开展群体研讨会是非常有必要的。在一些情况下，人们都是勉强参加这种会议和调查的，调查的形式包括电话访谈或登门拜访。在很多情况下，应当由当地的顾问、翻译家、专门的机构或有威望的人开展这些工作。为了避免性别、种族、年龄或其他歧视，应确保被调查者能够很好地代表各组别，为达到此目的，可能需要分别进行研讨。在讨论、采访和群体研讨会中，应尝试让医疗群体的代表人员也参加进来。最近的一个报道评论了群体承诺效力在采掘业和基础设施工程中的影响力（Herbertson et al，2009）并提出以下几项原则：

1）在承诺之前做好社区准备；

2）确定需要什么水平的承诺；

3）保证社区承诺涉及每一个阶段；

4）应当包括那些传统中都被排除在外的利益相关者；

5）获得自由的、优先的和知情的权利；

6）通过对话解决社区的不满；

7）通过当地社区促进参与式监测。

有效的承诺意味着当地社区已参加到实际决策过程中，原本的倡议者自然会犹豫是否做出承诺并且会设法把承诺水平降到最低，这样承诺可能会变成一种单方面的信息交流。这种做法是目光短浅的并且会引起社区信任危机。承诺应该建立在自由、优先和知情的原则之上。许多计划都因为社区信任危机失败了。

5.8 关键被调查者

利益相关者承诺正常状况下会在两个阶段产生作用：第一个阶段与关键被调查者讨论；第二个阶段是邀请关键被调查者和其他利益相关者一起研讨，或者登门拜访他们。管理者通常委任一位与社区相关的官方人员，他们能够帮助确定关键被调查者，并找到接触他们的最好方式。

典型的关键被调查者包括以下几类：

1）工程项目策划人员；

2）当地的公有或私人诊所以及医院的医生、护士；

3）当地公共设施和服务的管理者；

4）社区代表；

5）专业学者；

6）国际和地区健康部门的官方人员；

7）环境健康官方人员；

8）公共健康官方人员；

9）健康统计部门；

10）非政府组织；

11）警察。

每个利益相关者都会提出合理、专业的问题，这些问题包括许多不同的主题，有些甚至是主观的或难以理解的。例如，一些利益相关者可能会表现出一种大众化的担心：这个提案是否会引起癌症或增加犯罪率。其他的利益相关者可能会基于他们对地区、社区和提案方面的专业知识来考虑一些特殊问题。例如，某些地区的健康专家可能会担心大面积的黑死病或者当地交通事故的高发生率；农村健康诊所的老板可能会担心人口的流入会使医疗服务不堪重负。每一种类似的担忧都必须记录下来并进行确认。

承诺能够确保获得那些在影响评价方面有重要影响力的人的支持，并向他们解释为什么要进行影响评估以及如何进行影响评估。在某些情况下，为了提升当地顾问的能力，可以开展健康影响评价培训课，同时邀请政府官员参加。接受培训可能会使他们热心支持影响评价，并积极参加到承诺工作中来（参见第 4 章）。

社区的政府官员的职责之一是根据利益相关者的能力和影响力判断他们的重要性，因为政府官员可能对能力和影响力比较感兴趣。相比之下，健康影响评价更加关注边远地区和易受伤害的群体。如果这些群体是安全的，那么每个人可能都是安全的。社区的官员可能不情愿向边缘人群提供说明。

对关键被调查者的采访在理想状态下应采用一种半结构化的方式进行。采访的目的应该结合收集的信息种类提前确定下来。不同的被调查者可能会被问到相同的问题，结构化的方法将会对后续分析有所帮助。

5.9　社区研讨会

社区研讨会通常是利益相关者承诺进程中的一部分，对利益相关者的采访不再是一对一的方式，而是以组的方式进行，这样有利于进行集中讨论并补充更多有关健康问题的细节说明。

从健康影响评价的角度来看，社区研讨会的主要目的是获得并记录具有代表性的不同社区群体的健康问题。其次是对风险认知的管理（参见第 7 章）。表 5.4 显示了参与者涉及的范围和一个提案在乡村低收入经济背景下可能出现的问题。例如，社区领导者可能会担心提案将会削弱他们的权力（参见第 9 章的非自愿重新安置）。

表 5.4　低收入国家背景中典型研讨会参加者和他们的担忧

参加者	他们所考虑的
社区代表	在有较强影响力的人出席时，很难畅所欲言；健康问题经常与中毒和工作机会有关
社区领导	缺乏合理性；对获得医疗服务和其他公共设施感兴趣
政府官员	对倡导者的怀疑；不情愿分享信息；对影响评价的目的和目标不清楚；对提供医疗服务感兴趣
医疗代表	确保改善医疗资源；担心工作负担加重
倡导者	希望维持社区的支持；可能会做出一些不明智的承诺；无法理解计划与社区健康之间的关系
翻译	确保合同的签订
专门的机构	看起来能做好本职工作；确保不同群体间有机会分担他们的忧虑
当地的顾问	收集并记录健康问题；确保合同的签订
社区相关政府官员	对社区期望的掌控和对有影响力的人的管理

在一个低收入国家怎样开展研讨会

在低收入国家，社区通常很难从书面信息或复杂的演示文稿中获得有效信息。他们可能很难理解提案的尺度、规模和时间等要求，因而他们更喜欢图表类材料。这种情况下需要考虑的原则包括以下几方面：

1）用他们熟悉的方式进行交流；

2）主动约见他们而不是让他们来约见你；

3）关于见面安排要接受他们的等级制度而不要把你的等级制度强加给他们；

4）接受他们的见面礼仪，可能还包括祷告时间；

5）获取、记录和报告他们所有的担忧；

6）对有能力或有影响的人或社区，实行分开研讨的方式；

7）确定并及时跟进基础信息的新来源；

8）规划每一天的每次研讨会的持续时间；

9）对参加者损失的时间给予一定补偿；

10）提供一些你所听到的反馈和证明。

在某些情况下，参与机制或乡村快速评价技术是适用的（Chambers，1983），这可能包括诸如制图时使用细枝和石头这样的工具。

以下是一种开展社区研讨会的错误方式：

1）被调查者被带到一个距离工地很远的大旅馆中；

2）倡导者们坐在一个高高的讲台上；

3）乡村社区人员均被安排坐在后排；

4）富人和有能力的人坐在前排；

5）对工程用演示文稿做了正式介绍，但却未说明比例尺。

另一种情形：在靠近工地草棚下面举办的社区研讨会，相比之下，大家都坐在垫子上，有好多妇女和孩子也参加了，那些妇女通过翻译器很有主张地进行演讲。

许多要参与健康影响评价的利益相关者，也将参加环境和社会评价。对当地社区的人来说，对他们进行两次调查是不公平的，那会有"调查疲劳"的风险，就算是针对专业利益相关者的调查，也会有重复的部分。例如，环境评价可能希望咨询当地水源供给和公共设施废弃情况，社会评价可能希望查阅当地公共运输基础设施情况。总之，讨论和整合都应提前做好计划（参见第4章）。

5.10 更多关于思维导图的探究

从社区获取健康问题的方法有很多，思维导图就是其中的一种方法。如上所述，它主要采用小组讨论的形式。简单来说，思维导图就是指不加批判的收集想法的方法。应当告知参与者，此阶段所有的观点都是平等的，稍后会对它们进行分类，并鼓励他们写下自己的观点然后粘在黑板上；另一种方式是鼓励他们讲出自己的观点，由笔译员进行记录。他们会被问到"你如何看待这个提案对你身边人健康的影响？"

某些利益相关者被问到这个问题时可能不了解健康这个概念的含义，他们需要帮助才能理解，因而提出的问题可能是各种各样的。我发现将这个问题改述成："如果你问你母亲这个提案对她的身体健康有什么影响，她会怎么回答？"会很有效。

思维导图会议可以得出一些健康影响评价的主题，当其完成之后，就可将健康问题分成多个种类。例如，人们的想法可能会涉及性传播感染、污染、交通噪声、生计缺失、陌生人的闯入、安宁被打破、神圣的土地被侵犯、犯罪的恐惧、生病的恐惧、中毒的恐惧以及大脑被损坏的恐惧等。这些在表 5.5 中都有分类。

表 5.5　来自思维导图会议的健康问题的种类

种类	例子
健康产出	性传播感染
健康决定因素	污染，交通噪声，失去家园，陌生人的闯入，失去安定的生活，对神圣土地的干扰
健康风险比例	对犯罪的忧虑，患病，中毒或脑损伤

接下来比较这些问题和各利益相关社区的现有条件。例如，现在可能已经存在高等级的交通噪声，而倡导者仅需要对现有条件基础上的改变负责，如提案造成的额外的交通噪声，但噪声等级可能已超过了可以接受的水平。健康问题需要进行优先选择，然后才能对建议做出相应的完善。除了社区观念之外，某些问题可能没有实际经验，但这些问题可能是更重要的，因为它们会引起压力、焦虑和反对，因而必须设法缓解。

有时还需要进行额外的社区调查工作，以确保小组讨论具有代表性。例如，有些群体很少被关注，因为他们很难被接触到或者是因为社会管制他们只能保持沉默。在某些文化中，在公开场合发言的权利仅限于富人和有影响力的人，并且通常是男性。

5.11　电话采访——案例研究

在一些国家，通过电话对利益相关者进行采访并无不妥，甚至有一些专门的调查公司开展这种工作。他们采用如邮政编码之类的方法随机抽取家庭作为样本。正如采访可以在白天进行一样，为了确保能够接通上班族也可以在晚上进行。

接下来的案例涉及英国泽西岛上的一个垃圾焚烧厂提案（Birley et al，2008）。

新引进的焚化炉将取代原来那个具有污染和交通问题的旧焚化炉。一篇文献综述确认了科学家与许多环保团体之间的一个共识，即尽管现代化的洁净焚化炉仍需要注意安全，但是比传统的焚化炉要安全得多。这个新型的焚化炉将被安置在距离主要城镇较远的海湾一侧的一个工业半岛上。这个提案中继承了减量、再生和循环使用的垃圾管理等级制度。对垃圾进行的估算表明，尽管最大限度地尝试回收利用，也会有逐渐增多的废弃物，它们只能被填埋或焚烧。焚烧又可以用来发电或加热水。

一个针对岛上的人口的电话采访将以分层随机抽取的方式进行。一组受过培训的采访人员在询问八个主要问题之前，会对提案进行一个简短的介绍（见表 5.6）。有些问题还会有延伸问题。对被采访者的统计也有记录，他们也会被问到是否有兴趣参加后续的会议。对于很多问题，调查者都会试着预测答案的范围，把可能的答案在调查表格中设置成备选项，有助于被采访者迅速地回答这些问题。对于那些没有预测到的答案，也都有机会记录下来。大多数问题都是非提示性的，并且以一种开放式的方法来询问。在某些情况下，问题的提出会伴随着一系列按照重要性来排列的选择。这些调查形式都会提前得到倡议者的同意，也会开展后续采访及研讨会。

表 5.6　对焚化炉工程电话采访的例子

	问题	对被采访者的说明
1	思考你所听到的信息，你认为对你、你的朋友或者家人来说，焚化炉的三个最大的潜在积极影响和消极影响分别是什么？	多重选择，最多选三个积极的影响和三个消极的影响的代码，未给提示
2	你对当地政府能够管理运行新引进的焚化炉并确保废弃物和相关的交通问题不影响你及家人的健康、安全或者幸福抱有多大信心？	单选，给出提示
3	为了确保你及家人、朋友接受这个工程，下列每项的重要性如何？	网格，给出提示
3j	是否还有其他的事情能够帮助确保这个焚化炉能被社区所接受？	开放，未提示
4	在社区中如果有，你认为哪种人最需要保护以避免焚化炉的任何可能的不利影响？	多选，未提示
5	你是否还有关于这个新建的焚化炉会影响你和家人、朋友的其他忧虑？	多选，未提示
6	你是怎样看待这个焚化炉对你家人的健康和幸福所带来的可能的影响？	单选，未提示
7	你认为谁将从这个焚化炉中受益？	多选，未提示
8	关于废弃物管理以及健康问题你是否有其他看法？	开放的，未提示

已经有 456 名回复者，并且应许多回复者的要求，对问题 1 的回答超过了 1 000 份，见表 5.7 和表 5.8。回复者包括 264 位女性和 192 位男性。

表 5.7　对问题 1 的消极回应

答案模型	数量	比例 /%
海滨景色—变糟	171	38
交通拥挤—变糟	157	34
空气质量—变糟	101	22
气味—变糟	85	19
噪声污染—变糟	60	13
生活水平—变糟	49	11
无影响或住得太远影响不到我	48	11
其他（消极的）	48	11
交通事故的风险—增加	47	10

表 5.8　对问题 1 的积极回应

答案模型	数量	比例 /%
空气质量—变好	218	38
无消极影响—仅是建造时间	213	37
气味—变好	117	20
周围的垃圾数量—变好	105	18
生活水平—变好	73	13
其他（积极的）	70	12
噪声污染—变好	53	9
无影响或者由于我住得太远而影响不到我	48	8
就业机会—增加	48	8
不知道或不确定或无观点	36	6
交通堵塞—变好	26	5
新位置—好	19	3
爆炸的风险—降低	17	3
积极影响—发电	17	3
步行或骑自行车的容易度—更好	12	2
交通事故的风险—降低	11	2
海滨景色—更好	10	2
积极影响—鼓励回收利用	9	2
财产价值—增加	1	0

一些回复选择的都是“其他”，这些主要是指需要进行废物回收和利用、焚化炉的外观或者它应该被安置在其他地方。对社区来说最重要的问题是：回收利用的机会、交通和对更多信息的需求。由于选址并非位于居住区，所以对建设的担忧很少。许多人认为尽管会有一些问题，但是不会影响到他们的健康。

表 5.9 列出了对问题 6 的回答。虽然大部分问题并不需要过分担忧，但显然有许多细节问题需要注意。

表 5.9 关于焚化炉健康影响的社区观点

答案模型	数量	比例 /%
没有潜在影响或不会影响到我	375	53
不知道或不确定	91	13
在生活质量或幸福感方面的变化	68	10
呼吸道疾病，如哮喘	68	10
改善或积极影响	66	9
其他	52	7
压力、抑郁或者精神疾病	47	7
癌症发病率增加	30	4
事故比率	21	3
循环系统混乱，如心脏病或者中风	17	2

只有不足 50% 的人口对泽西政府有“相当的”或“合理的”信心。然而，参与空气污染监测或加入管理委员会的机会，并没有得到强烈的支持。本次调查得出的最重要的信息是，需要更多定期的关于提案的交流，包括公开展览和参观工作设施的机会。所有这些将有助于对风险认知问题的掌握并增强信心。

5.12 分析

分析阶段的主要工作是把分散的信息和知识整合到一起，用以形成有利于提案的未来变化的报告。

分析过程从一个关于健康问题的宽泛列表开始，经过一系列的分类，到更窄的一系列需要额外注意和优先考虑的健康问题。必须做出决定，并证明其合理性。健康应该成为输出因素的优先考虑事项，不应出于行政或政治的方便而有所偏见，在第 4 章和第 7 章中有进一步讨论。

就像在 5.2 节讨论的那样，这个分析不需要是完美的，它仅仅是受欢迎的或容易理解的就可以了。不应当因为最佳方案的存在，而放弃其他好的方案。所有重要的问题都应该被考虑到，并且在健康保障和健康收益方面应该有所着重。要避免过多关注流行问题，尽管它们也很重要。例如，在一个贫困国家基础设施发展提案中，应该会有工业排放的来源，与这些排放相关的风险可能性会是 1 ∶ 1 000 000，然而由于腹泻引起的儿童疾病的当地风险可能性是 1 ∶ 10，所以分析应该首先考虑到这个提案是否会影响儿童腹泻发生的比率。在第 7 章中会讨论到优先顺序。

5.13　差距分析

差距分析是健康影响评价的一个重要组成部分。可获得的信息通常是不完整的，并且分配给获取新信息的时间太短。差距分析的目的是确定是否已经收集和分析了足够的信息以满足 HIA 的目标。

一般有三种主要的差距，这些在表 5.10 中均有说明：健康状况、知识基础和管理系统。

表 5.10　三种差距

差距类型	例子
健康状况	利益相关者所在社区的健康状态； 利益相关者所在社区中健康的主要决定因素
知识基础	提案种类与健康结果之间的联系
管理系统	相关管理系统之间糟糕的沟通

基准数据的差距将在第 6 章中讨论。在很多情况下信息不会太充足，不能准确地概括现有健康条件和社区需要的特性。基准数据差距的例子包括：

1）没有安全饮用水补给的家庭的百分比；

2）长期困难租户家庭的百分比；

3）当地媒介人群的农药耐药率。

其次，在关于不同种类的提案是怎样影响健康的知识方面也会存在差距。基础知识差距的例子主要包括：

1）绿色空间和健康之间的关系；

2）灌溉系统和疟疾之间的关系；

3）与提案和健康结果有关的因果途径。

通过本书可以查阅到大量关于此类关系的评论。

最后，在提案管理系统中也会存在差距。这一般出现在不同管理系统和行政管理的结合点。管理系统差距的例子包括：

1）倡议者和政府服务之间的结合点；

2）客户端与承包人之间的结合点；

3）职业健康服务和社区健康服务；

4）不同部门之间的跨部门协作，农业和健康；

5）倡议者和建筑公司之间的合同要求；

6）HIA 和 EIA 之间的结合点。

对于其中的一些差距的鉴定可能会带来具体的建议。差距通常会继续存在，因此必须提出一些假设。应该对此加以说明，以便读者能够自由选择赞同或反对。

一个管理系统差距的例子

某个房东维护着一个详细的数据库，其中记录了房屋的位置和状况，却没有关于居住者的信息。有改善房屋条件的计划，却没有系统可以确认哪些租客是处于弱势的。

5.14 政策分析

健康影响评价通常是在一个特殊政策背景下提出。比如第 1 章提到的国际层面，可能是赤道原则或者阿姆斯特丹条约。对于空气质量和其他项目也有一些标准。在国家或当地层面，会有一些具体的政策报告。私人公司也会有中肯的政策。政策条例提供了一个提案必须遵守的框架，并且为在健康影响评价报告中提出的建议提供了公正的判断。

在工业化经济体中，如英国，可能需要分析很多政策文件。政策的变化比较快，文件的数量和种类也就很多，空间规划就是一个很好的例子。在国家层面会有政策规划报告，在当地水平上会存在当地发展框架和核心策略。在第 11 章中会提到更多。

5.15 因果模型

因果模型提供了一个分析提案和结果之间的原因链工具。第 2 章曾介绍过一个健康影响的因果模型。总之，一个提案能改变健康的决定因素，反过来又能改变健康的结果。这个模型承认，独立于这个模型之外的其他环境和社会方面的变化，也会改变健康的决定因素。

一些其他的例子在下面会有简短的讨论。

5.15.1　DPSEEA 模型

驱动因素、压力、状况、暴露、影响、行动模型（即 DPSEEA 模型）提供了一种替代方法，可以用来管理提案与健康结果之间的关系（WHO，2005）。它是以互动层级为基础，这在表 5.11 中有所总结。社会中的外部驱动因素改变生产的压力，这将导致环境状况的变化。暴露在有害物中的变化将给健康影响带来积极或消极的变化。该模型强调了在每个层面上都有可能的不同补救措施。在讨论健康的生物物理学决定因素时，比如污染，对该模型的使用最为频繁。例如，该模型已经应用到了运输政策方面的比较风险评估中（Kjellstrom et al，2003）。

表 5.11　DPSEEA 模型的组成成分

层次结构的交互	解释和例子
驱动因素	经济发展、人口增长、科技和饥饿
压力	在生产、消费和浪费方面
状况	包括污染水平、自然有害物质和资源可获得性的环境状况
暴露	社区暴露在风险的情况下
影响	在健康、发病率和死亡率方面的变化

这个模型也已经被应用到欧洲就业政策健康影响评价中（欧盟健康和消费者保护委员会，2004）。这个驱动因素就是政策；压力就是工作的灵活性；状况包括：身体工作环境，如工厂中的危害；心理工作环境，如工作控制；工作和生活的平衡，如对他人的关心。暴露包括意外、恃强凌弱的行为和药物滥用。影响包括身体的、心理的和社会的幸福感，包括一些心理疾病。很多专家认为，量化整个模型是不可能的。在苏格兰，相关人员正在对该模型进行修正，以便指导各种政策倡议（Margaret Douglas）。

5.15.2　公平模型

在澳大利亚和新西兰，已经建立起强调 HIA 每个步骤公平性的方法，这被称作公平导向型 HIA（CHETRE，未标日期）。最初的例子都来源于卫生部，在那里，健康公平是提案的具体目标。人们对如何确保 HIA 是以公平为导向这件事越来越感兴趣（见第 1 章）。

5.15.3 量化

依据预测模型进行量化，在本书中没有细致的讨论。这是一个专业性很强的课题，相关的文献也越来越多（比如 Veerman et al，2005；Bhatia and Seto，2011）。对健康影响评价进行量化主要有三种方法：

1）统计回归方法；

2）量化风险评估；

3）动态人口健康模型。

5.15.3.1 回归模型

回归模型是指使用线性或非线性的函数来建立一个统计剂量效应。图 5.4 中的 S 形曲线是有毒物质的剂量和健康受影响人数之间代数关系的一个基本例子。数据一般是从动物实验或者其他来源中获得，以便决定曲线的基本形状。随之产生的一个数学公式，可以用来推断产生一个可忽视的反应所需的剂量。在许多情况下，并不存在反应为零的最小剂量。这个曲线的形状来源于大多数人对一种有毒物质的平均剂量有反应的事实。总会有一些人比一般人更敏感，也会有一些人较为不敏感，健康影响评价应该考虑到影响的分散性。

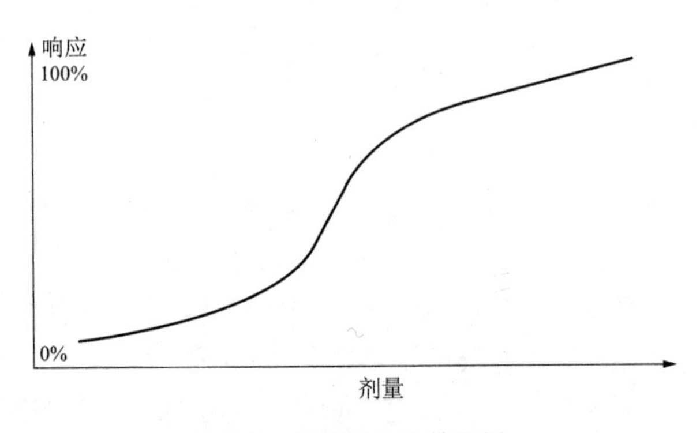

图 5.4 剂量反应函数案例

一般来说，相似的数学函数对许多健康的决定因素并不适用。利用回归方法可以证明存在联系，但无法证明是因果关系。在流行病学中也用到其他工具来建立因果关系。已经建立的完善的因果关系的典型例子包括：大气悬浮微粒的密度与心血管疾病的发病率之间的联系；国家酒精的销售量与重大事故发生率之间的联系。

5.15.3.2　量化的风险评估

量化风险评估将剂量反应关系和人口暴露分布相结合，用以估计源自该风险因素的疾病负担。定量风险评估的四个主要步骤是：

1）有害性确定；

2）剂量反应关系；

3）暴露评估；

4）风险表征。

经济评估通常会增加一个步骤。

一个最近的评估检测了在健康影响评价中使用定量风险评估的强度和弱点（O'Connell and Hurley，2009）。结果表明，在可能的情况下，健康影响评价应该使用一系列的定量和定性证据。在政策层面，需要更多地考虑定量证据。定量风险评估方法可以用来为与各种有害物质有关的健康风险提供点和范围的评估，如为空气质量设置标准。这种方法基于对一个已经提出的政策是怎样影响人群暴露水平的评估。定量风险评估通常来源于剂量反应、暴露反应和密集度反应函数。当大范围的健康结果可能受到影响时，就会使用一个总结性的健康方法，如在第 2 章中讨论过的 DALY。这些可以和经济成本结合起来，产生成本效力或成本收益分析，如下所述：经常会有许多不确定因素，但是这些因素本应该是明确了的。当流行病学证据基础非常牢固时，这些方法是非常有效的。例子主要有：室外污染和全因死亡率；逐渐升高的血压水平和神经发育障碍；与各种其他的重金属有关的风险。然而，很难获得足够好的数据，尤其是关于住院率和其他发病率指标的数据。在一个关于定量健康影响评价当前状况的国际健康影响评价会议中，重申了现在仍然缺乏可靠数据，甚至缺乏关于欧盟主要健康问题的数据这一事实（Mackenbach and Llachimi，2009）。

欧洲已经有一系列大规模的研究运用了定量风险评估。例如，针对欧洲 23 个城市的死亡数量与潜在寿命，动植物卫生检查局估算了长期暴露在微尘中的健康影响（Medina et al，2004）。欧洲洁净空气组织确定了欧盟空气污染降低的经济影响（CAFE，2008），收益成本比在 4 ～ 14。这个估计和其他因素一同提醒了欧洲委员会，要致力于提出一个新的指示来控制好悬浮微尘问题（$PM_{2.5}$）。

也存在这样的问题：定量方法会使政策制定者忽视潜在的复杂性以及许多其他定性判断，而本来可以通过这些方法和判断推导出定量方法与函数。例如，货币价值必须被纳入过早死亡的考量因素中。定量风险评估方法的一个最重要的限制因素是与已经被定义的剂量反应关系有关的风险因素很少。大多数政策问题没有这些特点，可能仍然有必要将定性方法与定量方法相结合。

5.15.3.3 健康影响评价的动态模型

在健康影响评价中使用了很多预测性的定量模型。McCarthy 和 Utley(2004)描述了其中四种，其他的模型都是在此之后发展起来的。一个最近的例子就是 DYNAMO-HIA 程序（DYNAMO-HIA，2007）。这个程序的目的是发展一个基于网络的工具来估计欧盟政策的健康影响，通过它们对健康决定因素的影响来实现。根据该网站，这个工具将被用来估计吸烟、肥胖和酒精消费政策的影响。因此重点在于健康政策，而不是非健康政策对健康的影响。

一份最近的文件说明了定量模型在英国两个工程中的使用：飞机场和焚化场（Phillips et al，2010)。该文件利用 EIA 的正常结果，来估计人群聚集地的环境变量集中程度。这个方法曾经用来估计空气污染、噪声以及与工程运行有关的道路交通事故的健康影响。

这个焚化场位于市区，有近 5 500 000 人遭受空气污染和交通问题的困扰。飞机场位于乡村，将近 55 000 人遭受空气污染、道路交通和噪声问题的困扰。必须考虑的污染物是 PM_{10}、$PM_{2.5}$、NO_2 和空气中的致癌物质。对一些健康措施来说，人群暴露单位变化相关的风险百分比变化在早期的研究中就已经确定。健康影响的基准比率是以平均人口为主，包括慢性支气管炎、需要住院的心血管疾病、呼吸道疾病、下呼吸道的一些症状、死亡、受限活力日或生命损失年、非外伤死亡、忧虑、失眠和阅读能力下降。对人们来说，暴露在空气污染物和噪声中是环境状况造成的，暴露在污染物中的人的健康影响的变化是可以估计出来的。新增加的道路事故直接以额外出行的汽车数量计算。

模拟的结果显示，与焚化场空气污染相关的健康影响是非常小的，并且在正常的环境下无法发现。该文件也包含了许多附加说明，这些对于理解在工程方面使用该方法的当前价值和限制有重要作用。

5.15.3.4 经济模型

许多经济模型都可能适用于健康影响评价，但这是一个很大的话题，本书不作详细探索。关于成本收益、成本效率和支付意愿的问题，见第 7 章的讨论。

生活模型为概念化提案的健康影响提供了一个实用的方法。在这个模型中有五种固定资产形式（Carney，1998；Birley，2002)（见表 5.12)。提案可以把这些固定资产从一种形式转化为另一种形式。例如，劳动力、金钱和机械可以转化为自然资产；煤矿也可以转化为经济资产。提案可以改变生活，增加资产。这个模型提供了对健康决定性因素进行分类的另外一种办法，这个办法在经济模型中可能会很有价值，它有助于确保经济分析考虑到外部效应，如环境破坏和社会支持结构的瓦解。

表 5.12　固定资产的形式

固定资产的形式	说明	低收入国家的观点示例
自然资本	自然资源贮藏，其流动对于生计很有用	环境健康决定因素，例如，自然病媒滋生地点、动物群、饮用水资源、废水沉井、食物供给以及获取野生食物和收集燃料所需行走的距离
金融资本	人们可获得的自然资源并且给他们提供了不同的生计选择	就诊行为、药品购买、食品安全、传染病药品购买障碍、保险、抵御与疾病有关的生产损失的储备、从外部汇款、银行与储蓄
实物资本	基本公共设施以及生产设备和方法，确保人们的生计	饮用水交付、交流路线、健康中心、机械、船只、引水建筑、灌溉系统、住房质量
人力资本	追求不同的生计策略所必需的技能、知识、劳动能力和良好的身体素质	良好的健康；免于害怕、疼痛和痛苦；幸福；教育方面的成就；女性和少数人群权利的赋予；机构内负责保护健康的人员的能量与能力，包括健康中心；促进健康的知识、信念、态度和行为；季节性工作调动
社会资本	社会资源（网络、社会要求、社会关系、联盟、社团），人们借以追求不同的生计策略，这些策略需要协调行动	传统的针对水、野生食物和土地权利的冲突，会导致创伤、营养不良和不确定性；分配机制；邻居、社区供给

5.15.4　因果树状图、网格图和流程图

因果模型遵循健康决定因素链的影响。一个决定因素改变另一个决定因素，看似完美，这有时被称作决定因素的决定因素，或者更进一层的决定因素。它们可以通过使用流程图或概念图或因果树形图得到，这有助于假设的形成。

例如，前瞻计划已经绘出了健康决定因素的复杂网格图，那些都是导致肥胖的原因（Butland et al，2007；Vandenbroeck et al，2007）。这个图的发展是为了帮助理解肥胖的复杂系统结构，帮助政策制定者形成、确定和测试政策选择。

图 5.5 描绘了一个关于疟疾传播增长的因果关系树状图，使用了一个蝴蝶结模型，这个模型在第 2 章中介绍过。它的双翼代表的是原因和结果，中心点指的是最高、最主要或最重要的事件。这个重要事件是某些需要预防的事情，例如，疟疾的传播。这是一个次要原因网的结果，其中许多因素必须同时发生，这样才能引起主要事件的发生。如果主要事件发生了，那一定是一个复杂网的结果。这个模型用来制订措施，以防止所有的次要原因同时发生，并且用来制订关于

应急行动的措施，如果预防措施失效，那么这就非常需要了。也许需要建立类似的一个例子来证明结论的合理性，即存在日益增加的疟疾风险和难以接受的后果。通过图的左侧可以看出，这个提案改变了一些健康决定因素。这些变化的一个综合影响是在疟疾传播方面的变化。如果疟疾传播增加了，那么会对这个社区产生一系列影响，其中包括发病率、死亡率、教育损害、生产损失和政府医疗服务的花费；对提案也会造成一定的影响，包括名声损害、招待花销和劳动力短缺。

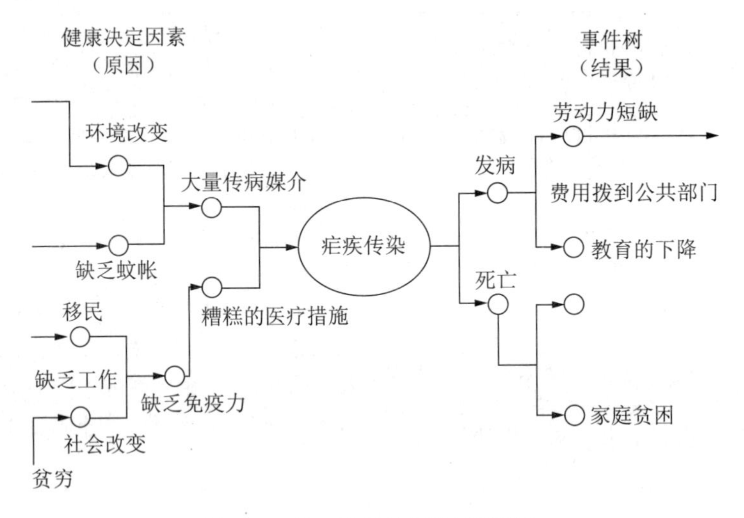

图 5.5 疟疾案例因果关系树状图

图 5.6 说明了在一个热带贫穷的城市边缘地区，家庭固体垃圾管理和健康结果之间的一些联系（Birley and Lock，1999）。它的建立是为了分析固体废弃物管理的健康影响。丝虫病和登革热都是在温暖气候中出现的蚊虫传播疾病。中毒和爆炸的风险在一些管理落后的地区还是存在的。废弃物经常会吸引一些捡拾废品的流动人口，他们依靠废品回收来维持生计，但是却暴露在各种各样的健康风险中。

健康影响评价方法网站（APHO，未标日期）列出了主要决定因素和健康之间多样联系的因果图。在写作本书时，这些因素包括噪声、气候变化、跑道扩展、交通拥挤、繁重的运输计划、就业、环境建筑、回收废品、城市边缘地区自然资源开发、交通基础设施、运输政策、新市场、生活工资条令、医院建设和酒精政策，也有采矿业方面的例子（ICMM，2010）。

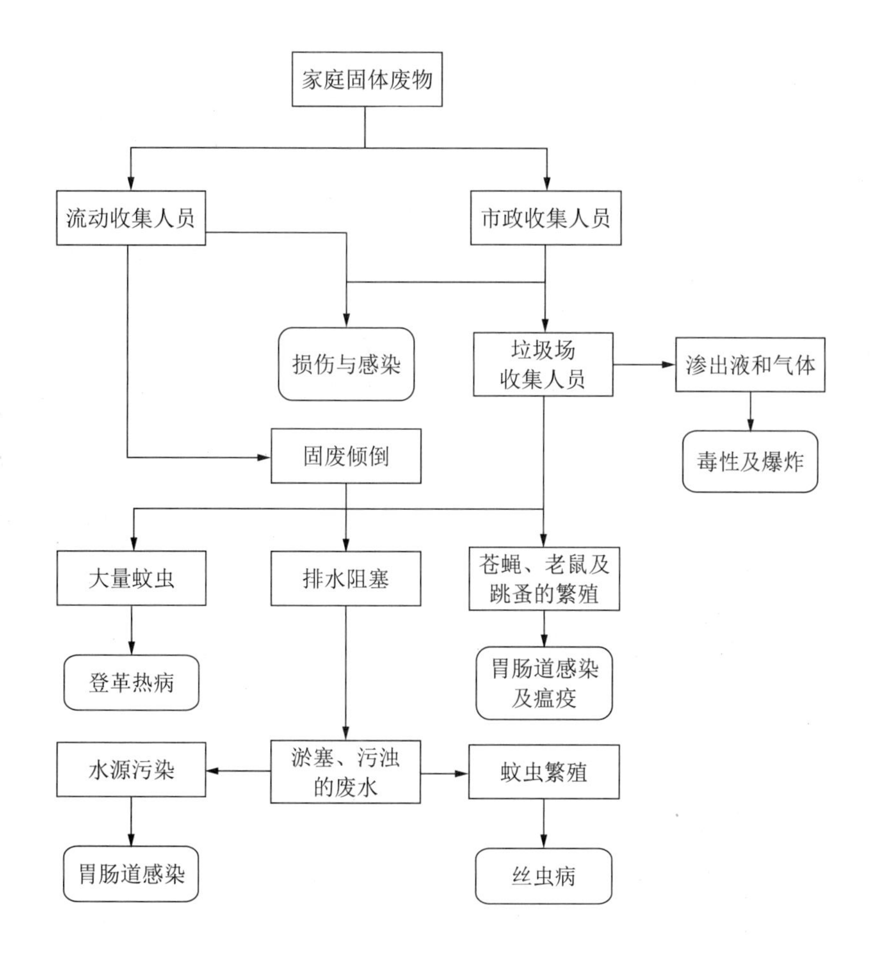

图 5.6　热带环境中的国内固废管理和健康结果之间关系流程图

5.15.5　传染病学

传染病学工具提供了过去、现在和将来的人口健康状态的可比数据。这是一个非常大的课题，研究这一方向的专家也很多。健康影响评价从业者不一定是流行病学方面的专家，但必须掌握基本的原则。

传染病学具有描述性、分析性和预测性的特点。一个描述性传染病学的例子是人口的寿命期望值。这是一个简单的统计数值，它统计的是从零到最大的可能年龄之间每一个年龄组的死亡人口比例的信息，依靠的是国家政府对死亡年龄的准确记录。许多数据来源并不精确，例如，乡村地区可能不会记录婴儿死亡。

分析性传染病学使用统计学工具，用于比较不同社区或者同一社区不同时间的健康状况。它回答了此类问题：是否有明显的证据证明那些暴露在这个工厂排放物中的人比其他人更容易生病？为了获得科学且强有力的结果，许多可能的有偏见的来源需要被确认和控制，且不得不使用相对较大的样本。这个过程花费很大，需要专家来进行，且无固定程序可循。为了达到比较的目的，基准数据的采集需要符合这些标准。

表 5.13 展示了一个通用的统计工具，它可以把提案的结果做一个事前事后的对比。四个单间里包含了来自两个样本社区的人，在其中一个社区里展现了这个提案，而另一个社区里没有展现。然后清点每个社区中具有确定健康结果的人数和不具有确定健康结果的人数。这个数据是否表明：这个提案已经影响了社区健康？无效假设是指所有四份调查的测试变量有着相同的频率。换句话说，我们最初假设的位置和提案与疾病发病率的区别没有联系。统计检验，如差异比或者卡方检验，用来检验提案和结果之间联系的显著性。该显著性是用偶然观察到同一事件的概率来描述，如果这个概率小于 5%，那么这个联系通常被认为是显著的。有联系并不能证明存在因果关系，传染病学专家使用了一系列不同的工具来判断是否存在因果关系。因为也可能有其他的解释。例如，受到提案影响的人可能来自不同的种族或社会阶层。

表 5.13　2×2 关联表的例子

健康结果	提议	
	有提议	没有提议
有结果的人数	12 549	4 312
没有结果的人数	891	32 765

预测性传染病学使用模型来预测在未来人群中某种疾病流行的比率。这个预测基于对以往信息和原因与结果的数学关系的统计分析。这种数学关系可能是根据经验得出的，如线性回归；也可能是推断出来的，如一系列不同的耦合恒等式；一个电脑模拟的模型也可能会用到。在有些情况下，当涉及大量人口时，模型具有很强的预测价值，这一点已经得到证实，尤其在政策制定方面很实用。

目前有很多关于流行病学的标准文本，包括评估指南、环境健康风险评估的流行病证据的使用（WHO，2000）。

5.15.6　事前事后对比的设计

健康影响评价的目的并不是进行事前、事后对比，就像 5.2.5 节讨论的那样。然而，委托方有时也会要求这样做，此时可能也需要统计设计的概览。

5.15.6.1　统计设计的原则

样本调查的设计必须能够实现目标。设计还必须致力于解决样本大小、控制和混杂变量等问题。恰当的设计通常是复杂和昂贵的，它能够检测出在短期或小规模人口中疾病发病率变化的重要意义。一个好的设计也应该强调诸如如何选择样本、可能的选择误差等此类的问题。另外，也应该考虑年龄段和性别方面群组的可比性。

设计应该能够判断观测到的变化是否为提案的结果，或者是否为其他类似因素的结果，如社会或环境的变化。

5.15.6.2　抽样规模

人口抽样调查，就是为了判断一个提案是否已经改变了健康风险。假设样本是随机抽取的，且遵循下面的原则：为了发现一个小的变化你需要一个大的抽样规模，反之亦然。

统计学家制定了一个法则来确定在不同情况下所需的样本规模。这个法则考虑到了两种错误的重要性：没有变化的时候发现了变化和当有变化的时候没有发现变化。第一种错误将会有益于一个竞选组织去寻找并掌控一个对疾病发生率变化负责的公司；第二种错误将会便于一个公司寻找到不需对疾病发生率变化负责的理由。

表 5.14 表明这个样本规模需要有一些假定（重要性等级，设计的影响和试验时所用的指数）（Fleis，1973；Antcliffe，1999）。如果有一个基础发病率为 5% 的疾病，有人担心这个提案可能会让该疾病的发病率增长到 10%，那么为了检测到变化的存在，每次调查都需要规模为 1 064 的样本。对于 1 ∶ 1 000 000 规模的影响，相应的就需要更大的样本规模。为了防止样本规模比人群规模更大，

表 5.14　需要抽样的规模（重要性等级 =1%，指数 =0.95）

第一人口比率 /%	当第二人口比率是 5% 时的抽样规模
10	1 064
20	195
25	129
30	94
40	39
50	40
60	29
70	22

有时需要通过数据累计的方法加以调整（Hansell and Aylin，2003），需要咨询流行病学专家。

一个好的调查报告会在事先详细说明需要被查明的变化的规模、所做的假定的规模和所需样本的规模。但在健康影响评价报告中往往找不到这些声明，这表明从业人员对调查设计没有足够的重视。

5.15.6.3 其他设计

病例对照提供了一种其他的方法，可以检测距离计划地点远近的差异。在被提议影响的人口中查明每一例疾病，均需从未被提议影响的人口中设置一个相对应的对照组（控制在 1 ～ 3 个）。这些研究都需要一名流行病学专家的帮助。

5.15.6.4 显著性水平

上述案例显示，对提案的健康影响做出完善的科学评估很复杂，既耗时又昂贵。科学研究中经常使用 5% 或者 1% 的显著性水平来确保发病率的变化并不只是偶然事件导致的。相比之下，健康影响评价的目的不是为了提供严格科学水平的前后对比。它是一个实用的程序，旨在保障和加强人类健康，提出公平公正的建议。因此，存在这样的情况：当一个调查作为健康影响评价的一部分时，应考虑使用 10% 的显著性水平。在这种情况下，样本规模更小，调查的耗时也随之降低。

5.15.6.5 分层抽样

为了避免偏差，统计样本中包括的人都应该随机抽选。然而，从所有人口中随机抽样意味着那些重要人群没有被抽样调查。为了纠正这个偏差，那些人首先被分配到各个人群中，然后在每个人群中随机抽样。表 5.15 提供了可能会被用到的人群的例子，以及可能与例子有关的背景。

表 5.15　分层抽样的例子和相关性

分层	例子
年龄	儿童幸存者
性别	贫血的女性
地点	城市和乡村供水，行政区
职业	工业癌症发病率
种族	族群之间的身体质量指数

5.15.7　错误分析

许多方法可能会从流行病学数据中得出错误的结论。例如，下列数据来自一份真实的健康状况报告（见表 5.16 和表 5.17）。

表 5.16　按年龄分组的疟疾和其他疾病原始数据

年龄分组	0 ～ 5	6 ～ 15	＞ 15	总计
疟疾	30	109	169	308
其他疾病	53	82	175	310
总数	83	191	344	618

表 5.17　显示不当的数据

年龄组	0 ～ 5	6 ～ 15	＞ 15	总数
疟疾	10	35	55	100
其他疾病	17	26	56	100

这一分析表明：相比于成年人，疟疾和其他疾病在孩子当中更少见。实际上，它仅表明样本中的儿童数量比成人少。在贫穷国家，大约有一半的人口是年龄在 15 岁以下的，所以在样本中儿童的数量不可能比成人更少。

表 5.18 更好地展现了数据。它表明，相比之下，疟疾在 0 ～ 5 岁的儿童中更不容易被诊断。儿童的患病比率可能更低，或者可能是诊断水平较为低下，因为仅凭临床症状，疟疾经常被误诊。

表 5.18　显示较好的数据　单位：%

年龄组	0 ～ 5	6 ～ 15	＞ 15
疟疾	36	57	49
其他疾病	64	43	51
总数	100	100	100

5.16　与提案相关的变化

在与提案有关的具体健康决定因素中，很可能存在许多变化。这些改变可能是积极或消极的，也可能有大有小。关于这些变化，也存在确定性水平的差异。更常见的情况是，这些变化以定性的方式加以确认，并以不确定的证据为基础。表 5.19 提供了总结这一争论的简便方法。这里介绍一个热带地区基础设施提案的例子，在这个地区，疟疾是个严重的问题。在建设阶段，因为传播疟疾的蚊子在此繁殖，物理环境在某种程度上发生了变化。如在非洲，有一种疟疾蚊子在多种雨水洼地中繁殖，包括车辙、洼地等。距离工地很近的人群很可能会受到影响——蚊子的飞行半径达几公里。结论的肯定性取决于施工是否在雨季进行。

表 5.19 关于健康因素改变的总结

健康决定因素的类别	具体的健康决定因素	提案阶段	受影响的人群	变化的方向和可测量性（可计算、可估算、定性）	肯定性（确定性、可能性、预测性）
个人 / 家庭					
物理环境	携带疟疾病菌蚊子的繁殖场所	建设	外围人群	可预计和可测量病菌媒介数量的增加	可能
制度					

该总结应该由更详细的解释来支持。解释应该在总结后面，这样使用者除非选择这么做，否则就不需要读。解释必须考虑健康决定因素的变化对健康结果的联合影响。例如，如果计划改变了环境，形成了更多蚊子的繁殖场所，如果存在易受感染的人群，但健康机构不能提供足够的保护，那么疟疾的风险会增加。

关于蚊子

在温暖的气候下，基础设施的发展会改变疟疾病菌携带者的数量。世界上大约有 50 种重要的携带疟疾病菌的蚊子，每个可能爆发疟疾的国家里有大约 2 种。不同的蚊子都有不同的习性，包括淡水和海水、阴凉处的水和阳光下的水、静止的水和流动的水、室外叮咬和室内叮咬、黄昏时叮咬和深夜里叮咬、室内休憩和室外休憩。所以，树林中央的空旷地会促进当地蚊虫的繁殖，或者起相反作用。这需要专业的知识来进行判断。

这个例子里可能会有：

1）敏感的群体——外围村庄易受感染的人群，通常是儿童；

2）有限的资源——健康机构无法为社区提供足够的保护，社区则太过贫穷以至于不能保护自身；

3）整体的环境——国家无法负担控制疟疾的费用，以及携带病菌的蚊子数量和耐药性的增加；

4）变化的程度——疟疾影响的范围从 1% 增加到 10%；

5）缺乏缓解措施——没有针对社区疟疾问题进行预先的设计和考虑；

6）不确定性——关于蚊子的种类是否会增加。

我们的评估是基于这样的假设，即在解决健康问题的提案设计或行动中，没有包含特殊的缓解措施。我们对正常措施是否足以预防问题恶化这件事做出了判断。如果正常措施不足，预测的结论对于健康来说将是负面变化。如果我们的评估结果认为该变化很重要，那么我们必须建议采取特殊的缓解措施。此类建议将在其他章节中讨论。

在提案、健康决定因素和健康结果之间，分析之后会确定三种主要的联系：

1）没有意义的变化是可以预期的；

2）联系是如此复杂，以至于将健康决定因素和健康结果联系起来是不可能的。在这种情况下，健康决定因素本身的变化是唯一可用的；

3）联系是为了在健康因素的改变和健康成果的改变之间有一个清楚的关系。

5.17　神秘岛国的练习

在第 2 章和第 4 章的结尾练习中，我们介绍了一个位于神秘岛国（SAN SERRIFFE）的基础设施发展项目。

利用你能获取的关于这个项目的信息，包括你在之前练习中构建的健康决定因素列表，填写表 5.20。例如，在渔村的移民安置期间，单个家庭的健康决定因素会发生什么变化？假设该项目向移民社区提供高质量的住房、厕所、自来水，并达到了世界银行关于非自愿移民的标准。

表 5.20　简要地为实现与提案相关的变化做一个练习

健康决定因素的类别	具体的健康决定因素	项目活动	受影响的人群	变化的方向和可测量性（可计算、可估算、定性）	肯定性程度（确定性、可能性、预测性）
个人 / 家庭					
环境的					
制度的					

高级练习：对神秘岛国项目有关的健康问题，分别总结一个积极变化的结论、一个没有变化的结论和一个消极变化的结论。

5.18 注释

1）感谢 IMPACT 的 Andy Pennington 对我的提示；

2）这个例子是简化之后的，因为在现实中积极和消极的健康影响可能是混合在一起的，并且可能需要对其做出相应的取舍。

参考文献

Antcliffe, B. L. (1999) 'Environmental impact assessment and monitoring: The role of statistical power analysis', *Impact Assessment and Project Appraisal*, vol 17, no 1, pp33–43

APHO (Association of Public Health Observatories) (undated) The HIA Gatewa, www.apho.org.uk/default.aspx?qn=p_hia, accessed July 2009

Audi, R. (1998) *Epistemology*, Routledge, London

Bhatia, R. and E. Seto (2011) 'Quantitative estimation in health impact assessment: Opportunities and challenges', *Environmental Impact Assessment Review*, vol 31, no 3, pp301–309

Birley, M. H. (2002) 'A review of trends in health impact assessment and the nature of the evidence used', *Journal of Environmental Management and Health*, vol 13, no 1, pp21–39

Birley, M. H. and K. Lock (1999)*The Health Impacts of Peri-urban Natural Resource Development*, Liverpool School of Tropical Medicine, Liverpool, www.birleyhia.co.uk/Publications/periurbanhia.pdf

Birley, M., D. Abrahams, A. Pennington, F. Haigh and H. Dreaves (2008) 'A prospective rapid health impact assessment of the energy from waste facility in the States of Jersey stage 2', University of Liverpool, Liverpool, www.liv.ac.uk/ihia/impact%20reports/energy_from_waste_stage_2_-_final.pdf

Butland, B., S. Jebb, P. Kopelman, K. McPherson, S. Thomas, J. Mardell and V. Parry (2007) *Tackling Obesities: Future Choices*, www.foresight.gov.uk, accessed September 2009

CAFE (2008) 'Clean air for Europe, cost benefit analysis', www.cafe-cba.org, accessed June 2010

Carney, D. (ed.) (1998) 'Sustainable rural livelihoods, what contributions can we make?'. Department for International Development, London

Chambers, R. (1983) *Rural Development: Putting the Last First*, Institute of Development Studies, University of Sussex, Brighton

CHETRE (Centre for Health Equity Training, Research and Evaluation) (undated) 'HIA Connect, building capacity to undertake health impact assessment', www.hiaconnect.edu.au/index.htm, accessed September 2009

Critchley, R., J. Gilbertson, G. Green and M. Grimsley (2004)*Housing Investment and Health in Liverpool*, Centre for Regional Economic and Social Research, Sheffield Hallam University, Liverpool

DYNAMO -HIA (2007) 'Dynamic Modelling for Health Impact Assessment', www.dynamo-hia.eu/root/o14.html, accessed December 2009

EC (European Commission) Health and Consumer Protection Directorate General (2004) *European Policy Health Impact Assessment: A Guide*, http://ec.europa.eu/health/ph_projects/2001/

monitoring/fp_monitoring_2001_a6_frep_11_en.pdf, accessed July 2009

Fleis, J. L. (1973) *Statistical Methods for Rates and Proportions*, Wiley, New York

Gilbertson, J., G. Green and D. Ormandy (2006) 'Sheffield decent homes health impact assessment', Sheffield Hallam University, Sheffield, www2.warwick.ac.uk/fac/soc/law/research/centres/shhru/sdh_hia_report.pdf

Hansell, A. and P. Aylin (2003) 'Use of health data in health impact assessment', *Impact Assessment and Project Appraisal*, vol 21, no 1, pp57–64

Herbertson, K., A. Ballesteros, R. Goodland and I. Munilla (2009)*Breaking Ground: Engaging Communities in Extractive and Infrastructure Projects*, World Resources Institute, Washington, D C http://pdf.wri.org/breaking_ground_engaging_communities.pdf

ICMM (2010)*Good Practice Guidance on Health Impact Assessment*, International Council on Mining and Metals, London, www.icmm.com/document/792

Kjellstrom, T., L. van Kerkhoff, G. Bammer and T. McMichael (2003) 'Comparative assessment of transport risks: How it can contribute to health impact assessment of transport policies', *Bulletin of the World Health Organization*, vol 81, pp451–457, www.scielosp.org/scielo.php?script=sci_arttext&pid=S0042-96862003000600016&nrm=iso

Mackenbach, J. and S. Llachimi (2009) 'Quantitive health impact assessment: Where do we go from here?, Presented at HIA Conference 2009, Rotterdam.

McCarthy, M. and M. Utley (2004) 'Quantitative approaches to HIA', in J. Kemm, J. Parry and S. Palmer (eds) *Health Impact Assessment: Concepts, Theory, Techniques and Applications*, Oxford University Press, Oxford

Mcintyre, L. and M. Petticrew (1999) 'Methods of health impact assessment: Aliterature review'. University of Glasgow, Glasgow

Medina, S., A. Plasencia, F. Ballester, H. Mucke and J. Schwartz (2004) 'Apheis: Public health impact of PM_{10} in 19 European cities', *Journal of Epidemiology and Community Health*, vol 58, no 10, pp831–836

Mindell, J., A. Boaz, M. Joffe, S. Curtis and M. Birley (2004) 'Enhancing the evidence base for health impact assessment', *Journal of Epidemiology and Community Health*, vol 58, no 7, pp546–551, http://jech.bmjjournals.com/cgi/reprint/58/7/546.pdf

Mindell, J., J. P. Biddulph, A . Boaz, A. Boltong, S. Curtis, M. Joffe, K. Lock and L. Taylor (2006) *A Guide to Reviewing Evidence for Use in Health Impact Assessmen*, www.lho.org.uk/viewResource.aspx?id=10846, accessed February 2011

NICE (National Institute for Clinical Excellence) (2008)*Social Value Judgements: Principles for the Development of NICE Guidance*, second edition, NICE, London www.nice.org.uk/aboutnice/howwework/socialvaluejudgements/socialvaluejudgements.jsp

O'Connell, E. and F. Hurley (2009) 'A review of the strengths and weaknesses of quantitative methods used in health impact assessment', *Public Health*, vol 123, no 4, pp306–310, www.sciencedirect.com/science/article/b73h6-4vxjw0j-3/2/230e9cb507bb95c878fb4cfa05b1b991

Pennington, A., H. Dreaves and F. Haigh (2010) 'A comprehensive health impact assessment of the City West housing and neighbourhood improvement programme', IMPACT, University of Liverpool, Liverpool

Phillips, C., M. McCarthy and R. Barrowcliffe (2010) 'Methods for quantitative health impact assessment of an airport and waste incinerator: Two case studies', *Impact Assessment and Project Appraisal*, vol 28, no 1, pp69–75, doi:10.3152/146155110X488808

Schum, D. A. (1998) 'Legal evidence and inference', in *Routledge Encyclopedia of Philosophy, Version 1.0*. Routledge, London and New York

Scott-Samuel, A., M. Birley and K. Ardern (2001) 'The Merseyside Guidelines for health impact assessment', www.liv.ac.uk/ihia/IMPACT%20Reports/2001_merseyside_guidelines_31.pdf

Thomson, H., M. Petticrew and D. Morrison (2001) 'Health effects of housing improvement: Systematic review of intervention studies', *British Medical Journal*, vol 323, no 7306, pp187–190, www.bmj.com/cgi/content/abstract/323/7306/187

Vandenbroeck, P., J. Goossens and M. Clemens (2007) *Foresight Tackling Obesities: Future Choices – Building the Obesity System Map*, Foresight, London, www.foresight.gov.uk

Veenstra, G. (1999) 'Different wor(l)ds: Three approaches to health research', *Canadian Journal of Public Health*, vol 90, no S18–S21, ppS27–S30

Veerman, J. L., J. J. Barendregt and J. P. Mackenbach (2005) 'Quantitative health impact assessment: Current practice and future directions', *Journal of Epidemiology and Community Health*, vol 59, no 5, pp361–370, http://jech.bmj.com/content/59/5/361.abstract

WHO (World Health Organization) (1999) 'Environmental health indicators: Framework and methodologies', WHO, Geneva, http://whqlibdoc.who.int/hq/1999/who_sde_oeh_99.10.pdf

WHO (2000) 'Evaluation and use of epidemiological evidence for environmental health risk assessment, guideline document', WHO Regional Office for Europe, European Centre for Environment and Health, Bilthoven Division and International Programme on Chemical Safety, Copenhagen

WHO (2005) 'The DPSEEA model of health-environment interlinks', www.euro.who.int/ehindicators/indicators/20030527_2, accessed November 2009

World Bank (2001) 'Safeguard Policies, Operational Policy 4.12: Involuntary resettlement', http: /web.worldbank orgl/wbsite/externall/projects/extpolicies/ext safepollo,,menupk: 584441~pagepk:64168427~pipk: 64168435~thesitepk: 584435, 00. html, accessed October 2006

第 6 章
基准报告

本章内容提要：

1）阐述基准报告的目的和内容；
2）区分国际和国内提案、健康影响评价与健康需求评价这几个概念；
3）详细阐释信息的来源；
4）阐释管理可用信息差距的方法；
5）探讨初期数据收集的困难。

6.1 引言

为了了解一个提案在未来可能产生的影响，在健康影响评价中会用到不同种类的证据，这些已在第 5 章中做过介绍。其中的一种证据就是基准报告，它是关于提案地区目前的健康、社会与环境状况和已知的类似提案所带来影响的一种证据。就像之前章节中描述的那样，基准报告早期的目的是帮助分析健康影响因素，同时促进对能够缓解和增强健康的措施的规划。

基准报告同样有助于了解社区现有的健康需求或健康需求评价（HNA）。健康需求评价独立于任何发展提案之外（Wright et al，1998；NICE，2005），一份健康需求评价可能会被倡议者用于规划社会投资项目，而这些改善社区健康状况的项目是独立于提案的影响之外的。例如，一份修路的提案也许对附近社区的家庭用水供应毫无影响，但是社区的水供应可能本来就不充足，因此倡议者可能会提出一项社会投资项目以改善这种情况。提案倡议者们有时会把计划中的社会投资项目列为其商业案例的一部分，这在第 1 章中曾探讨过。

倡议者们通常会这样设想基准报告的第三种目的：他们希望做出利益相关者团体的健康状况的前后对比，以证明提案对利益相关者的健康产生了积极的影响，或者至少不会产生不利影响。不幸的是，以科学的或者说合法稳健的方式实现这一目标所要求的细节水平，已经超过了健康影响评价力所能及的范围。就像在第 5 章中探讨的那样，它可能需要进行一项花费高、周期长且复杂的流行病学研究。而且这种低成本且稳健的前后对比，仅在已经定期收集了高质量的健康数据的国家具有实际意义。健康影响评价的顾问自己喜欢进行事前与事后的对比，以便了解工作实效。然而，当健康影响评价完成之后，顾问通常不会再继续参与提案，因此他们不能在后期返回到项目中再来开展对比的工作。

鉴于该目标的实施存在着很大的问题，因此本书用图 6.1 对此加以阐明。基准报告可以在进行影响评价时被用于对健康减缓与增强措施的规划之中，也可以在进行需求评价时用于规划社会投资，但不大可能用于与未来进行对照。

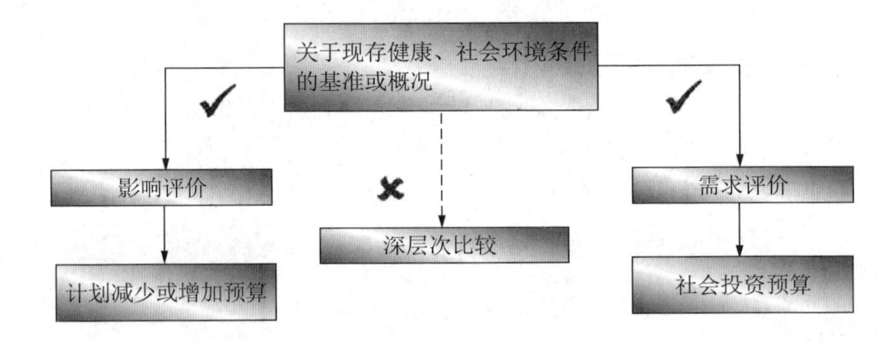

图 6.1 对第三种目的所引发的困惑的解释

6.2 基准分析的组成部分

基准报告的主要组成部分为：

1）文献综述；

2）健康简况；

3）差距分析；

4）调查；

5）研究；

6）已出版及未出版的报告；

7）重要信息提供者的观点；

8）受影响团体及其他利益相关者的观点。

为了编写现有社区及其健康需求的简况，基准报告将国际的、国内的、地区的和当地的健康状况和健康决定因素结合在一起。

证据的确定性程度可能在确切与推测之间波动，而其可测量性程度则可能在定性与定量之间波动。证据往往存在着不足之处，因而对这些未覆盖的方面不得不做出假定，如果假定非常明确，则该假定是可以接受的，从而读者能够决定是否同意这一证据。反过来说，这有助于分析影响和需求，以及合理建议的后续发展。

基准分析的程序会因环境的不同而变化。为了解释这一点，我们对一份英国当地的提案和一份低收入国家的国际提案进行对比。

6.2.1　英国的基准数据

在英国，健康影响评价可以委托给当地的健康影响评价专家来做，他们早已掌握了许多高质量的、可定期收集的可用健康数据。公众可通过由政府机构维护的网站获取这些数据，并且这些数据已经经过整理，以确保达到超级输出区域水平（一种邻域）（DCLG，2007a，2007b，2007c）。健康和计划数据经常共享同一地理界限，并创建共同的数据集合。公众健康观测站可以提供详细的健康简况（如西北公众健康观测站，未标日期）。社区之间的健康指标和结果对比可长期进行。示例见 6.3.1 节。

尽管有充分的资料来源以及大量的科学探索，但数据仍旧不完整，许多重要差距仍会被识别出来。

6.2.2　低收入国家的基准数据

在本书中，国际提案是指在承包方国家之外进行设计并管理的提案，此类国家通常为低收入国家。低收入国家的公众健康数据在数量和质量上与高收入国家（如英国）的数据较为不同，而且通常存在较大的差距。基准报告可以分为三个主要阶段（详细阐释见表 6.1）。第一阶段很可能是在国际层面进行，在这一层面，很多的可用数据都是由大量的人口信息聚合而成，但也可以查到关于特殊地域专门调查的学术刊物。类似的，国内提案指的是在国内进行设计和管理的提案。

表 6.1　国际提案的基准信息来源

层面	信息来源范例
国际	网络：健康和发展的数据；国际学术刊物
国内	政府部门未公布的报告、医院和诊所的年度统计总结、大学研究项目、民间组织报告、全国和地区网站、国内学术刊物
地方	公众健康专家、医药从业者、护士、药剂师和治疗师、地方政府部门

一份国际提案基准报告的准备需要至少三次相应的流程（见图 6.2）。而国内提案基准报告的准备除了不要求第一次流程外，其他都与前者类似。图 6.2 对具体的流程进行了描述。

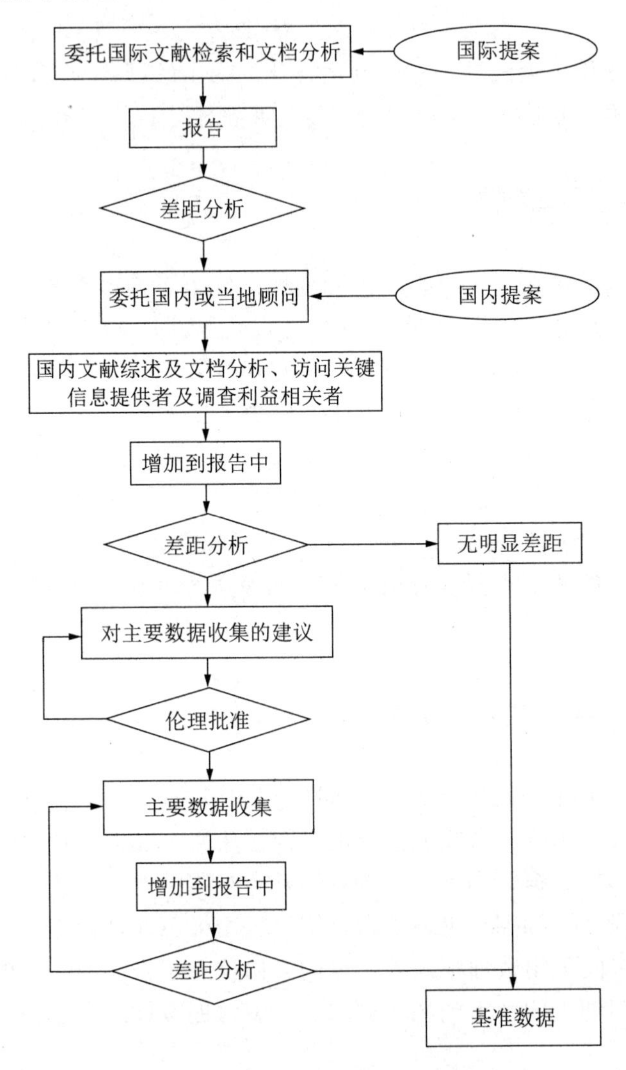

图 6.2　编制基准报告所需的迭代步骤

6.2.3　文献综述和缺口分析

对于所有类型的基准报告来说，编制基本报告的一个通用的做法就是对已出版和未出版的文献进行评估。而健康影响评价的分析也同样需要这种工具，这在第 5 章中已经做过探讨。可获得的信息通常是不完整的，在第 5 章中介绍的“缺陷分析”，是为了判定“缺陷”是否重要以及是否需要纠正措施。“缺陷”出现在健康影响评价中无法获取报告或没能收集到数据的环节，“缺陷分析”将列出这些“缺陷”，并提出接下来需要采取的措施，这些措施可能是进一步的文献综述、进一步的调查或加强相关领域的研究。

6.2.4 “缺陷分析”范例

表 6.2 描述了我从事国际顾问工作时进行的一次简易的“缺陷分析”。一位在巴基斯坦从事相关项目的国内顾问委托我为其制作一份基准文献综述。从“缺口”的数量判断，可以得出这样的结论：文献综述的范围仍然不足。

表 6.2 “缺陷分析”总结

文献综述中的“缺陷”	关联的一些问题
食品安全与食品保障	营养不良与贫血的决定因素
腹泻和其他肠胃感染性疾病	幼儿发育不健全、营养不良与贫血的决定因素
利什曼病带菌者及其分布	判定工程是否处于利什曼病感染区的范围内
道路交通事故及其他伤害	工程建成的道路
性别不平等与其他类别的不平等	营养不良与贫血的依据
传统治疗师的角色	对当地健康需求的了解
精神疾病	对社区幸福指数快速变化的影响因素的了解
区域内相似社区的健康专项报告	对典型被遗弃社区的特殊健康需求的了解
按照性别和成人 / 儿童区分国家、区域、地区级地方水平的患病率和死亡率的十大成因列表	理解当地的优先权
对国家医疗数据出现不准确和偏差的情况进行的讨论	推断数据的可靠性
基于年龄、性别、生态系统及社会的指标分布情况	人口健康指标隐藏了社区群体间的重要区别与不平等性

其中的一个“缺陷”与一种名为利什曼虫的病媒传播疾病有关，而这位国家顾问进行的文献综述并没有提到利什曼虫。一项关于利什曼虫的网络调查具有 103 000 次的网页点击数。利什曼虫是一个重要的健康关注问题，因为工程扰乱了其栖息地，这可能会影响周围地区利什曼病的发病率。

6.2.5 国际信息

国际基准报告的第一步是使用互联网进行初步的研究，具体步骤在图 6.3 中进行了总结。

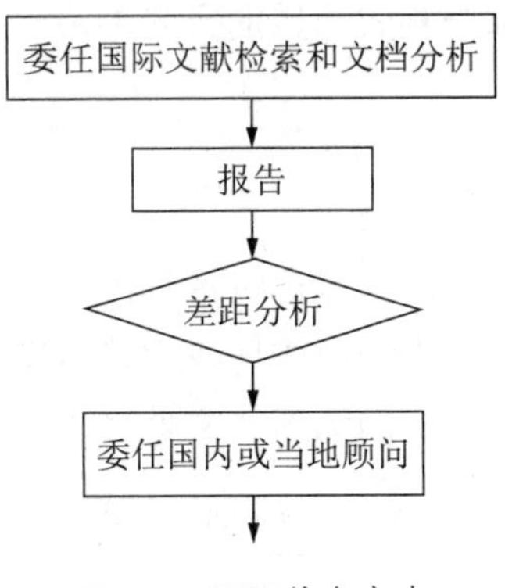

图 6.3 国际信息审查

许多基于互联网的国家数据和不同的指数可以用来比较不同民族之间的健康状况及其决定因素。例如，一个衡量人口健康状态的通用指标是出生时的预期寿命。需要注意的是，WHO 的数据只是对政府官方报道及采集于公共卫生中心的数据的合编。像所有的数据源一样，这些数据也存在一些固有的缺陷，但仍然有一定的价值。

表 6.3 分析了非洲一些地区的数据。这些数据没有换算成百分率，是因为我们对当地的人口总数不是很清楚。

表 6.3 世界卫生组织收集的典型数据—非洲地区的男性死亡率

年龄	总死亡人数	因感染和患寄生虫病死亡的人数
0 ～ 4	2 308 049	1 395 082
5 ～ 14	273 064	114 398
15 ～ 29	490 406	257 639
30 ～ 44	791 860	548 194
45 ～ 59	604 795	290 412
60 ～ 69	403 532	101 869
70 ～ 79	368 274	46 959
≥ 80	176 959	16 847

> **预期寿命**
>
> 在低收入国家进行的预期寿命统计表明，这些国家居民的一般预期寿命是 48 岁，但这并不意味着人们在 48 岁的时候都会死去，这只是说明儿童和青年人的死亡率相对较高。

6.2.6 固有误差

导致政府健康数据不准确的原因有许多，如政府的统计部门仅从公共诊所的就诊病人那里获得数据。在一些低收入国家中，国家的卫生预算很少，公众对于政府提供的卫生服务几乎没有信心，所以经常会选择私营执业医师进行治疗，这些执业医师包括正式的医生和传统的治病术士。而私营的医疗单位通常不会向政府统计部门提供统计性的数据。此外，出于政治因素的考虑，对于诸如艾滋病、霍乱这样的较为敏感的疾病，也可能存在故意的瞒报或漏报。同时，由于公共医疗单位中药品的供应没有规律，人们可能只有在得知药品已经就位的情况下才会考虑去公共诊所就医。

> **数据的不准确性——美国的一个例子**
>
> 美国艾滋病保健基金会于 2008 年称：
>
> “他们所报道的数字几年来一直都不准确，也一直错误地把美国的传染病描述成非传染的……”
>
> 路透社，2008 年 3 月 27 日

通常我们很难获取可信的人口总数统计数据，所以报道的疾病发病数量也就失去了意义，因为这些数据无法转换成百分比。可能死于疟疾的记录在案的人数有 10 000 人，但人口总数是 100 万人还是 200 万人呢？而且并不是所有死亡案例都会上报，比如新生的婴儿可能还没有起名字就被埋在了没有任何标记的墓地中。

政府诊所的记录通常也做得不够好，因为他们没有足够的时间，抑或因为它们的员工不能及时准确地填写表格。而对于那些已经入档的表格，政府统计部门对其收集和分析的速度又过于缓慢。不过许多国家已经开始改革医疗系统，其公布的医疗数据的质量将有所提高。

6.2.7 国际指标

健康指标通常是由医疗部门发布的，该指标包括婴儿死亡率、水资源供给情况、公共卫生状况以及教育成就等健康决定因素，一些不为人知的健康决定因素还包括人权、腐败、经济以及不公平等。表 6.4 包含了许多案例，大多数案例中需要我们对最好的和最差的指标进行对比。

表 6.4 国际健康指标案例：尼日利亚

	尼日利亚	最好的国家	最差的国家	相关性 / 原因解释
婴儿出生率	10%	＜ 0.2%	18%	国家抚养婴儿的能力
5 岁以下儿童的死亡率	19%	＜ 0.3%	28%	儿童死亡的风险
期望寿命（男 / 女）	47/48	80/86	37/37	过早死亡的风险
艾滋病发病率	3%	＜ 0.1%	＞ 6%	传染的风险
家庭缺水率	52%	0	78%	传染病发生的概率
装配了卫生设施的家庭所占的比率	44%	100%	9%	传染病发生的概率
人均国内生产总值	1 500 美元	71 400 美元	600 美元	国家的贫困程度
人均健康费用值	51 美元	5 711 美元	14 美元	可获得的医疗服务
腐败指数	2.2	9.4	1.4	影响 HIA 的进程
成年男性的识字率	78%	＞ 98%	31%	权利的赋予
成年女性的识字率	60%	＞ 98%	15%	权利的赋予
男 / 女性的识字比率	77%	99%	31%	性别不平等
人权	详见 6.2.8 节			影响 HIA 的进程
收入不公平性	43	24	74	0= 绝对平等；100= 绝对不平等
人类发展指数排名	158	1	177	表明一个国家的相对发展程度
政治权利和公民自由	4	1	7	调查民意
言论自由程度的等级	110	1	195	对公共信息的了解认知能力

来源：健康数据：www.globalhealthfacts.org；腐败：www.transparency.org；人类发展报告的许多指标以及健康数据：http://hdr.undp.org/en/；经济数据：http://worldbank.org/；政治、公民自由和新闻自由：www.freedomhouse.org。

尼日利亚的健康指标尽管不是最差的，但也普遍不高。需要额外说明的是，一些所选取的指标可能需要额外的解释。

6.2.8 人权

人权的丧失影响了健康影响评价的进程，因为它干涉了参与者表达意愿的自由，同时也对他们的身心健康产生了影响。这样一来就降低了政府认可公众所关注的健康焦点的可能性，也降低了产生无偏见的健康影响评价和实现健康保障的可能性。

人权指标并没有可靠的统计方法，这就使得国家之间的比较变得复杂。通常情况下，我们只能用描述性的术语来解释人权状况。下面的这个案例是大赦国际（国际特赦组织）关于尼日利亚人权状况的一个总结（大赦国际，2008）：

- 大范围的暴力冲突和来自观察员的严厉抨击使得大选蒙上一层阴影。
- 安全部门仍然在盛产石油的尼罗马三角洲地区做出一些侵犯人权的举动，但他们却没有受到任何处罚，而当地人几乎没有从该地区丰盛的石油财富中获得任何利益。
- 警察和安全部门无罪释放了成百上千的罪犯，使他们免于接受判决。
- 宗教和民族冲突仍在继续。

6.2.9 腐败指数

严重的腐败会减缓健康影响评价开展的速度。腐败会影响可靠健康数据的获得、公共服务的准备工作，也会影响政府实施健康管理措施的能力，因为这些工作都需要国际组织的合作才能完成。例如，政府官员可能需要收到贿赂才愿意提供公共数据，本来用于改善住房条件的财政预算也可能会被挪作他用。同时，腐败也可能影响许多公共服务的提供，进而影响整个国家的健康状况和安全形式。例如，前阿塞拜疆卫生部部长因腐败问题在 2007 年受到指控（RFE/RL，2007），他在职期间该国的健康数据几乎都存在问题。

民间组织透明国际提供了世界上每个国家腐败情况的年度指数（TI Secertariat，未标日期），各国每年的指数会有所不同，表 6.5 未必就是最新数据，比如在我写作本书时，尼日利亚就已经变成了最后一名。

表 6.5 透明国际组织制订的国家腐败指数排名

分数	国家或地区
9 ～ 10	芬兰、新西兰、丹麦、冰岛、新加坡、瑞典、瑞士
8 ～ 9	挪威、澳大利亚、荷兰、英国、加拿大、澳大利亚、卢森堡、德国、中国香港
7 ～ 8	比利时、爱尔兰、美国、智利、多多巴斯、法国、西班牙

分数	国家或地区
6～7	日本、马耳他、以色列、葡萄牙、乌拉圭、阿曼、阿联酋、博茨瓦纳、爱沙尼亚、斯洛文尼亚
5～6	巴林岛、中国台湾、塞浦路斯、约旦、卡塔尔、马来西亚、突尼斯
4～5	哥斯达黎加、匈牙利、意大利、科威特、立陶宛、南非、韩国、塞舌尔、希腊、苏里南、捷克共和国、萨尔瓦多、特立尼达和多巴哥、保加利亚、毛里求斯、纳米比亚、拉脱维亚、斯洛伐克
3～4	巴西、伯利兹城、哥伦比亚、古巴、巴拿马、加纳、墨西哥、泰国、克罗比亚、秘鲁、波兰、斯里兰卡、中国、沙特阿拉伯、叙利亚、白俄罗斯、加蓬、牙买加、贝宁、埃及、马里、摩洛哥、土耳其、亚美尼亚、波斯、马达加斯加、蒙古、塞内加尔
2～3	多米尼加共和国、伊朗、罗马尼亚、印度、马拉维、莫桑比克、尼泊尔、俄罗斯、坦桑尼亚、阿尔及利亚、黎巴嫩、马其顿、尼加拉瓜、塞尔维亚和黑山、厄立特里亚、巴布亚新几内亚、菲律宾、乌干达、越南、赞比亚、阿尔巴尼亚、阿根廷、利比亚、巴勒斯坦、厄瓜多尔、也门、刚果共和国、埃塞俄比亚、洪都拉斯、摩尔多瓦、里昂、乌兹别克斯坦、委内瑞拉、津巴布韦、玻利维亚、危地马拉、哈萨克斯坦、吉尔吉斯斯坦、尼泊尔、苏丹、乌克兰、喀麦隆、伊拉克、肯尼亚、巴基斯坦、安哥拉、刚果民主共和国、科特迪瓦、格鲁吉亚、印度尼西亚、塔吉克斯坦、土库曼斯坦
1～2	阿塞拜疆、巴拉圭、乍得、缅甸、尼日利亚、孟加拉国、海地

不幸的是，拥有丰富自然资源的国家经常因为腐败和人权问题而排名靠后，开采自然资源可能会进一步增加腐败并导致人权的丧失（参见第 12 章）。

6.2.10 不平等

在国内收集的数据掩盖了社区之间的一些巨大差异，幸而现在通过网络就可以获得数据，并依据社会经济五等分位数、年龄和性别以及地理区域来划分一些指标。在所有国家中，不同群组之间的健康指标都存在着很大差异。第 2 章曾讨论过此类案例，而且很多案例都已公布（CSDH，2008）。描述这些案例有非常重要的意义，它可以帮助我们理解这些工程对不同群组的影响，并且以最公平的方式来分配缓解方案。

基尼系数是经济不平衡的比较工具，它使用一个复杂的公式来计算不同经济组织之间的收入分配差异（Wikipedia，2010）。

6.2.11 发展趋势

联合国发展委员会公布了一项人类发展指标，它可以比较不同国家和地区之间不同时期的情况（UNDP，2008）。依据这个指标做出的对比，比仅仅基于收入做出的对比更加真实可靠。例如，与非洲的其他国家相比，刚果民主共和国的人类发展指标有所下降，这表明这个国家并没有跟上其他国家的发展步伐。

6.2.12　不利数据的报道

虽然我们可能会批评自己的国家，但是我们中的大多数人并不喜欢其他人这么做。多数国家都有一些因对自身形象不利而不愿示外的数据。以上讨论过的很多数据虽然很真实，但是仍然有值得批判的地方，这些数据应该通过外交途径来处理，尽管这些数据都来源于公共领域，但是由于太过敏感，以至于不能出现在公开的报告中，这种情况常见于政府官员和国家团体中。另一方面，正是这些信息影响了健康影响评价的规划和设计。在某些情况下，可能是健康影响评价报告的附录限制了它的传播。

关于存在人权和腐败问题的国家在实行健康影响评价中的伦理道德问题，本书其他部分也有讨论。

6.2.13　健康基准报告的标准组成部分

对于国际提案，委托人提供的工作范围可能包括一系列的特殊条款，这些应该在基准报告中有所评论。以下是来自一个跨国石油公司的例子：

1）健康法规和制度框架；

2）国民健康状况；

3）健康政策和实施程序；

4）社区健康风险因素或健康决定因素；

5）发病率和死亡率；

6）健康保险交付服务；

7）私营医生或传统的治病术士；

8）其他的健康组织。

在许多情况下，就基准报告应该包含哪些内容而言，并没有太多标准的、适合具体目标的指南。

6.3　国家信息

对于国家而言，提高健康影响评价的地位很有必要，而且应当给当地的会诊医生提供随时接受培训的机会。某些信息并不能在互联网获得，只能通过使用当地方言与当地人交流来获得，或通过复印件获得，抑或通过该国国内当地的健康机构获得。这些信息也经常被认为是私人医疗诊所的机密或财产，因而很难搜集。政府的工作人员可能也不情愿提供标准的政府健康数据，他们可能会为此而收费，可能怀疑询问者是间谍，可能不喜欢来自国外的健康顾问，或者不习惯无偿地进行信息交换。这时，与他们熟识的会讲当地方言的当地顾问，可能会获得比“数据浏览器”更好的数据。

对于在一国范围内提出并进行管理的国家提案，有效资源可来源于国内和国际。而对于国际提案来说，还将有下一个步骤（见图 6.4）。

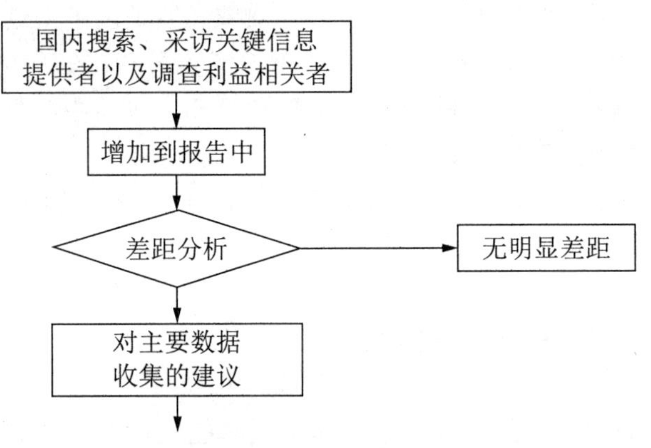

图 6.4　对国内信息和地方信息进行评估

对国家信息的评估应该遵循范围谘商（scoping exercise）的方法，确认与提案相关的健康问题，这有助于对健康问题进行重点评估，否则评估可能会包含太多相关性很低的信息。评估应该包含调查范围内涉及的所有问题，并应研究在国际案例中涉及的那些问题。6.2.4 节提供了一个差距分析的例子，讲述的是当地顾问无法对已有的文献进行调查研究，或者是无法将它们联系起来的情况。我已经在其他著作中描述了类似的其他缺陷（Birley，2007）。

除了收集已出版的报道，也需要对关键被调查者进行采访（见第 5 章）。如果有可能的话，还需要对信息进行三角定位。例如，在中国的一个工程方面的健康影响评价中，我们想要了解当地道路交通事故的发生率，我们询问了当地的警察，他们说那里并没有经常发生道路交通事故。但是之后我们拜访了当地医院里的事故和紧急事件科，据称他们经常接收交通事故伤员。然而，不论事实究竟如何，我们都无法得到现存的书面报告来证实这两者的陈述。

6.3.1　关于英国健康状况的案例

我们在一个位于英国的小镇——托斯特（Towcester）附近为当地的住房

项目编制了基准数据报告。前文已经提到，健康影响评价的焦点之一是活力出行。小镇分为两个选举区，分别为密尔（Mill）和布鲁克（Brook），大概各住有 4 500 名居民。英国国家统计局提供了可比较的由居民自行上报的健康数据（见表 6.6），数据显示这两个区域的健康水平比其他地区要高一些。当地政府机关同时提供了更多详细的数据。例如，我们知道有两名医生服务于同一社区，那里的低收入家庭的比例高于其他地方。同时，我们也有每次手术的数据、去最近医院用时长短的数据以及关于交通的数据（包括自行车的使用情况等）。由于交通事故较为频繁，这里居民的偶然死亡率相对较高，这一点在农村地区尤为明显。

其他关于英国健康状况数据的例子在本书中也有提及。

表 6.6　选举区、地区与国家层面的可用健康数据的案例

	密尔	布鲁克	南安普敦郡	东米德兰	英格兰
人口总数	4 298	4 632	79 293	41 721 714	49 139 731
总体健康状况：不佳	6%	5%	6%	9%	9%
总体健康状况：很好	21%	17%	20%	23%	22%
总体健康状况：好	73%	78%	75%	68%	69%
患有限制性慢性疾病的工龄人群	9%	8.5%	9%	14%	13%
患有限制性慢性疾病的人群	13%	11%	13%	18%	18%
为社区提供无偿志愿服务的人群（每个星期服务 1 ～ 19 个小时）	75%	74%	78%	69%	69%

6.3.2　国家数据的例子

一些调查报告通常以学术文章的形式发表，或者通过一些特殊机构来发表。例如，在英国有很多评论，这些评论是关于健康与住房、交通、绿色空间和其他方面之间联系的，可以通过健康影响评价的途径来研究这些联系（APHO，未标日期）。以下两个例子都来自尼日利亚。

6.3.3　疟疾的例子

疟疾主要通过某些蚊虫来传播。例如，在尼日利亚海滨的一个基础设施工程中，正在进行健康影响评价的文献综述工作。而这一文献综述记录了一项已发表的关于来自附近沿海地区的可能的疟疾携带者的调查（Awolola et al，2002）（见表 6.7）。公共设施的设计及其位置能够影响蚊虫的数量和分布情况。

表 6.7　尼日利亚沿海地区的疟蚊

疟蚊的种类	爆发时间	采食的对象	每年的样本中百分比 /%	感染百分比 /%	繁殖地
冈比亚按蚊	潮湿季节	人类	45	4	水坑
melas 蚊	全年	人类	29	2	盐湖
moucheti 蚊	全年	人类	21	2	河边森林
阿拉伯按蚊	干燥季节	动物	5	0	池塘

数据表明：

1）在沿海地区可能存在四种传播疟疾的蚊虫；

2）从未发现阿拉伯按蚊携带寄生虫，而且它只吸食动物的血，因此可以将其排除；

3）最重要的疟疾蚊虫——阿拉伯按蚊和冈比亚按蚊仅在潮湿季节存在；

4）其他的疟疾蚊虫全年都存在；

5）2% ～ 4% 的疟疾蚊虫都具有传染性且能够传播疟疾；

6）这四种蚊虫的繁殖场所各不相同。

6.3.4　性传播感染的例子

性传播感染（STI）流行比率方面的数据通常是必需的。这个数据可以用来制订管理计划，以减缓工人及当地人群之间的性传播感染。

在尼日利亚的一个基础工程的健康影响评价期间，我们进行了一项由国际捐赠者委任的特殊调查。调查结果已经公布，但并未在学术期刊中正式发表（Brabin et al，1995）。这是一项关于在尼日尔三角洲农村年轻女性性行为和性疾病传播的调查，其中一些结果在图 6.5 中进行了总结。调查结果表明，该社区的年轻女性非常容易感染反复出现的疾病，这种脆弱性是由饥饿和乏力导致的。这一工程也为艾滋病的传播创造了理想的条件，因此建筑工地的工人需要得到认真的管理，具体的管理措施包括提供避孕套及设法改善工人的健康状况。此外，该工程也应该通过给女性提供培训和就业机会来尽量减少性别歧视。

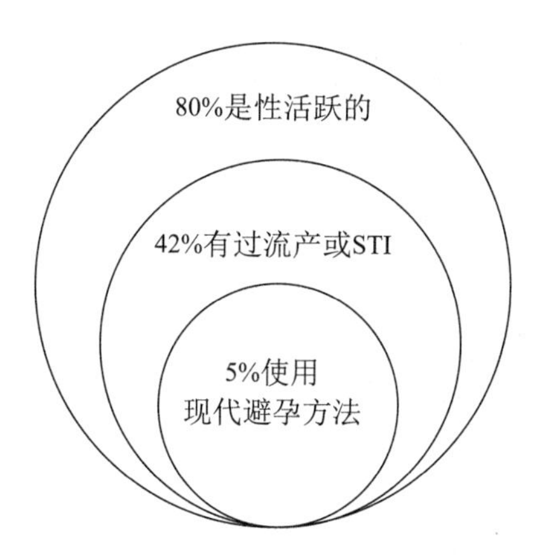

图 6.5 尼日尔三角洲 17 ～ 19 岁农村女性性行为的数据总结

6.3.5 现有的健康服务

健康影响评价通常会要求对现有的健康服务进行描述。这是一个特殊的话题，通过致力于提供服务的人或致力于健康部门改革和系统健康调查的人能够很好地得到执行，相关的报道通常可以在国内和国际卫生部门看到。而这些准备通常是为了规划额外的服务或者获得额外的资金。

在低收入国家的农村地区，通过参观私人诊所可以了解很多情况。最糟糕的情况是，你可以看到药品供给和员工薪水都非常少且不稳定，一些记录随意地存放，水资源和卫生设备非常有限，一些设备已经损坏或者很少得到维护，使用者需要从很远的地方赶来并且排很长的队才能得到短暂的使用机会。这些设备无法应对由新提案带来的压力。

6.4 主要数据的收集

主要数据可以定义为那些仅为了健康影响评价本身的目的而收集的数据（Harris et al，2007）。相反，次要数据可以被定义成为健康影响评价中涉及的其他目的而收集的数据。当基本数据可用性的“差距”已经确定时，为了收集主要数据，我们会特意提出一些方案。在进行伦理批准这一程序时，健康调查是有条件的，主要取决于收集数据的种类（见图 6.6）。

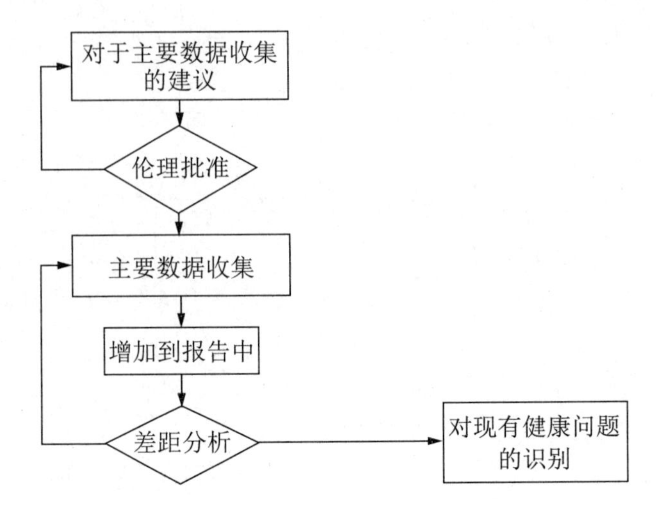

图 6.6 主要数据收集

表 6.8 列举了几种收集到的不同的主要数据。

表 6.8 主要数据的类型

主要数据的类型	例子
社会的	忧虑、感知、观点、经历和行为
生物医学的	血液样本、高度和重量、呼吸功能
环境的	蚊虫集中程度、噪声水平
直接观察到的	提供的服务、人们的行为和土地使用现状

社会调查的例子包括担心提案涉及的工厂排放有毒物质，以及对于现有服务质量的观点。社会调查关注的经历可能包括提案的早期阶段、附近地区相似的工程和现有的服务；社会调查关注的行为则包括寻求医疗救护行为、精神类药物滥用和性行为；社会调查可以提供关于社会经济状态、就业资源、水资源供给方面困难的数据及其他的相似信息，这些信息应该由专家进行审核。

生物医学数据包括以下内容：有限的医疗条件引起的可能较高的发病率和死亡率、反映个人医疗费用负担能力的信息，来自于这些个体的生物医学样本，以及诸如性行为这样的隐私行为。生物医学数据的收集是一项复杂而敏感的工作，它需要国家伦理委员会的批准，且还要满足一系列的条件（参见 6.7 节伦理问题）。

相反，收集健康决定性数据的过程可能会比较方便直接。一位专家可以通过走访受提案影响的地区来获得有价值的信息，一位训练有素的观察者可能会注意到：

1）服务的提供——如诊所、药房和社区中心的位置，当地商店和食物的清单以及公共交通的质量；

2）行为——如在墙上乱涂乱画和破坏公物行为的盛行，以及废品管理政策的试行；

3）用地现状——如人行道位置、绿化空间、现存工程和废品管理等。

所设计的健康决定因素的指标应该有较大的范围。例如，一些位于低收入国家的提案可能会影响当地市场上基本食物的价格，从而导致当地居民营养失调的概率升高。确立一个用于监测和对比这些价格的方案是相对简单的。反过来，这一方案也可以用来确定从当地收购食物的价格。

表 6.9 总结了在测量健康结果和健康决定因素时，两者之间存在的一些差异。

表 6.9　健康结果和健康决定因素的对比

	健康结果	健康决定因素
面临的挑战	难以测量 较容易定义 需要伦理许可 敏感 昂贵	容易测量 不容易定义 适合环境和社会调查 相对便宜 便于检测和对比 一般不敏感
测量对象的例子	发病率和死亡率， 依据年龄、性别、位置和 社会经济群组来分组	水供给 市场价格 医疗服务的条件 寻求医疗护理的行为 财产分配 风险感知 犯罪率 交通密度 病媒密度

主要数据可以用统计方法来收集，并且需要仔细地分析（参见第 5 章的例子）。这一点也被添加到报告中，之后还需要进行差距分析来判断是否收集到了足够的信息以消除这些健康隐患。如果没有的话，则需要更进一步的数据收集。

在环境、社会和健康调查之间可能会存在重叠部分。例如，在一个发展中国家的乡村背景下，环境调查可能需要鉴别、统计动物和植物的不同种类。如果在当地存在虫媒病，那么非常有必要调查虫媒的类别。那么应该由谁来承担蚊虫调查的工作？是健康组还是环境组？社会调查将会了解社区的一些观念及其健康问题的信息。那么应该由谁来承担社会调查的工作？是健康组还是社会组？对各种影响评价之间的人员分工，应该根据当地环境，本着实用主义的原则进行分配。

在这里我们以一个复杂的实地调查为例，获得有意义的蚊虫信息需要以下条件：

1）应该咨询一位医学昆虫学家；

2）进行调查时必须考虑到季节的变化；

3）蚊虫密度的决定因素应该包括光陷阱、人工诱捕捕获量、住房静止捕获量和幼虫浸渍；

4）蚊虫的繁殖地点应该能通过 GPS 在地图中找到；

5）需要一个庞大的实验室以进行分析工作：

①物种与复合种；

②寄生虫感染比率；

③饲养的优先顺序；

④杀虫剂抗性。

6.5 发展中国家调查情况良好和糟糕的例子

6.5.1 调查情况糟糕的例子

该地区的人以农业、渔业为生，他们死亡的主要原因是传染性疾病，包括呼吸道感染。我们无法获得精确的流行比率，也没有关于当地病媒蚊虫及繁殖地的信息。当地顾问提议进行一项高血压、糖尿病和中风等非传染性疾病的调查，这些非传染性疾病在城市富人之中的流行率正在增加。没有文献综述或差距分析来支持他们的提案，同时也没有进行伦理审核。工程管理人员也并不希望进行医疗伦理审核（参见 6.7 节伦理问题）。

6.5.2 调查情况良好的例子

该地区人们的生活方式主要是半游牧式，这次研究试图了解该工程对当地营养失衡比率的影响。我们对成年女性贫血比率进行了一次随机调查，并收集了社会经济方面的数据。依据社会经济五等分和居民与工地之间的距离，把贫血比率分成若干组。用 10% 的置信区间决定样本的大小，用 GPS 模块来确定所调查家庭的位置。研究方案的设计由一个国家医疗伦理委员会负责，并且事先获得了被调查者的许可（参见 6.8 节）。

6.6　规划医疗状况的实地调查

为了确定先进医疗条件下可能导致的患病率，可以委托进行实地调查。这样的调查包括以下方面：

1）一个清晰的目标；

2）伦理要求；

3）可供选择的样本大小；

4）随机的抽样过程；

5）调查问卷；

6）临床检查协议；

7）数据管理协议；

8）数据分析协议；

9）书面报告。

对此类主要数据进行收集应该被视作最后的手段。它只能告诉你是什么，而无法告诉你提案可能产生的结果。就像环境数据一样，它也会存在季节性的变化，理想的调查应该包括至少一整年的时间，而且每个季节都要工作。其他的一些变化与经济社会条件和地理位置相关。关于样本大小、随机选择、置信水平和控制组的建议，则需要专业的流行病学专家的帮忙，成本也会相对较高。这些数据必须按照年龄、性别、社会经济和地理位置进行分类，否则毫无意义。

侵扰性医疗调查的例子

设想一下，一个陌生人敲你的门，要求从你的孩子身上提取血液样本，你会怎样回应呢？我们不应该要求别人做那些自己都不乐意做的事情。

6.7　伦理问题

所有的医疗数据都是敏感的，从人们那里采集信息的时候要遵循公开的、合乎伦理的程序。提案必须提交到医疗伦理委员会申请许可。然而，尽管有很多案例都是这样做的，当收集主要健康数据时通常不需如此。例如，调查病媒蚊虫吸食血液来源就不需要获得伦理认可，但调查社区中避孕套的使用情况就必须得到伦理认可。

除此之外，一个符合伦理的健康调查应具有以下特点：

1）事先获得知情者的同意——人们不应该是为了获得一些私人利益（如收到调查方赠送的礼品）才乐于参加调查；

2）保密协议——敏感信息应该以一种安全、机密的形式来保存；

3）统计的稳健性——为了进行具体的比较，你应事先准确地知道调查会使用什么样的统计方法；

4）义务治疗——如果你在调查中发现某人有一种特殊的疾病，你将怎么办？你是否会为他们的治疗付费，或者你是否会指导他们到医院做进一步的检查？

5）明确的目标和宗旨；

6）适当的样本大小和分层；

7）无歧视地取样；

8）可能需要一个相当长的时间来获得国家医疗伦理委员会的批准。

无论使用什么样的主要数据收集方法，它都应该具有以下特点：

1）简明：重点集中，时间和规模有一定限度；

2）有效：精确地提供所需的信息；

3）符合目的：以最小的调查规模来获取所需信息；

4）符合伦理：尊重私人权利和其他类型的人权。

6.8 发展中国家的一个沙漠工程的基准实地数据的案例

图 6.7 阐述了一个位于沙漠中的与能源部门相关的基础设施工程（基于 Viliani and Birley，2010）。这一例子是基于一个简化后的真实案例。该地区有两个主要的社区：重要社区是靠近工地的沙漠居民；次要社区是远离工地的乡

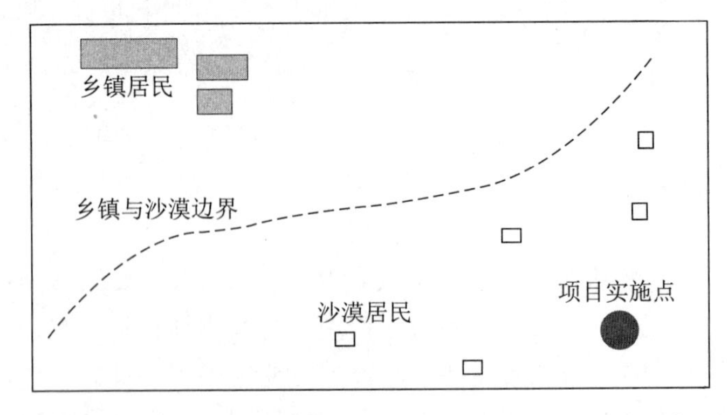

图 6.7 工程项目、乡镇和沙漠社区之间位置关系的示意

镇居民。靠近工地的社区要比附近的乡镇贫穷，他们是沙漠居民且居住地分散，属于不同的民族和部落，以畜牧业为生，有时会随季节进行流动迁徙。他们缺少水资源、食物、牲畜、兽医服务、教育、就业机会、市场和道路等物质和资源。从外界到达这个乡镇一共需要步行两天。执行实地调查是为了了解这两个社区的基础财产情况和居民健康状况。正如前文讨论过的，调查设计应该需要伦理委员会的批准。图 6.8 阐述了当地社区财富的分配情况，并且对其进行了五等分。乡镇中大多数人口处在财富五等分的上层，而在沙漠中的大多数人口处在财富五等分的下层。

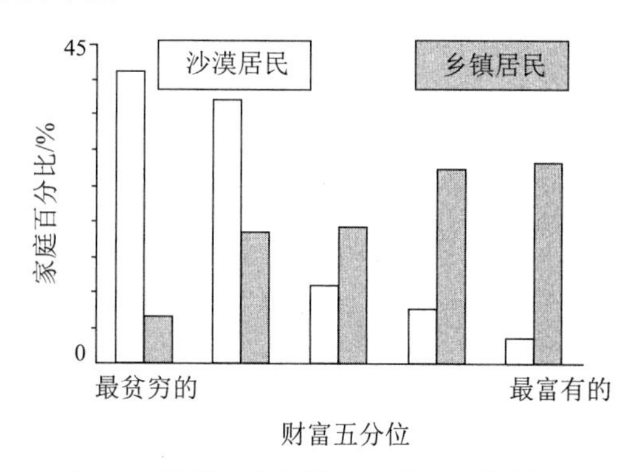

图 6.8 沙漠及乡镇社区财富五分位数分配

这两个社区的健康情况是用成年女性贫血发病率作为指标来衡量的。采用野外分析箱测量贫血，取刺破指尖的血样进行分析（见图 6.9）。各财富层中贫血的发病率都非常高，这说明整个社区都有明显的健康需求。生活在沙漠地区的女性贫血发病率与她们的富裕程度有很密切的关系。部分原因是生活在贫困沙漠地区的女性每个月只能吃一次肉，而男性吃肉的次数却非常多。女性只能靠很少的牛奶和谷物维持生活。计划生育的开展在这里非常有限。

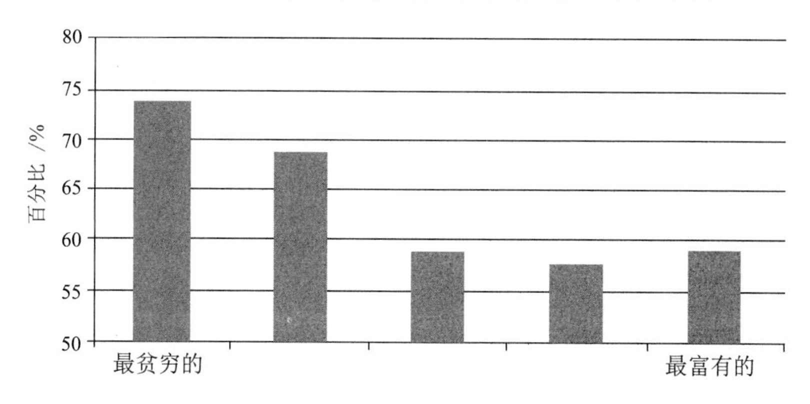

图 6.9 财富五分位数下的女性贫血比率示意

评价者必须确定这个工程的进行是否会影响当地社区的贫血发生率。例如，这个工程创造的就业机会将会使一些财富流入这些家庭中，这可能将促进女性营养标准的提升。然而，这些财富是属于男性的，他们并不会把它分给女性。相比于沙漠地区，乡镇中的居民掌握一技之长的现象更为普遍，因而该地区可能会从这个工程中受益，收益的途径主要是工程方对当地食物的采购，或者使用当地人提供的货运服务。可以得出的结论是，影响女性贫血发生率的主要途径是社会投资工程。针对女性的小额信贷制度已经建立，其服务者主要是当地非政府组织的专家。

6.9 审视基准：一个工业化经济体中的案例

现有一个位于欧洲国家 A 内部的庞大基础设施工程，人们可以通过许多道路从该工程驻地到达邻国 B，而且不存在边界交通限制。这一建筑工程预计将由来自东欧的临时流动工人施工，这些随身携带现金的工人群体在流动过程中容易发生意外，并且会罹患并传播某些传染病。国家 A 有一些先进的管理制度用来管理和保护这些工人、向商业性工作者征税，以及宣传及推广安全的性行为。与此相对的是，国家 B 缺少相似的制度。有一些小道消息暗示，一些商业性工作者更喜欢在不征税的区域工作，如位于国家 B 中一些靠近该工程地点的地区。

在征得委托者的同意后，我们准备了一份国家 A 中受影响群体的健康概况报告，包括性传播疾病的比率和管理程序。委托者并未批准给国家 B 准备一份相似的报告，或者跨越边境去调查国家 B 的公共健康状况。尽管边界是非常开放的，但委托者拒绝承认国家 B 的部分地区位于受影响的区域内。这一基准研究的范围是不恰当的。

6.10 练习

1）进行一项东欧的健康和交通之间关系的网络调查；

2）访问世界卫生组织和联合国开发计划署的网站，寻找自己国家的健康状况数据和健康指标数据；

3）搜索一篇你生活地区的行政区域年度公共健康报道，找出当前需要优先进行的事项。

参考文献

Amnesty International (2008) *Annual Report*, http://archive.amnesty.org/air2008/eng/homepage.html, accessed February 2011

APHO (Association of Public Health Observatories) (undated) The HIA Gatewa, www.apho.org.uk/default.aspx?qn=p_hia, accessed July 2009

Awolola, T., R. Hunt, A. Ogunrinade and M. Coetzee (2002) 'Dynamics of the malaria-vector populations in coastal Lagos, south-western Nigeria', *Annals of Tropical Medicine and Parasitology*, vol 96, no 1, pp75–78, www.maney.co.uk/journals/atm and www.ingentaconnect.com/content/maney/atmp

Birley, M. (2007) 'A fault analysis for health impact assessment: Procurement, competence, expectations, and jurisdictions ' , *Impact Assessment and Project Appraisal*, vol 25, no 4, pp281–289, www.ingentaconnect.com/content/beech/iapa

Brabin, L., J. Kemp, O. K. Obunge, J. Ikimalo, N. Dollimore, N. N. Odu, C. A. Hart and N. D. Briggs (1995) 'Reproductive tract infections and abortion among adolescent girls in rural Nigeria', *The Lancet*, vol 345, no 8945, pp300–304, www.ncbi.nlm.nih.gov/entrez/query.fcgi? cmd=retrieve&db=pubmed&dopt=citation&list_uids=7837866

CSDH (Commission on Social Determinants of Health) (2008) 'Closing the gap in a generation: Health equity through action on the social determinants of health. Final Report of the Commission on Social Determinant of Health', www.who.int/social_determinants/thecommission/finalreport/en/index.html, accessed July 2009

DCLG (Department for Communities and Local Government) (2007a)*The English Indices of Deprivation 2007 – Full Report*, www.communities.gov.uk/documents/communities/pdf/733520.pdf, accessed February 2009

DCLG (2007b)*The English Indices of Deprivation 2007 Summary*, www.communities.gov.uk/documents/communities/pdf/576659.pdf, accessed February 2009

DCLG (2007c) 'Thematic mapping of index of multiple deprivation',www.imd.communities.gov.uk, accessed February 2009

Harris, P., B. Harris-Roxas, E. Harris and L. Kemp (2007)*Health Impact Assessment: A Practical Guide*, Centre for Health Equity Training, Research and Evaluation (CHETRE), University of New South Wales, Sydney, www.health.nsw.gov.au

NICE (National Institute for Health and Clinical Excellence) (2005)*Health Needs Assessment: A Practica Guide*, www.publichealth.nice.org.uk/page.aspx?o=513203, accessed November 2006

North West Public Health Observatory (undated) 'Health profiler North West of England', www.nwph.net/healthprofiler/#, accessed November 2009

ONS (Office for National Statistics) (undated) Various UK statistics,www.statistics.gov.uk, accessed April 2010

RFE/RL (2007) 'Azerbaijan: Former Azerbaijani health minister jailed on corruption charges', Cauca, Europenews, www.caucaz.com/home_eng/depeches.php?idp=1625&PHPSESSID=df4e939cd1a29e

TI Secretariat (undated) Transparency International, the global coalition against corruption, www.transparency.org, accessed February 2010

UNDP (2008) Human development reports, http://hdr.undp.org/en/statistics/data, accessed 2008

Viliani, F. and M. Birley (2010) 'Desert gas project', in *HIA Conference: Urban Development and Extractive Industries: What Can HIA Offer? 7 April, Geneva*. World Health Organization, www.

who.int/hia/conference/posters/en/index.html

WHO (World Health Organization) (2002)*Revised Global Burden of Disease (GBD) 2002 Estimates*, www.who.int/healthinfo/global_burden_disease/estimates_regional_2002_revised/en, accessed November 2009

Wikipedia (2010) GINI coefficient, http://en.wikipedia.org/, accessed 2010

Wright, J., R. Williams and J. R. Wilkinson (1998) 'Health needs assessment: Development and importance of health needs assessment', *British Medical Journal*, vol 316, pp1310–1313, www.bmj.com/cgi/content/full/316/7140/1310

第 7 章
确定优先顺序

本章内容提要：

1）介绍四种确定优先顺序的方法：风险评估矩阵方法、经济分析方法、双赢方法以及价值与标准方法；
2）讨论风险感知的有关内容；
3）解释剩余风险的概念。

7.1 引言

在定义了一系列正面、负面的健康问题并对此提出了相应的建议之后，接下来就需要用行动来实现这些建议，而任何为了保障健康水平或改善健康状况的行动都会受到财力条件的限制。由于经费有限，优先选择就显得尤为重要。本章探讨了多种设定优先顺序的方法。根据个人经验，在优先顺序的确定中，我们更多地关注负面影响的减少，而非正面影响的增加。

确定优先顺序是风险管理的一个组成部分，常用的风险管理方法能够区分出某种确定风险的四个反应阶段：获取、终止、转移、解决。倡议者们可以获知某种风险但并不需要执行用以解决问题的建议，这相当于他们将非自愿风险强加于当地社区，或许这些社区并不愿意接受这一风险。终止某一风险等同于不再继续执行某一提案，或者是对项目地点或采用的技术做出大幅改变。转移风险并不能转移责任，如保险、与其他政府机关共同承担风险或者合同外包。消除风险需要很多行动，如执行健康影响评价所提出的建议。

确定风险优先顺序的方法有：

1）风险评估矩阵方法；
2）经济分析方法；
3）双赢方法；

4）价值与标准方法。

7.2 风险评估矩阵

风险评估矩阵（RAM）是风险管理的一种常用工具，也称为风险分析矩阵或风险优先次序矩阵（见图 7.1）。该方法以事件发生的概率和结果为依据，适用于分析各类风险。这种方法假设健康影响可以被归纳到以下的二维图内，“概率”是指事件发生的频率或者可能性，“结果”是指发生事件的影响等级。

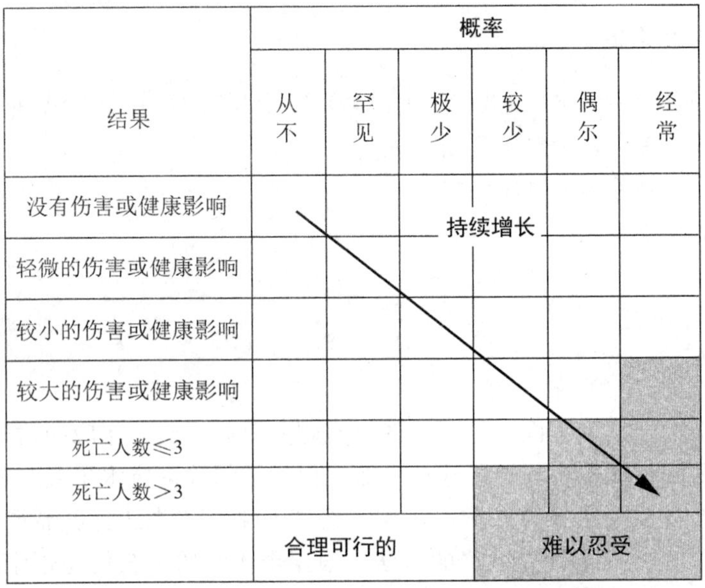

结果	概率					
	从不	罕见	极少	较少	偶尔	经常
没有伤害或健康影响				持续增长		
轻微的伤害或健康影响						
较小的伤害或健康影响						
较大的伤害或健康影响						
死亡人数≤3						
死亡人数＞3						
	合理可行的			难以忍受		

图 7.1　风险评估矩阵（箭头表示重要性逐渐增加）

“概率”的范围为 0 到 1，0 意味着该事件不发生，1 意味着该事件一定发生，多数的概率介于这两个极值之间。“结果”的范围可从非常有益的程度到中等的程度，再到非常有害的程度。对于有害的结果，可用“严重”这样的术语来形容。比如，空气污染的严重性可能在仅仅是一种令人讨厌的气味到能引起急性中毒之间变化；人们在水上活动中溺水是小概率事件，但该事件一旦发生则是非常有害的。

以下是一些健康影响的例子，这些例子都是基于一个在低收入国家建立工厂的建设项目，具有不同程度的事发可能性和结果：

1）爆炸物释放的有毒气体可能吞噬一个社区，夺取许多人的生命；

2）在施工过程中，HIV 病毒的感染增加；

3）当地商人可能从物质和服务的买卖交易中获益；

4）人们在搭载交通工具沿着道路前往施工地点时，可能被杀害或者遭受严重侵犯；

5）一些人不得不搬家，并且随后会产生一些心理、精神方面的健康问题；

6）野生食物的减少会导致营养不良问题的加重；

7）由于在新工厂获得了工作，当地人的生活质量可能有所提高；

8）享用医疗设施的机会增加；

9）由于交易结构改变，人们把自己的产品运到市场卖掉的机会增加。

这些影响都能在一个矩阵中标注出来，该矩阵分别以概率和结果为横纵坐标，各坐标轴可用一系列等级值代表（见表 7.1）。通常情况下，由于没有充足的数据以非常客观的角度去表示某一事件，导致标注的准确性不高，并且需要一定的假设，但该矩阵至少提供了讨论和达成一致意见的机会。这种分析方法能够确定不同种类风险的优先次序，并据此采取适当的措施。上文列举的九种影响均可绘制在矩阵中，如事件 1 和事件 7 在表中所处的大概位置已标注出来。

表 7.1　有利结果与不利结果矩阵

结果	概率 / 频率 / 可能性				
	很低	较低	中等	较高	非常高
非常有利					
			事件 7		
无影响					
非常有害	事件 1				

利用矩阵确定优先顺序，首先应明确风险的显著性，显著性是一个结果和可能性的函数：显著性 = 结果 + 可能性。

这种方法最普遍的应用是确定负面影响或风险的先后顺序。依据背景和所用描述方式的不同，可能性和结果的分类也有所不同。在这个例子中，显著性分为三个级别：持续增长、最低合理可行原则（ALARP）和难以忍受（见表 7.2）。例如，大多数理性的人认为一个普遍的但可能致命的风险是不能接受的，对于这种风险，就需要立即采取行动将风险降低到一个较低的水平。对于倡议者来说，他们能够接受满足最低合理可行原则的风险。在中期发展过程中，应完善风险处置应急方案，提出降低风险的措施。少见的或较小的风险在短期或中期是可以接受的，在条件允许的情况下，应当进一步发展长期风险管理计划。由上可知，显著性和相应行动的分类是根据风险的内容变化的。

表 7.2 显著性等级举例

显著性	解释
难以忍受	要求在短期内迅速降低风险； 制订并实施长期的减缓风险的计划
最低合理可行原则	要求额外的长期的减缓风险的计划； 如果有关方面没有进一步采取合理的行动，管理人员必须设法保证减缓风险行动的持续开展
持续增长	如果确认存在合理的风险防护或管理系统，那么这样的风险就是可以被容忍的。需要注意的是，管理人员的有效判断能够减少风险

在风险评估矩阵中，对可能性的描述是基于一种假设的，即是从以往相似的提案中能够获得足够的数据来计算某种特定结果的发生频率。目前，该方法在工程水平的健康影响评价中并不多见，但可以应用到一些规模较大且相关数据记录较为完善的工业的职业健康评价和安全评价中，或应用到一些关于国家政策的健康影响评价中，在这些领域中，公众健康数据通常已经收集、分析了多年。例如，广为人知的关于空气中悬浮颗粒物对城市人口影响的研究，就已经收集并分析了大量的公众健康数据。

表 7.3 和表 7.4 展示了在不同的描述情景下对结果进行分类的示例及含义。表 7.3 的例子以职业健康和安全为背景，具有较为完善的系统。表 7.4 的例子将不同的描述与临床疾病相关联。

表 7.3 职业风险分类结果举例

可能性的分类	职业健康和安全结果	示例
无伤害或无健康影响	无	
轻微伤害或轻微健康影响	并不影响工作及日常生活活动	急救案例和医疗治疗案例； 暴露在对健康有害的物质中，引起明显的不适，暴露停止后出现轻微的健康恶化或可逆的短暂健康影响
少量伤害或较轻的健康影响	影响工作，例如，受害者的活动受限，或需要五天时间才能完全康复，抑或其五天的日常生活活动受到影响，这属于可逆转的健康影响	工作日活动受限或无法出勤，这将导致受害者在五个工作日内都无法工作； 皮肤病或者食物中毒等疾病

可能性的分类	职业健康和安全结果	示例
重大伤害或严重的健康影响	将对工作造成长期影响，例如，受害者有多于五天的时间不能工作，或其多于五天的日常生活活动会受到影响，这会对健康造成不可逆转的伤害	长期的疾病，如过敏、耳鸣性失聪、慢性的背部损伤、反复性劳损伤害或心理压力过大等疾病
永久丧失劳动能力或者 3 人以下的死亡	这是伤害或职业疾病造成的结果	诸如腐蚀性烧伤、石棉肺、尘肺、癌症以及严重的由工作引发的抑郁症 造成 1 ～ 3 人死亡的汽车事故
3 人以上的死亡	这是伤害或职业疾病造成的结果	大量发生的由于暴露在不良环境中引起的石棉肺病； 大量暴露在环境中的人群患癌症； 大火或爆炸引起的 3 人以上的死亡

表 7.4　医疗结果的分类案例

分类	对公众健康的影响
偶然的	无影响
轻微的	有限的、不会损害生活和劳动能力的轻微不良影响或疾病；仅需要有限的治疗或不需要治疗
中等的	轻微或中等的功能损害疾病或负面影响，需要治疗
重要的	严重的疾病或严重的负面健康影响，需要高水平的医疗条件
严重的	严重的疾病、导致 10 人以下死亡或寿命严重受损的恶性辐射
毁灭性的	严重的疾病、导致 10 人以上死亡或寿命严重受损的恶性辐射

风险评估矩阵（RAM）在健康影响评价中的应用正处于快速发展的过程中。例如，在一些发展中国家的采矿工程中，健康改善措施（Winkler et al，2010）已得到较多的提及。根据健康影响的范围、密度、持续时间和造成影响的大小对结果进行分类，对其中的每一项类别赋予 0 ～ 3 的分数，用分数的总和来定义总影响或影响的严重程度（见表 7.5）。第 10 章将对这一问题进行进一步描述。

表 7.5　决定影响严重性的四个步骤

影响水平及分值	结果的组成			
	范围	密度	持续时间	健康影响
低（0）	较小	较小	小于 1 个月	不可察觉
中（1）	当地的、小范围的、有限的，只有少数家庭受到影响	很容易适应这种影响，且能够维持一定水平的健康状况	1 ～ 12 个月 低频率	精神上的烦恼、轻微伤害或其他不需要住院治疗的疾病

影响水平及分值	结果的组成			
	范围	密度	持续时间	健康影响
高（2）	在工程区域内，或在中等面积的本地范围内，处在乡镇一级的水平	适应起来有些困难，在一些额外的帮助下能够维持一定水平的健康状况	1～6年 中等或间歇频率	中等伤害或其他需要住院治疗的疾病
非常高（3）	扩展到工程区域以外的地域，处于地区性水平	不能适应这种健康影响或不能维持一定水平的健康状况	大于6年 长期、不可逆转且经常发生	失去生命、严重的伤害或可能需要住院治疗的恶性疾病

那些高发、高危的风险显然是不可接受的；而那些低发、低危的风险是有可能接受的，难点在于对那些处在这两种极端之间的风险进行分类。

不同的利益相关者对风险结果的分类是不同的，倡议者与当地社区可能会持有不同的观点。例如，一个加工工厂建在你们家的上风向，如果你的孩子此时得了轻微的皮疹，你会认为这是一个轻微的后果吗？而且人们对风险的感知程度也不同。你认为下面的哪个风险更值得重视？

1）与工业排放或机动车排放有关的室外污染与吸烟导致的室内污染相比，哪一个更加值得重视？

2）暴露在工业有害物中的风险与暴露于传染病的风险，哪一个更加值得重视？

由上可知，我们在实际中很难对风险结果进行等级排名，这涉及受影响人群的数量、疼痛和折磨的程度，甚至生存与死亡等众多因素。有些疾病会在几天、几周或几个月的时间内对健康产生显著的影响，但也有一些疾病可能在很多年内都不会发作。而且我们也无法评估生命的价值。目前，处理风险结果等级这一问题采用的主要方法包括经济方法（见下文）及伤残调整寿命年方法（见第2章）。

表7.6展示了使用替代矩阵确定优先顺序的示例（Harris et al，2007）。这种方法优先考虑了重要性高且可变性大的影响，重要性不大且可变性低的影响处于次要位置。然而，正如其他确定优先顺序的方法一样，介于这两者之间的影响是最难排序的。该矩阵的主要作用是方便我们对风险进行讨论，并对那些存在管理意见分歧的建议进行处理。

表7.6　使用替代矩阵确定优先顺序

	高重要性	低重要性
高可变性	√√	√
低可变性	√	×

另一种替代方法是将结果和严重程度集中在一个单独的显著性排名集合中，重要性等级分为：重要、中等、轻微和中性（ICMM，2010）。当对风险结果进行定义的工作过于复杂，或无法准确区分重要性等级时，抑或不能保证较高的科学性和准确性时，这种方法可能会很实用。

7.3 风险感知

为了对优先顺序达成一致意见，利益相关者需要分享对风险的感知。然而，提案管理人员所感知到的风险通常不同于社区居民所感知到的风险。管理人员是风险的自愿承担者，但社区居民是风险的被动接受者。

7.3.1 风险感知问题的案例

阿塞拜疆苏姆盖特（Sumgayit）已经被公认为是世界上污染最严重的地区之一（Islamzade，1994；Wikipedia，2009），许多化工厂集中于此，大多数工厂都建于苏维埃时代，现在已经荒废。很多未知的化学物质已经污染了并将继续污染当地的空气、水和土壤。人们普遍认为在苏姆盖特出生的儿童面临很高的先天缺陷的风险，癌症发病率也在持续增加（UNECE，2003）。孩子们的墓地已覆盖了很大一片区域，一些墓碑上镶嵌着死去孩子的照片。很多阿塞拜疆人都知道这个悲剧。苏姆盖特位于一个半岛的北边，不远处就是首都巴库（Baku），南部就是桑加哈尔（Sangachal）的现代油气加工工厂。这个拥有一座排放天然气燃烧尾气烟囱的现代化工厂通过一条延伸至里海的管道接收原油和天然气，对其进行加工提纯后将其作为产品泵入管道，最终输送到地中海地区。这个工厂坐落在距离人群聚居地几千米远的一处荒地中，它会对排放物进行检测和控制，以使其达到国际标准。

但许多桑加哈尔的当地居民仍旧对这个新工厂的排放物表示担忧，尤其是担忧自己和孩子的健康。尽管工厂的负责人再三做出保证，他们的担忧依然存在。然而，这个新工厂的员工并不了解苏姆盖特的历史故事，他们甚至会问这一曾经的悲剧和他们有什么关系。显然当地居民感受到的风险和工厂的工程师、管理人员感受到的风险是有差别的，但两者对风险的感知都是合理的。

7.3.2 风险感知的分类

专家与外行对风险的感知有着很大的不同（BMA，1990；Funtowicz and

Ravetz，1992；Silbergeld，1993）。专家、工程师和数学家通过单一方面的因素来测量风险并统计可能性（用 0 ～ 1 之间的数表示）。相反，外行则通过多方面的因素来感知并评价风险（见表 7.7）。作为个人，我们都愿意承担某些风险很高的自愿风险。例如，我们可能自愿参与一些危险的活动，自愿在有害的环境下工作，或长期维持着不健康的生活方式，但同时我们却不愿意接受非自愿风险。比如，我们在抵制低浓度化学污染物的同时却乐意吸烟；我们设法保护自己的孩子远离某种风险，而自己却可以接受这种风险；人们大都认为孩子死于飞机事故比成年人死于飞机事故更令人难以接受，尽管两者在每次旅行中有相同的发生概率；成批的同时死亡比一个接一个的死亡更难以接受；与那些熟知的风险相比，我们更加担心不熟知的风险；我们认为有些死亡方式比其他方式更可怕，尽管这种不同因人而异；我们更加关心具有传染性的风险，比如瘟疫等疾病。

表 7.7 风险影响因素和其可接受程度

影响因素	感知的相对重要性举例
自愿性	攀岩 VS 管道爆炸
可怕、厌恶、恐惧	癌症 VS 溺水
保护无辜者	儿童 VS 成人
数量多和少	飞机事故 VS 汽车事故
人们是否熟知	汽车事故 VS 化学污染物泄漏
是否具有传染性	瘟疫 VS 流感

由上可知，很多方面的因素都在影响着人们对风险的感知，而对风险的感知可能会增加人们的压力、焦虑、愤怒和担忧。因而我们需要有效地管理那些能够感知到的风险，就像管理其他风险一样。管理策略包括许可、交流和承认。

表 7.8 是美国的一个专家小组和公众关于风险等级观点的比较（Silbergeld，1993）。我们要求两个组分别给出四个问题的风险等级，并在结果中显示出两个群体对风险感知的区别，这意味着健康影响缓解措施的优先顺序也将有所不同。

表 7.8 一个美国案例中的风险感知

问题	专家观点	公众观点
有害废弃物存放地	低—中	高
食物中的农药残留	高	中
室内空气污染	高	低
消费者暴露在化学药品中	高	低

最近，英国西北部的一项研究对健康风险和环境问题感知的研究领域做了进一步的补充（Luria et al，2000）。该项研究检测了废弃物处置、空气污染、土壤污染、非电离辐射、化学和有害物质、洪水及癌症等多方面的风险感知，其中提及的很多现象令人印象深刻。

例如，有些在手机信号发射塔附近居住的居民报告称自己出现失眠、疲劳、注意力不集中、皮肤病、头晕眼花、偏头痛、一般性肌肉骨骼的病症、心理焦躁、心脏病、神经性疾病、心跳加快、耳鸣和耳朵方面的其他问题、鼻子出血、对累积性影响的担忧、在利用天线塔附近的开放空间时出现一般性的恐惧以及担心地产贬值等多种问题。在这些地区，尽管尚没有证据显示这些症状与发射器有关，但在这一区域，与广播发射器有关症状的流行率比总人口中出现的概率高出 1% ～ 2%。

7.3.3 风险自愿承担者与风险被动接受者

倡议者既是受益者也是风险自愿承担者，受提案影响的群体则是风险被动接受者（世界水坝委员会，2000）。他们通常是贫穷的、易受伤害的和处于社会边缘的人群。对该群体中的一些人来说，这些提案可能会给他们带来不必要的伤害，除非可以直接从提案中受益（如解决就业问题）。

图 7.2 描述了专家和公众之间在风险评估上的差异（BMA，1990；DOH，1997）。直线代表那些双方都赞同的情况，椭圆阴影带是处于直线之外的点，表

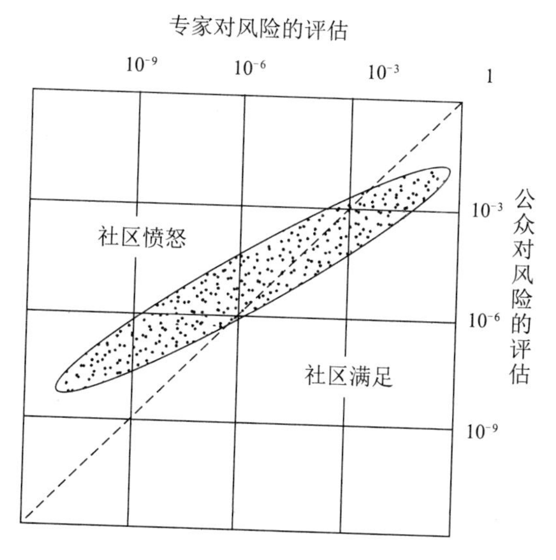

图 7.2 专家和公众在风险评估上的区别

示双方均不赞同。例如，与专家的风险估算统计结果相比，公众认为与吸烟有关的疾病的风险相对更低，在这种情况下，普通公众在面对吸烟带来的风险时就会安于现状；另一方面，公众会认为生活在手机信号塔附近的人患脑肿瘤的风险比专家的统计结果要高，在这种情况下，公众可能会对手机信号塔带来的风险有较强的不满情绪。面对这些问题，一个有效的解决方法就是找到一个共通的风险评价方法。

7.4 邻避现象

邻避现象（不关我的事）是风险感知带来的一个结果。这一概念通常以一种轻蔑的方式用在反对发展的那些人身上，暗示着他们狭窄的、自私的和短浅的观点。但是面对各种各样的发展变革，当地居民可能联合起来反对这种变革，他们认为这些提案的实施地点可以选在其他地区。这已经成为一种很广泛的社会现象，关于这一方面的文献也越来越多，但这一内容已经超出本书的讨论范围（Anon，2006；Luria et al，2009；NE，未标日期）。导致邻避现象的原因可能是新的发展提案的管理方式不当，社区的参与不充分，或者没有及时征求各方的意见，也没有及时与利益相关方沟通并及时处理有关问题。

社区经常以健康影响为借口反对发展和变革，如担心犯罪、污染、陌生人、交通以及其他广义的风险。多数风险和担忧是能够被感知的，但并没有证据支持。因而社区往往倾向于建议将提案改在一个表达能力差、力量小、贫穷并且没有抵抗能力的邻近社区实施。同时，社区在面对可以感知的外部威胁时，为了维持社会和环境的安全稳定，会展现出强大的凝聚力。

社区反对的这些发展变革通常对社会整体可能有利，但对社区所在的当地不利，如手机信号发射塔、戒毒中心、焚化炉、高速公路和受伤军人的治疗院等开发项目。

在英国和美国，土地利用变化是一个重要问题，并且还有专门的公司来帮助开发商反驳反对者。虽然作为证据的统计数据并未公布，但反对的原因及相关动态每年都有报道（Saint 咨询集团，2009）。2009 年，在英国，反对土地利用变化的主要原因是交通问题（25%）、保护绿色空间和环境（23%）、新建项目过于靠近住宅（21%）及保护财产价值（5%）。互联网上也出现了不同种类的土地利用类型受欢迎程度的排行，学校和私人住宅是最受欢迎的类型，而废旧设备处置场、赌场、电厂和采石场是最不受欢迎的类型，风力发电场则是相对较为受欢迎的类型。

邻避现象有很多类，其中一种就是代表他人反对提案。例如，不论是当地的学生还是学生家长都被认为学生是易受伤害的群体。还有一个相关概念是反邻避现象，即那些距离提案设施更远的人比附近的人具有更多的担忧，具体内容详见苏格兰和爱尔兰的关于新型风力发电场的案例（Warren et al，2005）。例如，某教区通过手机网络开展了一次针对家庭的分层抽样调查，该调查是针对一个废弃物焚烧厂的改建计划，而该计划需要进行健康影响评价。计划的内容是要建设一座新的焚烧厂来取代距教区 3 千米远处的一座旧焚烧厂（参见第 5 章）。研究人员根据被调查者离提案实施地点的距离对调查结果进行了汇总，表 7.9 中列举了部分数据。该样本不能以统计方法进行分析，因为最终结果和调查者离提案实施地点的距离之间的关系并不是研究设计的一部分，但该样本可以说明反邻避现象对结果的影响：生活在较远地区（大约 10 千米）的 42% 的人和那些不可能看到新焚烧厂的人都担心它会影响风景，而生活在附近的人群中仅有 34% 的人表达了类似的担忧。

表 7.9　不同居住距离内群众认为工程会带来负面影响的人数比例

影响因素	距离远	距离近
交通堵塞	77（41%）	80（30%）
空气质量	48（26%）	53（20%）
风景	78（42%）	93（34%）
被调查总人数	186	270

一般来说，人们对提案的反应可能会与其他一些不现实的期望或担心有关。在贫困的社区，当居民面对大型石油或煤矿提案时，不现实的期望将非常普遍。如果这个提案可以使他们变得富裕，能够提供大量的就业机会并建设大量的基础设施，那么他们会非常欢迎该提案，但如果提案不能给他们带来这些好处，他们则会非常失望和生气。同时不现实的担心也会使人们反对某提案，只有当提案的实施伴随着适当的保护措施时，他们才会意识到担心是多余的。这些期望和担心都需要得到精准的处理，且可能同时存在于一个社区，因而健康影响评价应该对此进行妥善的处理，以防止不利的期望或担心的生成，也要防止对期望和担心的管理权被交给倡议者。

7.5　经济分析

与提案有关的任何保障、缓解或加强健康的行动，都会涉及成本和效益的问题。由于资源有限，决策者需要进行成本效益分析或者其他形式的经济分析。

成本效益分析需要把成本和效益转变成货币单位以便于比较。例如，比较安装空气净化器的经济成本与其所拯救的生命的经济价值。一个应用成本效益分析的例子是利用一套程序来评估自行车的健康效益（Cavill et al，2006）。以往的证据表明，成本与效益的比率通常为 5 ∶ 1，人们已经开发了一种工具用以估算特定情境下的比率。

然而。目前该方法在使用时仍存在一些困难，如下：

1）难以量化疼痛、苦难、生活质量下降、教育成绩下滑和生产损失的成本。

2）经常需要评估生命损失，但评估的结果可能会存在争议。

3）很难定量评估某种与提案有关的健康问题导致的受到特定严重程度影响的人群的数量及其受到影响的概率。对于人群中毒的案例，可以利用剂量 - 反应模型进行评估，因而其成本和效益都比较容易衡量。

4）经济分析通常衡量的是对整个社会的影响。但健康影响是不公平的，某些社区的健康水平提高了，但有些社区却降低了。如果考虑到影响的差异性，经济分析将更加复杂。

5）如何比较通过提供就业机会带来的经济收益，以及减少污染带来的健康收益？应该使用什么样的计量单位？

成本效益方法通过使用非货币单位，克服了健康和疾病成本效益分析的一些困难，使得替代方案之间能够进行比较。例如，可以将安装空气净化器的经济成本以及因此拯救的人数，与未安装空气净化器的地区进行比较。第 2 章讨论过的伤残调整寿命年和质量调整生命年为量化健康影响提供了一个通用的度量单位，很多文章都讨论过该方法在健康影响评价中使用的可能性（DOH，1996，2004；Birley et al，1998），但很难找到此方面的应用案例。

意愿支付法提供了另一种评估疾病、伤残和死亡成本的方法。该方法通过观察和询问人们愿意支付什么来决定事物的价值。例如，人们愿意为人寿保险支付的价格说明了他们如何看待自己生命的价值；环境优越与环境恶劣地区的房产价格差异，说明了人们如何看待优越环境的价值。但这些方法也存在自身的缺陷，对此的详细讨论已超出了本书的范围。例如，对空气污染减少带来的健康效益的评估，以及对非致命道路伤害带来的健康损失的评估（DOH，1996，2004）。

7.6 双赢

健康影响评价的理想结果是不仅能满足健康目标，还能够提高提案的影响力。这将是一个双赢的结果，可以通过基于共同利益的协商解决方案来获得。我们可以设想这样一个场景，倡议者和政府卫生官员坐在一起协商，要采取行动来保障或改善健康状况（表 7.10）。如果已经能够确认提案的负面健康影响，那么政府官员可以设法阻止该提案的实施，我们会因此获得健康保障，同时失去这一提案。另一种可能是，倡议者可能会忽视健康问题并迅速地实施提案，我们将会获得这一提案，同时失去健康保障。

表 7.10　双赢的解决方案

		倡议者	
政府卫生官员		收获	损失
	收获	双赢	提案终止
	损失	忽略健康影响	陷入僵局（疏远、冷淡、相持不下）

优先选择哪一种行动应建立在共同利益之上，以下为双赢的例子：

1）居住区或建筑营地的设计应尽可能避免蚊虫繁殖，且便于维护。

2）工厂应尽量采用危害较小的工艺流程，同时提高生产效率。

3）建筑工程项目方应设法提高当地社区居民的技能水平，从而有助于他们能受到长期雇佣，也能有效加快建设项目的完成。

7.7　价值、标准和阈值

建立优先权的另一种方法是参考已经被认可的价值、标准和阈值体系。这些可能是定性的或者定量的。每一种健康影响都可以通过考察其是否服从该体系来判断其优先顺序。价值、标准和阈值体系主要包括以下内容：

1）股权价值；

2）文化价值；

3）机构的商业原则和标准；

4）环境健康标准；

5）法律要求；

6）毒性阈值。

公平的价值评价方法应该考虑到，不公平性的增加是否会导致影响的不可接受。例如，某个消极的影响可能对贫困社区、女人和无权无势处于社会边缘人群的影响较大，而对富裕社区、男人和有地位、有权势者的影响较小。同时，文化价值的差异也可能导致优先顺序明显不同。例如，在一些牧场里，一头牛可能比一个孩子的价值更高，因为牧场在短期内的经营维持依靠的是牛的健康。

作为一个遵循已被认可的价值体系的商业案例，壳牌公司（Shell）做出了以下的承诺（Shell International，1997）：

1）努力实现不损害人体健康这一目标；

2）保护环境；

3）像管理任何其他的重要商业活动一样管理健康、安全和环境问题。

一些跨国公司都有避免双重标准的原则，这意味着如果一些决策在高收入国家不被允许，那么在低收入国家也同样不被允许。

同时，这些跨国公司还有很多环境健康方面的标准，包括针对多种化学物质设定的定量毒性阈值，这些定量毒性阈值已经应用于健康影响评价之中，用以对空气、水和土壤中的污染物设定排放阈值；许多卫生标准已经应用到食物原料、民用和工业用水以及室内装修设计等方面；也有许多标准应用到城市街道设计中；政府也制定了用来管理日常生活各个方面的规章，包括行车速度、噪声水平和酒精消费。

基于已被认可的标准体系的方法则相对简单，且通过借助法律责任或其他义务的权威，其往往具有额外的强制效力。

案例分析：欧洲的高速公路

表 7.11 总结了欧洲一项高速公路工程中涉及的政策、指导和标准，该工程计划向世界银行和美国贷款，因此 IFC 和 OPIC 标准对其也是适用的，其中的很多标准均包含一系列健康保障方面的明确建议。

表 7.11　适用的政策、指导和标准

政策 / 指导 / 标准	概要
人权	逐步提高人类健康水平，保证人类健康水平没有出现退步
阿姆斯特丹条约	确保高水平的健康保障； 在所有政策中贯彻健康原则
关于运输和环境的欧盟宪章（WHO，1999）	减少机动车需求；向健康出行模式转变；注重环境及健康权利；识别弱势群体；面对经济转型挑战；减少公路货运
关于运输、健康和环境的泛欧洲计划（WHO and UNECE，2009）	通过投资可持续交通发展来创造工作机会；减少温室气体及其他交通污染物的排放；推动健康交通政策
世界银行 / 国际金融公司 / 赤道原则的指导和标准	防止性传播疾病的感染；确立紧急事件预警机制；制订最好的运输安全措施；处理好劳动力与社区之间的关系；提高人们的驾驶技术；提高居民获得服务的机会；确保行人和非机动车的安全；设置道路速度限制；考虑健康因素
美国海外私人投资公司标准（OPIC，2009）	鼓励公众揭发每年排放 CO_2 大于 10 万吨的工程；支持碳减排率达到 30% 的项目
国家运输策略	完善交通基础设施及服务，支持经济发展；确保所有群体都享有自由出行的权利；提供安全和医疗服务并确保所有居民都能享受公共运输服务；关注女性和少数群体的特殊需求

7.8 遗留影响

健康影响可以进一步分为预缓解影响、遗留影响和累积影响。

健康影响评价中会识别出需要预缓解的影响。遗留影响是指建议实施后仍旧存在且我们不希望其发生的影响，如果遗留影响仍然显著，说明提议中的相关缓解措施不充分。累积影响则涉及了提案对其他发生在环境和社会中的变化的影响（参考第 12 章）。

某些案例中，健康影响评价报告混淆了预缓解影响和遗留影响。换句话说，这些案例报告的某一影响的优先顺序会让人觉得影响似乎已经得到了减轻。这是一种很不好的做法。初步的评价应建立在还没有采取任何特殊缓解措施的假设之上。例如，尽管提案已经指明在提案中不包括消除污染物的措施，健康影响评价仍能得出空气污染没有明显影响的结论。

遗留影响的案例分析

表 7.12 是对遗留影响进行分析的一个例子。已知某一传染性疾病 X 可能引起急性病症甚至导致死亡，这种疾病在当地社区非常普遍。评价小组确信某个工程会导致这种疾病的进一步传播，因而提出了包括提供合适医护治疗的缓解措施。评价小组对遗留影响进行的分析表明，执行缓解建议会在一定程度上减少疾病的传播并减缓病情的严重程度，虽然他们对此并没有百分之百的信心。同时他们认为除了采取与工程相关的缓解措施之外，为了把影响减少到更低水平，社会投资也是十分必要的。

表 7.12　疾病 X 的遗留影响

	结果	可能性	显著性	信心
预缓解	高	很有可能	高	高
缓解	中等	可能	中等	中等

本书将在第 10 章对该案例进行更详细的描述（Winkler et al，2010）。

7.9 练习

请回顾第 5 章的神秘岛国（San Seriffe）练习。选择一个健康影响并评估它在缓解措施实行前后的意义。

参考文献

Anon (2006) 'The NIMBY syndrome and the health of communities',http://goliath.ecnext.com/coms2/gi_0199-6992607/the-nimby-syndrome-and-the.html, accessed January 2010

Birley, M. H., A. Boland, L. Davies, R. T. Edwards, H. Glanville, E. Ison, E. Millstone, D. Osborn, A. Scott-Samuel and J. Treweek (1998) *Health and Environmental Impact Assessment: An Integrated Approach*, Earthscan/British Medical Association, London

BMA (British Medical Association) (1990) *Living with Risk*, Penguin, London

Cavill, N., S. Kahlmeier, H. Rutter, F. Racioppi and P. Oja (2008) 'Methodological guidance on the economic appraisal of health effects related to walking and cycling'. World Health Organization Regional Office for Europe, Copenhagen, www.apho.org.uk/resource/item.aspx?rid=78771, accessed 2010

DOH (Department of Health) (1996/2004)*Policy Appraisal and Health*, Department of Health, London, www.apho.org.uk/resource/view.aspx?rid=78635, accessed 2010

DOH (1997) *Communicating About Risks to Public Health: Pointers to Good Practice*, Department of Health, London

Funtowicz, S. O. and J. R. Ravetz (1992) 'Three types of risk assessment and the emergence of post-normal science', in S. Krimsky and D. Golding (eds) *Social Theories of Risk* , Praeger, Westport/London

Harris, P., B. Harris-Roxas, E. Harris and L. Kemp (2007)*Health Impact Assessment: A Practical Guide*, Centre for Health Equity Training, Research and Evaluation (CHETRE), University of New South Wales, Sydney, www.health.nsw.gov.au

ICMM (2010)*Good Practice Guidance on Health Impact Assessment*, International Council on Mining and Metals, London, www.icmm.com/document/792

Islamzade, A. (1994) 'Sumgayit: Soviet's pride, A zerbaijan's hell', www.azer.com/aiweb/categories/magazine/23_folder/23_articles/23_sumgayit.html, accessed July 2009

Luria, P., C. Perkins and M. Lyons (2009) 'Health risk perception and environmental problems: Findings from 10 case studies in the North-West of England'. John Moores University, Liverpool, www.cph.org.uk

NE (NIMBY Experts) (undated), www.nimbyexperts.com/index.html, accessed January 2010

OPIC (Overseas Private Investment Corporation) (2009) 'Greenhouse gas/clean energy initiative', www.opic.gov/sites/default/files/docs/ghg_fact-sheet_070109.pdf, accessed 2010

The Saint Consulting Group (2009) '2009 UK Saint Index – Headline results NIMBYism',http://tscg.co.uk, accessed January 2010

Shell International (1997) 'Statement of general business principles', www.shell.com/home/content/aboutshell/who_we_are/our_values/sgbp, accessed February 2011

Silbergeld, E. K. (1993) 'Revising the risk assessment paradigm', in C. R. Cothern (ed.) *Comparative Environmental Risk Assessment*. Lewis Publishers, Florida

UNECE (2003) 'Environmental performance review Azerbaijan', www.unece.org/publications/environment/epr/welcome.htm, accessed 2011 February

Warren, C. R., C. Lumsden, S. O'Dowd and R. V. Birnie (2005) '"Green on green": Public perceptions of wind power in Scotland and Ireland', *Journal of Environmental Planning and Management*, vol 48, no 6, pp853–875

Wikipedia (2009) 'Sumgayit', http://en.wikipedia.org/wiki/Sumqayit#cite_note-2, accessed July 2009

Winkler, M. S., M.J. Divall, G. R. Krieger, M. Z. Balge, B. H. Singer and J. Utzinger (2010) 'Assessing health impacts in complex eco-epidemiological settings in the humid tropics: Advancing tools and methods', *Environmental Impact Assessment Review*, vol 30, no 1, pp52–61, www.sciencedirect.com/science/article/b6v9g-4wfppc7-1/2/a9621176a138c680fd2e77e594b806d1

WHO (World Health Organization) (1999)*Charter on Transport, Environment and Health*, World Health Organization, Copenhagen, www.euro.who.int/en/who-we-are/policy-documents/charter-on-transport,- environment-and-health

WHO and UNECE (World Health Organization and United Nations Economic Commission for Europe) (2009) 'Amsterdam Declaration, making the link: Transport choices for our health, environment and prosperity', www.unece.org/thepep/en/hlm/documents/2009/amsterdam_declaration_eng.pdf, accessed May 2010

World Commission on Dams (2000) *Dams and Development: A New Framework for Decision-making*, Earthscan, London

第 8 章

建议的提出与管理计划的制订

本章内容提要：

1）得出“提出合理的建议是健康影响评价的首要目标”这一结论；
2）阐述对建议进行评价的不同方法；
3）解释建议的层级关系；
4）明确目前面临的挑战；
5）列举良好的建议和不好的建议的例子；
6）得出“将管理层接受的建议纳入管理计划中”这一重要结论。

8.1 引言

健康影响评价中最后的步骤之一就是给出用以解决已明确的健康问题的管理措施，即提出相关的建议，这些建议的目的是提高健康水平，并缓解健康状况的恶化。可以说这是健康影响评价的主要目的和最重要的部分。这部分所包含的子任务如下：

1）确定影响的优先顺序（参见第 7 章）；
2）提出行动建议；
3）证明建议是合理的；
4）指出遗留影响（参见第 7 章）和累积影响（参见第 12 章）；
5）起草管理计划。

健康影响评价报告中提出，建议需要能够反映其目的和目标，正如在参考术语中列出的一样。这些建议应重点关注提案造成的健康影响，以及如何使健康收益最大化、健康损失最小化。严格来说，倡议者只对提案引起的健康变化负责，并不对社区现有的健康需求负责，也不应代替国家和地方政府（或其他部门）的角色。但很多情况下，如果提案能够单独给社区带来利益，倡议者也会将其列入责任范围内（参见第 1 章）。有时，成功的提案也会引来代理商间接的兴趣，这些成功的案例通常包括健康改善计划。

例如，在英国有一个称为规划收益的概念，即私人开发商需要为社区提供对社区有益的设施。尽管最初的发展目标并不包括这部分内容，但在住宅区不断发展的情况下，公园、操场和诊所都可能被包括在内。在低收入国家，一个公司就有可能向社区提供学校、基础卫生保健设施、微型融资计划和公共交通等相关服务和设施。这些设施能够提高开发商的声望，保障其经营能够持续得到许可，同时也能提高当地劳动力的价值，并对当地的发展做出贡献。但同时可能产生的风险是这种发展是不可持续的，或者使当地公共服务产生新的成本，因而需要评估这种风险。

健康影响评价的建议应根据提案的建设、运行和终止阶段的不同而进行调整。例如，在基础设施建设的提案中，建设阶段比运行阶段多出很多临时的社区团体。故不同阶段的健康问题很可能是不同的。在建设阶段，责任很可能从倡议者转移至建设公司，建设公司须确保不滥用当地社区的劳动力，不引入新的传染病。而在运行阶段，可能存在直接受倡议者控制的小而稳定的员工队伍及服务供应商，包括食品生产商、零售商、货运公司、清洁服务公司、园艺服务公司及安保公司等。

要从建议的可行性、实施建议所需要的资源以及建议将怎样配合或影响现有方案等方面对建议进行评估。例如，健康改善、健康提升或社会投资项目应配合并尊重现有的政府卫生政策和项目。为了更有效地提供服务，提案倡议者可以适当与当地政府及非政府组织建立伙伴关系，这些通常被称为公私伙伴关系（世界银行协会，2007）。例如，在贫穷的农村社区，在工程的建设阶段，人们可能会担心餐饮承包商的采购需求将会导致基本食品价格上涨，为此当地农业非政府组织会努力提高粮食产量、增加食品库存量并改进营销设施，提案倡议者可以为非政府组织提供设备或材料，以及保证产品公平交易的市场。这种合作关系可以提高建议的可持续性。

建议须具体、实用，下面将讨论关于良好的建议和不好的建议的例子。为帮助健康影响评价报告的读者判断报告中强调的健康影响是什么，以及如何决定优先顺序，必须提出相关建议。同时应对替代选择进行讨论。

建议应呈递给倡议者，由他们来决定采纳哪些建议，拒绝哪些建议。倡议者需对成本负责，并证明所有开支的合理性。理想情况下应估计每个建议的实施成本，但实际中，所需的数据在此阶段往往不一定都能获得。在任何情况下，实施建议的成本需要与由于健康欠佳、疼痛、痛苦和死亡带来的成本进行对照，这在第 7 章已深入讨论过。

一旦建议被采纳，管理计划就必须付诸实践，健康影响评价报告中应提供计划纲要，表明谁在何时需做什么，还应包括所有重要事件和监控过程。

8.2 缓解措施的层级结构

职业健康安全顾问通常很熟悉缓解措施的层级结构。在层级结构顶部，享有最高优先权的是从源头上减少或消除风险的措施，包括改变设计方案、改变项目建设位置和改变建设的过程，这些措施由社会、相关机构或公司负责实施，以便剪除不良健康影响的来源；位于层级结构较底部的是保护个体远离风险的措施，这些措施通常是为了改变个体行为，包括一些防护措施，如让施工人员佩戴安全帽和在施工现场张贴警示标语。健康影响评价可以采用类似的层级结构（见表 8.1）。与层级结构并行的还有预防措施，如增强当地的医疗设施条件。消除危害来源的措施比依靠改变人类行为方式的措施更有效，例如，面对与吸烟有关的风险，通过制订公共场所吸烟非法的规章来保护人们避免被动吸烟是控制相关风险的最好办法，而在香烟包装上增添警示标语属于处在层级结构底部的措施，且未必有效。如果提案会产生非自愿性风险，即当地居民不愿主动承担这样的风险时，高层级的措施就显得尤为重要。

表 8.1 缓解措施的层级结构示例

层级	解释
从源头减少、避免、最小化	重新设计提案，彻底消除或改变导致影响产生的原因（如重新安置）
在现场减弱	完善设计。如污染控制，这在废弃物排放的案例中通常被称为“末端治理”
在受体处减弱	若不能在现场减弱影响，可以采取非现场减弱的措施。例如，在附近的居民区安装双层窗户来减轻噪声的影响
修复或补救	如医疗保健、完善的水供应和对道路进行修整
以实物或通过其他方式补偿	当其他的减缓措施不可行或完全无效时，应对提案带来的损失、破坏进行一定补偿。包括经济补偿或为社区提供相关设施，以弥补娱乐和休闲空间的损失

改善健康同样很重要，表 8.2 提供了关于健康改善层级的例子（ICMM，2010）。

表 8.2　改善健康状况的层级结构

层级	解释
使全体都能获益	在设计提案时，那些能为受影响的社区带来积极健康影响的自然环境、社会环境和经济环境的元素，在一开始就应该作为一个整体被包括在提案中，如为受影响人群提供能够改善健康状况的项目、绿色空间、卫生且通风良好的员工宿舍、职业技能培训、最低收入保障和社会投资项目等
确保措施的公平性	制订相关措施，确保弱势群体从提案中受益，如开展有针对性的健康教育和疾病预防项目；制定相关方案、政策，以确保当地居民有被雇佣的机会，同时与当地社区分享利润
做出简单易行的健康选择	包括给基础设计和运营政策增加内容，以此鼓励和奖励能够改善健康状况的行为（如体育活动），如提供安全的自行车停车设施
积极的教育和信息	利用各种机会提供信息和教育，确保人们面对诸如营养、安全性行为和活力出行等问题时做出明智选择

缓解措施的例子

疟疾

表 8.3 显示了社会和个人控制疟疾方法的差别。

表 8.3　社会与个人对疟疾控制的建议

社会	个人
改善住房的设计和位置	使用浸药蚊帐
减少贫困和过度工作	使用驱虫剂
建设蚊帐的营销市场	改善寻求治疗的行为
提供快速诊断和治疗	增加关于疾病传播途径的知识
提防那些可能增加蚊虫繁殖场所的提案	加强预防，并减少从事患病风险高的活动和行为

HIV

缓解措施包括政策、战略及地方层面。对于大型基础设施的建设项目，HIV 的缓解措施层级可能包括表 8.4 中所列的内容。

表 8.4　社会与个人对控制 HIV 的建议

社会	个人
与政府协商，以避免政府拒绝控制 HIV，采取文明的、灵敏的和有效的控制手段，使成人性行为合法化	通过合同保证劳动力的健康

社会	个人
确保性保健条款包含在合同中，如要求发放安全套（除非已经做出预算并同意，否则建筑公司不会实施这样的措施）	匿名艾滋病毒检查和咨询
为有可能被吸引到性行业的弱势男性和女性提供便利的可替代的谋生手段	提供避孕套

石油和采矿业等部门还有一些附加的指导（IPIECA/OGP，2005；ICMM，2008）。

肥胖症

在收入较高的城市社区，肥胖已成为日益严峻的健康挑战，缓解该问题主要依靠运动和健康饮食。在新社区的设计阶段，缓解措施包括表 8.5 中的建议。

表 8.5 社会和个人对控制肥胖症的建议

社会	个人
保证良好的公共交通系统	使用体育设施
制订步行和骑自行车的有关规定	健康饮食并加强运动
确保地方购物中心在 3 公里之内	减少私人交通工具的使用
提供高质量的绿地	

8.3 评价建议的标准

目前尚没有统一的标准来评价 HIA 中提出的建议，以下是推荐采用的标准。良好的建议应具备以下特征：

1）有明确的证据和正当理由支持；

2）符合实际；

3）旨在使健康收益最大化、健康损失最小化；

4）社会能够接受（一定程度的实用主义是必要的）；

5）能够配合政府的政策和项目；

6）考虑到实施成本；

7）考虑到机会成本（钱用在别的地方会不会更好？）；

8）包括预防性和治疗性措施；

9）按照短期、中期或长期列出；

10）识别变化的驱动因素和障碍；

11）确定实施和资助建议的主要机构或个人；

12）能够被监测和评估；

13）能够提高社会公平性；

14）具体到建议的各阶段；

15）根据可能产生影响的结果和概率，突出强调重点影响（参见第 7 章）；

16）能够即时地影响健康决定；

17）在技术上是充分的；

18）包括监测方法；

19）考虑到化石燃料的稀缺性；

20）是可持续发展的。

本章最后将给出运用这些标准的练习。

根据提案的不同阶段和问题的优先顺序，将建议进一步细分，好的建议能够同时影响不同的健康决定，它们应该具有提升社会公平的作用。换句话说，它们不仅要保护有权势的人，还要保护那些弱势的和处于社会边缘的人群。

应了解干预措施的技术充分性和成本，说明有效监控的机制。

最好的缓解措施将同时有益于提案和社区。例如，通过替换工艺流程可能会在减轻污染的同时提高生产效率。这种双赢的缓解措施可能会获得决策者的支持（见第 7 章）。

同时建议中还需考虑能源需求，考虑全世界都面临的气候变化和燃料短缺状况（见第 12 章）。

某一热带国家住房建设项目的建议

应修改建筑设计以确保适宜的环境热量水平并降低热刺激的风险。

8.3.1 SMART 概念

一般来说，用于评价管理措施的标准都可用来评价健康影响评价提出的建议，其中一组标准是 SMART 概念（CDC，2007；Wikipedia，2009）（见表 8.6）。

表 8.6 SMART

标准	解释
具体（Specific）	提供“谁”（目标人群）和“什么”（行动 / 活动）。一个具体建议只使用一个实义动词
可衡量（Measurable）	重点在于预期变化。可衡量的建议提供了一个可清楚衡量变化的参照点

标准	解释
可实现（Achievable）	基于已有的资源和限制，确保建议的可实现性。一个可实现的建议应能在给定时间内完成
实际（Realistic）	强调影响范围，提出合理的方案步骤
及时（Timely）	提供时间计划表，说明什么时间执行什么行动以及验收的时间

8.3.2 其他提示

最近的一份指南提供了制订建议时的附加提示（Harris et al，2007）：

1）突出提案的积极影响；

2）保持文字简练，且具有行动导向性；

3）重点关注可实现的建议；

4）清楚地沟通；

5）建议的形成需要利用利益相关者的积极参与；

6）证明建议的合理性。

同时相关建议也在检验健康影响评价通用工具中进行了讨论（Fredsgaard et al，2009）（参见第 4 章）。此工具假定倡议者对建议的提出和缓解措施的承诺等级是已知的。以我的经验，通常在建议提出后，倡议者才决定做什么样的承诺。

当建议提交给倡议者 / 决策者时，他们可以接受或者拒绝。如果他们信任评估者或与其有良好而密切的合作关系，或通过与所有利益相关者尽早、多次的沟通后达成共识，他们就更容易接受建议。事实上这很难实现，在网络化沟通与交流过程中需要一些特殊的技能，且需要一定的技巧。理想情况下，应在向决策者呈现建议之前评估其实施成本。在实际应用中，需要评估者对提案有更深入的了解。

建议不一定是此消彼长的（欧盟健康和消费者保护总司，2004；Mindell et al，2004），即消除消极影响不一定会产生积极健康影响。

建议可以提供不同的选择。例如，关于减少交通产生的空气污染对健康的不利影响的建议可以提出如下选择：疏解道路交通，减少车辆尾气排放，增加健康的出行方式或发展当地空气污染预警系统（欧盟健康和消费者保护总司，2004）。从公共健康角度来说，大规模转变为健康的出行方式也许是最好的选择。

8.3.3 创建多重障碍

实际中，缓解措施会创建障碍来降低风险，其中任何一个障碍都是充分的，但任何单独的障碍都可能失败。为了阻止影响发生，最好的办法就是创建多重障碍。如果障碍全部失效，必须创建恢复程序。

例如，肥胖症风险可能出现在英国拟建的新建住宅区。建议对策可包括活力出行，通过修建自行车道、建设安全的自行车停放场地、开设有关骑行和自行车维修的课程以及创办自行车俱乐部来推动该计划。同时，为了鼓励健康饮食，应规划食品店的位置，还可与学校合作建立体重监控系统，并提供相应的医疗服务。

8.4　不恰当的建议

在实际生活中，健康影响评价的专家很容易提出不恰当的建议，以下为典型的不恰当建议：

1）通过“健康教育”改变个人健康行为（选择了缓解措施层级结构的底层建议）；

2）为医疗保健提供更多的医院；

3）提高社区对提案的依赖性。

糟糕的建议

糟糕的健康影响评价通常包括像建造医院和改变人们的行为方式这样的糟糕建议。

与医疗保健相关的主要缓解措施是关于“修复或补救”的措施。但健康影响评价应强调“从根源上避免或减少”或“减轻现状”。一般用促成当地非政府组织专家提供几年的点对点教育来代替健康教育；用为当地医院的急救中心医生和救护车提供额外支付来代替提供更多的医院，以便它可以为提案的工作者提供紧急服务。

由于建议的不可持续性，它们可能并不恰当。很多低收入国家都存在着许多由于某种原因捐赠给地方政府的建筑物空壳，当地政府没有足够的财力及人力资源维护它们。建议可以分为需要一次性资本支出的（如新的基础设施）和需要经常开支的（如员工和维护），后者需要得到长期承诺，然而这种承诺是不受倡导者欢迎的。

8.5　时间选择

提案的不同阶段可能需要不同的健康影响评价建议：准备、建设、运行和终止阶段大部分对时间要求最严格的建议从开始阶段就必须制订并实施，另外一部分可能需要在健康影响评价完成前实施。在健康影响评价处于委托过程中时，开发商应签订建设合同。建设管理的方式可能产生健康影响，因而需要系统地管理建筑工人和当地社区居民之间的关系。例如，大量外来工人的突然涌入可能导致食品价格和房屋租金的上涨，这可能给建筑公司带来额外的责任，因此这类问题需要在建筑合同中明确说明。

在施工阶段，当地的交通需求、环境污染和人口数量都会大幅增加，其中有些变化需要由其他程序来管理，如交通管理计划。再如，可能会有一些随运营商贩居住在脏乱的环境中，他们的居住地没有水供应，卫生设施也很差。由于社区管理的责任是非正式的，并不在倡议者的计划之内，因而责任的归属需要认真商讨。在某欧洲项目中，曾创立了一个旅行管理方案，目的是避免当地孩子受到施工车辆的伤害，孩子们原本骑自行车上学，代替的缓解措施是用公共汽车接送他们。然而，应该尽量避免由活力出行向机动车交通的模式转变，因为活力出行有益于身体健康（活力出行协会，2008；运输健康和环境泛欧方案，2009）。

运营阶段的健康影响可能持续更长时间，与建设高峰期相比，这一阶段对健康情况进行系统监控的机会可能会多一些。社会调查项目也在同步进行中，因此可以探索更多与提案影响有关的情况。

终止阶段通常发生在多年以后，因此几乎不可能清楚地判断其健康影响，或提出详细的管理建议。然而，我们可以提议在终止之前进行一次新的健康影响评价。同时应从第一次健康影响评价开始，保留仔细的记录并进行存档，以便在未来的评价中使用。例如，在基础设施的建设案例中，应记录提案实施过程中的所有重要事件。英国分布着很多多年前被工业项目排放的未知化学污染品污染的棕色地带，它们已经长久地遭到遗弃或遗忘。我们不应该再给后人留下类似的遗产。

8.6 案例研究：渔村的重新安置

现有一个渔村需要搬迁。该渔村具有以下特点：

1）很贫穷。

2）居民多是自给自足的渔民，利用独木舟进入内陆水域，把产品带到集市上出售。

3）文盲率很高。

4）房屋由泥土、稻草等传统材料建成。

5）从池塘获取生活用水。

6）露天排泄。

以下为根据该社区特点确定的两个主要的缓解方案：复杂的缓解方案和简单的缓解方案。

8.6.1　复杂的缓解方案

复杂的缓解方案是建设拥有所有现代化便利设施的新农村。这一方案将取悦那些宣称自己能给社区带来巨大利益的政界领导。然而，这类社区的居民没有使用抽水马桶的经验，马桶很快就会被堵塞；新农村建有港口设施，并向渔民提供机动化渔船，但他们却没有额外的资金来支付电和柴油，以及用以保障设备的维护费用。

8.6.2　简单的缓解方案

简单的缓解方案是指在易于维护的小范围内提升农村生活标准。例如，公共厕所可以安全地代替露天排泄，也容易保持良好的卫生条件；这里的社区居民喜欢自行建造房屋，为了获得高质量的建筑材料，他们可能需要一定数额的重建补贴；经过特殊处理的蚊帐可以保护他们避免罹患疟疾，购买这样的蚊帐大约要花费 5 美元，但这对于农村社区来说已经是一笔很大的开销，因而缓解方案可提出对该费用进行补贴的建议；同时，微型融资计划可以向社区提供新产业发展的机会，且社区不必承担多余的债务，也不必贷款。

通常，为了取悦地方政府领导，倡议者会选择复杂的方案，即使他们知道它可能并不合适，也不满足可持续发展的要求。

8.7　案例研究：格拉斯哥市英联邦运动会的健康影响评价

格拉斯哥市计划举办一项盛大的运动项目，即英联邦运动会，需要新建大量的基础设施（格拉斯哥市议会，2009），通过一系列利益相关者的参与及大范围的社区协商，开展了健康影响评价，这是一个良好的实践案例。健康影响评价建议分为 16 个主要议题：设备、交通、公民自豪感、个人行为改变、格拉斯哥形象、住房和公共空间、文化和体育赛事的参与、经济和就业、志愿服务、社区安全、反社会行为和犯罪、社区参与、体育发展传统、环境、可持续发展和碳排放量。各议题下又包含了很多高水平的建议。对于每个建议，有关人员都在相关负责机构的参与下确定了提案的潜在健康影响（包括积极影响和消极影响）。下面是一些例子。

运动会计划投入20亿英镑用于交通基础设施的建设，其中一个可以肯定的积极健康影响是公众对公共交通的新需求，应提出确保公共交通系统长期可靠、可使用、安全、低成本的建议，该责任落在了格拉斯哥市议会的三个单位、斯特拉斯克莱德（Strathclyde）客运交通管理局以及格拉斯哥社区交通管理部门的身上。

也有人担心为运动会修建的新设备在长期来看发挥的作用是不可持续的，这对公共健康来说是不利的。社区调查显示，95%的人认为能获得可负担得起的运动设施是很重要的，建议需确保这些设施能够被综合利用，并提出实现利用最大化的行动策略。同时社区居民认为建筑内应提供可负担得起的健康食品。

关于酒类在比赛场馆的销售和供应，目前尚存争论。有关部门发表了一份联合酒类政策声明，目的是防止向酗酒的人销售和供应酒类。负责执行该政策的部门是格拉斯哥市特许经营机构以及酒精和药品相关工作组。目前已经有限制公共场所酒类消费的法律规定，建议的目的是加强这些规定的执行力度。

应该倡导良心采购或增加当地时令产品的消费，并将其作为碳减排策略的一部分，这将是一个很好的发展建议。建议中提出要增加公共配额量，并加强运动会和市场花园计划之间的联系。

8.8 海外提案中关于缓解措施的更多案例

当提案需要修建道路时，应仔细进行规划，在道路两侧建设人行道，供非机动车通行。这将减少道路交通事故，并能帮助社区居民运输货物和家畜。

还有许多提案的政策规定要尽可能从当地采购物资，并以雇佣劳动力和提供生产机会的形式为当地社区带来间接利益。社区财富的增加可改善健康状况。同时，一个监控本地通货膨胀情况的系统也应该包括在提案中。然而，如果从当地采购太多的耗材，则可能抬高物品价格，最终导致当地基本必需品的短缺，如食品的短缺。

8.9 有关风险感知的缓解措施

风险感知的缓解措施中的很多方面是我们尚不知晓的。我们明确知道的是，它与个人和社区控制影响其生活的风险的意识有关。公众需要理解提案，我们需要理解他们的担忧；他们需要享有掌控权利，而非仅仅听凭安排；他们需要熟悉提案的性质，需要了解提案给他们带来的有利影响而非不利影响。

美国最近的一个实验中，当地社区获得授权可以在自己居住的社区随时随地地采集空气样本，并由独立的实验室对样本数据进行分析，公司将承担这些费用，分析结果直接由实验室向社区发布。这样可以让社区居民对社区的空气质量放心。当工厂需要进行大规模的改建时，公司会带他们参观别处的类似工厂，以确保居民能够提前了解所有可能的变化。

再比如，巴基斯坦最近的一项工程中包括了一项社会投资策略，主要内容是提高当地村庄的权益。该工程支持小额融资（小额信贷）创业（Grameen Bank，2009；全球发展研究中心，2009）。该举措使当地妇女有机会发展独立的商业企业，提高自己的社会地位。同时在随后的采访中，这些妇女很愿意积极表达自己的意见。

8.10　增强积极的影响

提案既会产生积极的健康影响，也会产生消极的健康影响，这是毋庸置疑的。但有些建议可以增强积极的影响，同时完善提案。下面为几个大型国际提案的案例。

1）相比于在项目边界修建供施工者使用的私人诊所，完善当地公共诊所系统的成本效益可能更高，更有利于施工者和社区。

2）相比于设立单独的供水设施，改善当地的公共供水系统对于提案和社区的成本效益可能更高。

3）施工阶段的主要特点就是繁荣与萧条的周期影响。施工工人知道他们的雇佣期是有限的，如果在施工阶段结束后，能帮助他们获得新工作，将能极大地鼓舞士气，保证他们在施工期内更有效率地工作。

4）相比于提供复杂的现场安全培训，把培训延伸至工人各自的家庭可能更实用。这样不仅可以确保工人用较少的时间处理家庭紧急情况，同时能保证安全文化更牢固地根植于他们的思想。

若想改善社区卫生，就需要充分理解健康需求及健康需求评价（见第 1 章和第 4 章）。改善措施包括提高社区人员的技能，使他们能够更充分地参与到现金交易中；根据工人当前技能的熟练水平，为其提供新的就业机会；任何能够缓解贫困的提案都有可能促进当地健康水平提高。

提案也可通过增强与服务设施接触的便捷性来提高社区健康。例如，修建道路使人们可以方便地到达诊所，否则人们可能无法就医。

除了在项目现场直接的雇佣机会，可能还有许多与当地供应链相关的其他雇佣机会。例如，食堂可能雇佣当地的卡车司机来运输供应物品。

8.11 已有的建议

每个部门通常都备有目前已有的建议的目录，这将大大方便工作的开展。然而，对于具体的提案，还需提出具有针对性的建议。目前，包括这本书在内的许多文件都有建议目录的样本。

例如，世界银行集团的环境健康及安全指南（EHS Guidelines）总结归纳了很多按行业分类的建议，包括一般准则和具体部门的指导方针，每一项准则和指导方针又包含 5 ～ 10 个建议（IFC，2007）。一般准则包括环境问题、职业健康和安全、社区健康和安全、施工和退役等章节，而社区健康和安全部分又被细分为七个主要的类别，针对每一个类别列举了进一步的建议（见表 8.7）。

表 8.7 世界银行集团 EHS 指南：社区卫生和安全部分概要

内容	摘要
水的质量和可用性	预防不利影响，确保可持续供应
工程基础设施的结构安全	安全设计与施工；建立缓冲带；确保稳定性；制定建筑法规
生活和消防安全	新建筑标准
交通安全	保护那些最脆弱的群体；最佳的运输安全实践；保养；标牌
有害材料运输	符合标准
疾病预防	科技信息系统，劳动力的流动，病媒传播疾病
应急准备和响应	确保计划到位

另一个例子是健康发展评估工具为决策者提供的一组行动指南（见第 11 章）（旧金山 DPH，2006）。

在欧洲，针对大范围提案的标准缓解措施包括促进活力出行和减少私家车的使用，前者主要包括高品质的多联运动设施，丰富的旅行规划信息，后者包括汽车俱乐部、设计良好的连续自行车道、高频率的巴士、公交专用车道、旅行顾问、安全的自行车存放处和宽敞的人行道。更多案例可参见伦敦交通战略，其中部分措施的效果尚不确定（伦敦管理局，2010）。

8.12 建议的有效性

标准建议的有效性需要广泛的研究和调查，在战略研究领域有越来越多的相关评论。例如，交通创新指南要考虑交通和交通干预对健康影响的证据（Douglas et al，2007）。它识别并区分出了那些缺乏证据支持的建议和有足够证据支持的建议。该指南同时也回顾检验了健康影响评价中对道路运输提案提出的一些战略性建议。例如，在伦敦征收拥堵费明显减少了交通量，但关于此事的健康影响调查证据却很少；充电是伴随着公共巴士网络体系进步而产生的实质性改进，随之而来的是公共汽车使用量的不断增加；在居民区降低车速可以减少人身伤害机会，但也可能增加周围地区的交通事故发生量；因为缺少显著证据，评估者无法确认道路建设引起的交通中断对健康的影响，尽管这两者看起来是有关联的。

8.13　监控建议

在影响评价阶段做出的建议通常包括监控。监控的目的是提供简单、快速的指示以便于管理并调整缓解措施。监控为保持缓解措施正常实施提供了机会，且能对不可预测的影响做出快速、有效的反应。理想的监控指标应该简便、易测量、灵敏且能够覆盖大范围的健康决定性因素及健康结果。相关人员对于监控结果必须快速做出反应，这样监控信息才能转变为有效的管理行动。

指标示例

表 8.8 列举了常用的健康指标。社区安全饮用水供应的百分比是反映水传播疾病风险的指标，但必须仔细界定什么样的水才是安全饮用水。

表 8.8　简单健康指标示例

类型	示例
水供应	可获得水供应的社区比例
室内和室外空气质量	悬浮颗粒物浓度
贫穷	市场通货膨胀
住房条件	拥挤程度

空气中 PM_{10} 的颗粒浓度是一个反映空气质量的指标，在许多社区，这一指标在室内和室外都是必要的，由于人们在室内吸烟，或利用生物燃料做饭和取暖，室内的这一指标可能比室外还要高。

诸如食品、住所、能源和水这样的基本生活需求物资价格的通货膨胀是反映穷人受提案影响程度的指标，直接影响当地的采购政策是否按预期运行。

平均住房规模是多少？多少人睡一个房间？拥挤程度是反映租住房屋管理是否合理的指标，拥挤程度也是肺结核发病率的重要影响因素。

8.14 建议的一致性

针对同一提案，应检查健康影响评价中提出的建议与社会环境影响评价中提出的建议是否一致。若能同时减轻或增强几个不同种类的影响，健康影响评价可能会更具成本效益。当然这些建议也存在互相冲突的风险。例如，通过生产更多牛奶来改善农村生计的建议可能与减少消费牛奶中脂肪的建议相冲突；使居住区更方便出入的建议可能与减少犯罪的建议相冲突；采购当地物资的建议可能与避免当地通货膨胀的建议相冲突。

8.15 决策制定

通过分析健康问题，在提案各个阶段确定优先顺序和替代方案，从而推进健康影响评价进程。下一步是向管理层提交建议的缓解措施，并获取批准。实施建议通常会产生费用，管理层要对费用进行控制，所以会想方设法地寻找不接受建议或减少费用支出的理由。

人们可能认为当决策者面对事实时，他们会按照逻辑选择最佳的解决方案。比如在健康影响评价体系中，健康影响评价报告得以产生、得到批准并移交给决策者，决策者在认可所提观点的有效性后，制定理性的决策来落实建议。但事实上这与我的观察并不一致。

还有一种不同的观点认为，决策的做出是非理性的，各方需要一个缓慢的过程才能达成共识。这种模式下，健康影响评价报告是多种信息来源的一种，可能会对决策产生影响，也可能不会。这与我所观察的情况很相似，与环境影响评价的研究也比较一致（Cashmore et al，2004）。

如果决策不合理，并且各方达成共识的过程非常缓慢，此时以下原则可能适用：

1）最后的影响评价报告不应包括意外情况。换句话说，决策者应随时了解报告可能包含的内容、将要提出的建议及提出建议的理由。管理层应充分意识到评价过程中已经发生的事情，保证他们不会突然遇到无法充分理解的建议。

2）评价过程本身应该是一个达成共识的过程。即使在评价开始前，决策者也应了解他们需要关注什么样的问题及其背后的原因。建立共识的过程绝不是微不足道、容易解决的，而是需要更多的研究和讨论。

3）劝说是一门艺术。健康影响评价的目标是使决策者能够修改他们的提案，达到保障健康水平和改善健康状况的目的。理想的情况是，决策者认为他们提案的大部分是积极的、有价值的，总体上是在做有价值的工作。因此，健康影响评价的一个好的方法是“肯定影响评价”，肯定、维持和加强现有提案中所有能够改善健康状况的好的方面。

例子

英国的一个私人开发商计划为一个混合居民区拟订计划大纲。该计划假定新住户需要双行车道，使其能够便捷地到达商店、诊所、文化中心和学校，但是这样修建新道路需要占用现有的人行道，且需要穿过私人用地。对于居民的安全防护和改善健康状况来说，灵活出行方式无疑具有优先权，目前面临的挑战就是如何使道路的修建与该出行方式达成一致。这将导致完全不同的设计，但这在报告草稿中却不能在第一时间引起倡议者的关注。

8.16　管理计划

管理者接受建议后，为确保建议的顺利实施，要起草相应的计划。管理计划需要表明何人在何时要做何事：何人需对建议的实施负责；建议得到落实所需的时间；建议实施的成功标准及验证方法。除非有特别的预算拨款，计划的起草通常有专门的人员负责，而不是由健康影响评价顾问承担。

健康影响评价顾问可以帮助委托者拟定管理计划框架。表 8.9 是一个住房重建的案例（Birley and Pennington，2009）。报告详细地介绍并证明了左栏建议的合理性，委托者可根据汇总表接受或拒绝每个建议，然后进一步安排责任、预算和行动日期。

表 8.9　管理计划纲要示例

建议	接受 / 拒绝	负责执行者	预算	行动日期
承租人管理和参与	已经执行			
识别租客及其特殊需求				
针对提案与租客沟通				
为脆弱的租户提供支持				
与社会服务相联系				
住房健康和安全				
评级系统（参见第 11 章）				
适应气候变化				
残疾带来的额外要求				
终生保障住房标准				
改善外部物理环境				

建议	接受 / 拒绝	负责执行者	预算	行动日期
阶段性工作				
建议的实施				

8.17 练习

8.17.1 关于神秘岛国的继续练习

回顾第 2 章、第 4 章和第 5 章关于神秘岛国（San Serriffe）的练习，给出两项在提案的具体阶段（如建设和运营阶段）减缓、维护或增强利益相关群体健康的具体建议，同时根据实际情况对建议进行调整。例如，你可以决定在施工期，应该通过向所有建筑工人免费提供安全套来减少性传播感染的风险；你可以为当地人提供就业的机会而不是通过小额融资计划进行商业性性行为。

8.17.2 评价练习

这里有两项基于英国交通运输健康影响评价的建议样本。表 8.10 中根据一组指标来检验这些建议的合理性。该内容是从现有的培训材料中提取的（IMPACT，未标日期）。

表 8.10 评价建议标准的示例

评价标准	勾选符合选项 A	勾选符合选项 B
实用性		
旨在使健康收益最大化、健康损失最小化		
为社会接受（实用）		
考虑执行成本		
考虑机会成本		
包括预防措施和补救措施		
划分为短期、中期和长期目标		
明确变化的动因和障碍		
明确主要负责机构或个人		
能够被监测和评估		

A 保证提案为活力出行提供足够的设施，已经可以证明这样能够改善身体和心理的健康状况，因而要尽可能多地修建自行车道。

B 骑自行车的健康效益成本比至少为 5 ∶ 1，应该在开发提案中寻求机会，推广活力出行模式；社区提出的使用自行车的一个障碍是害怕与机动车相撞，因而应在所有新道路两侧修建单独的自行车道；居住区应同时适合步行者和骑自行车者通行。当地的自行车运动委员会已表示有兴趣规划自行车道并提供自行车培训及维护服务（联系 X 先生）。地方议会也会在一些道路上安装自动循环计数器，可以提供用于检测的自行车比较年度计数（主管人员是 Y 女士）。

参考文献

Active Travel Consortium (2008) ‘Travel actively’, www.travelactively.org.uk, accessed May 2010

Birley, M. and A. Pennington (2009) ‘A rapid concurrent health impact assessment of the Liverpool Mutual Homes Housing Investment Programme’, www.apho.org.uk/resource/item.aspx?RID=95106, accessed November 2010

Cashmore, M., R. Gwilliam, R. K. Morgan, D. Cobb and A. Bond (2004) ‘The interminable issue of effectiveness: Substantive purposes, outcomes and research challenges in the advancement of environmental impact assessment thcory’, *Impact Assessment and Project Appraisal*, vol 22, no 4, pp 95–310, www.ingentaconnect.com/content/beech/iapa/2004/00000022/00000004/art00005

CDC (2007) ‘Program evaluation: SMART cards for SMART objectives’, www.cdc.gov/healthy youth, accessed February 2011

Douglas, M., H. Thomson, R. Jepson, F. Hurley, M. Higgins, J. Muirie and D. Gorman (eds) (2007) ‘Health impact assessment of transport initiatives: A guide’, NHS Health Scotland, Edinburgh www.healthscotland.com

EC (European Commission) Health and Consumer Protection Directorate General (2004) ‘European policy health impact assessment: A guide’, http://ec.europa.eu/health/index_en.htm, accessed July 2009

Fredsgaard, M. W., B. Cave and A. Bond (2009) ‘A review package for health impact assessment reports of development projects’, Ben Cave Associates Ltd, Leeds, www.hiagateway.org.uk, accessed September 2009

Glasgow City Council (Chief Executive’s Office Corporate Policy Health Team, Glasgow Centre for Population Health, NHS Greater Glasgow and Clyde Public Health Resource Unit and Medical Research Council Social and Public Health Sciences Unit) (2009) ‘2014 Commonwealth Games health impact assessment report, planning for legacy’, Glasgow City Council, Glasgow, www.glasgow.gov.uk

The Global Development Research Centre (2009) ‘Microcredit and microfinance’, www.gdrc.org/icm, accessed May 2010

Grameen Bank (2009) ‘Bank for the poor: Grameen Bank’, www.grameen-info.org, accessed May 2010

Greater London Authority (2010) ‘Mayor’s transport strategy’, www.london.gov.uk/publication/mayors- transport-strategy, accessed May 2010

Harris, P., B. Harris-Roxas, E. Harris and L. Kemp (2007)*Health Impact Assessment: A*

Practical Guide, Centre for Health Equity Training, Research and Evaluation (CHETRE), University of New South Wales, Sydney, www.health.nsw.gov.au

ICMM (2008)*Good Practice Guidance on HIV/AIDS , Tuberculosis and Malaria,*International Council on Mining and Metals, London, www.icmm.com

ICMM (2010)*Good Practice Guidance on Health Impact Assessment*, International Council on Mining and Metals, London, www.icmm.com/document/792

IFC (International Finance Corporation) (2007)*Environmental Health and Safety Guidelines*, www.ifc.org/ifcext/sustainability.nsf/content/ehsguidelines, accessed May 2010

IMPACT (undated) International Health Impact Assessment Consortium,www.liv.ac.uk/ihia, accessed May 2010

IPIECA /OGP (2005) 'HIV /AIDS management in the oil and gas industry'. IPIECA , London, www.ipieca.org/system/files/publications/hiv.pdf, accessed February 2011

Mindell, J., A. Boaz, M. Joffe, S. Curtis and M. Birley (2004) 'Enhancing the evidence base for health impact assessment', *Journal of Epidemiology and Community Health*, vol 58, no 7, pp546–551, http://jech.bmjjournals.com/cgi/reprint/58/7/546.pdf

San Francisco DPH (Department of Public Health) (2006) 'The heahhy development measurement tool', www.thehdmt.org, accessed April 2010

Transport Health and Environment Pan-European Programme (2009)'The PEP toolbox, healthy transport' www.heahhytransport.com. accessed May 2010

Wikipedia (2009) 'SMART criteria' http://en.wikipedia. org/wiki/SMART_%28project_management%29, accessed December 2009

World Bank Institute (2007) Global Public-Private Partnerships in Infrastructrue Web portal, http://info.worldbank.org/etoo1s/pppi-portal/index.htm, accessed May 2010

第9章
水资源的开发

本章内容提要：

1）描述与不同类型水资源开发相关的健康问题；
2）解释水资源开发与传染性疾病传播之间的关联性；
3）评估了一份由世界卫生组织／联合国粮食及农业组织／联合国环境规划署的控制传病媒介环境管理联合专家小组（PEEM）公布的早期指南报告；
4）提供了一份关于非自愿移民对健康影响程度的详细报告。

9.1 引言

淡水是一种日益紧缺的资源，各种水资源开发提案都有望得到越来越多的重视。然而，水资源的缺乏与否对传染性疾病的传播有着深远的影响。在温暖的气候条件下，病原体的繁殖速度较快，因而对人类的健康构成了巨大的威胁，许多疾病发病率的健康影响因素也都和水有关。气候条件的变化将会在一定程度上扩大这些疾病的传播范围。

非洲的疟疾

仅在非洲，每年就约有100万名儿童死于疟疾（世界卫生组织，2010）。

如表9.1所示，水资源开发提案可以细分为初级的卫生和安全目标以及非初级的卫生和安全目标这两类。本章重点讨论非初级卫生目标的水资源开发提案的健康影响评价。

除传染性疾病之外，还存在着很多与此类提案有关的其他健康问题，这些问题通常与基础设施开发、移民安置和相关的灌溉农业等相关联，其中的一些问题还与气候变冷有关。表 9.2 对所有的问题进行了总结。

表 9.1 水资源开发的类别

类别	举例
初级的卫生和安全目标	提供安全的饮用水 安全处置废水 防洪 娱乐休闲
非初级的卫生和安全目标	水力发电 农作物灌溉 提供运输路线 蓄水 淡水渔业 湿地保护，建立或消除

表 9.2 与水资源开发有关的健康问题总结

健康结果的类别	健康问题的例子
传染性疾病	与水有关的疾病和其他疾病
非传染性疾病	矿物质中毒和藻类中毒
营养	食品安全、微量营养元素、家庭福利
外伤	溺水、交通事故、暴力
精神疾病	抑郁、压力、（精神性）药物滥用
幸福	重新安置、不确定性、生计

很多的文献资料都涉及了水资源开发、相关的病原体、传病媒介、传播方式、疾病的发病率、医疗干预措施和预防措施等方面的健康影响。健康影响评价的历史根源之一，就是关注温暖气候条件下水坝和灌溉对健康的影响。下列参考文献作为例证，其他的都列在第 3 章：

1）世界卫生组织 / 联合国粮食及农业组织 / 联合国环境规划署的控制传病媒介环境管理联合专家小组的出版物（包括 Mills and Bradley，1987；Tiffen，1989；Birley，1991；Bos et al，2003）；

2）《人工湖和人类健康的关系》（Ackerman et al，1973；Stanley and Alpers，1975）；

3）《人工湖和慢性病的联系》（Hunter et al，1982）；

4）《和水有关的寄生虫病》（Hunter et al，1993）；

5）《热带地区的环境卫生工程》（Cairncross and Feachem，1993）；

6）《人类健康和水坝之间的联系》（WHO，1999）；

7）《水坝和疾病的关系》（Jobin，1999）；

8）《大型水库的未来》（Scudder，2005）；

9）《可持续水源管理的健康影响评价》（Fewtrell and Kay，2008）。

以上引用了一本较新的著作的相关内容，该书针对以下内容提供了详细信息：英国在雨水收集、可持续排水及污水再利用方面的未来发展方向；津巴布韦水坝和老挝水坝建设项目的健康影响评价；英国暴发的洪水和巴基斯坦原生污水灌溉所产生的后果（Fewtrell and Kay，2008）。

9.2　与水有关的传染病

下列四组都是与水直接相关的传染病，总结在表 9.3 中。

表 9.3　直接与水有关的传染病组

组别	例子	传播方式
与水有关的	媒介生物性疾病	昆虫叮咬获得
与水接触的	血吸虫病	水接触获得
经水传播的	胃肠道感染	通过清洁水供应和卫生来预防
水洗的	皮肤感染和疥疮	通过洗刷和洗澡来预防

9.2.1　通过病媒传播的疾病

通过对媒介传播疾病的研究可以看出，为了保障人体健康，健康影响评价需要达到怎样的技术细节水平。该疾病在自然生态系统和受干扰的生态系统中都会出现。其传播非常依赖温度，因为载体上寄生生物的发育时间是与温度相关的，通常，它们需要 16 ～ 18℃的平均最低气温。

传病媒介包括昆虫、蜱虫、钉螺和水蚤。当昆虫、蜱虫从人类身上吸取血液时，将会同时传播一些传染病。一些钉螺可以携带那些在水体之中的寄生虫，这些寄生虫可以经皮肤钻入人体。一些种类的水蚤也能够携带寄生虫，当人们意外地喝了含有寄生虫的饮用水时，就会被感染。

媒介传播疾病的感染因子是寄生虫或虫媒病毒。寄生虫包括原生动物和线虫，虫媒病毒则是指那些只能通过昆虫和蜱虫叮咬来传播的病毒。例如，疟疾和血吸虫病是由寄生虫引起的，登革热病和黄热病则是由虫媒病毒引起的。表 9.4 对媒介传播疾病做了总结，有些疾病是人畜共患疾病，它们同时拥有一种动物宿主，这使情况变得更加复杂。

表 9.4 与水资源开发有关的媒介传播疾病

疾病种类	传病媒介
登革热病，黄热病，乙型脑炎，裂谷热	库蚊，如埃及伊蚊
麦地那龙线虫病	水蚤
班氏和 Brugian 丝虫病	库蚊和按蚊
罗阿丝虫病	虻虫
盘尾丝虫病	蚋虫
利什曼病	白蛉
疟疾	按蚊
血吸虫病	水生蜗牛（沼泽泡螺，扁卷螺，钉螺）
非洲锥虫病	舌蝇

在温暖气候条件下的水资源开发提案，通常对某些疾病的发生有较大的积极或消极影响，提案导致的最严重的疾病通常是疟疾和血吸虫病。在这种情况下，应该通过对提案的修改和提供医疗护理来控制这些不利的影响。为此就需要大量的技术知识，而这些知识可以由像医学昆虫学家这样的专家来提供。仅依靠化学方法来控制传病媒介或仅通过药物治疗疾病是不妥当的，应该运用综合的控制方法，在规划期间就应该把这些方法整合在一起（Birley，1991）。

9.2.2 疟疾和蚊蝇

疟疾等媒介传播疾病的传播需要适宜的生态系统和易受感染的人群，其所需要的生态系统被细分为幼虫时期的水生生态系统和成虫时期的非水生生态系统。一个适宜的水生生态系统包括了良好的遮光性，适宜的深度、浊度、水流速度和有机质含量、适合病媒生长的季节以及丰富的植被等条件。有很多不同的疟疾传播媒介，每一个疟疾传播媒介都需要上述条件的不同组合。在世界各地大约有 50 个疟疾蚊蝇的物种是非常值得重视的，并且目前已知的很多物种是只能用先进技术才能区分的物种复合体（见表 9.5）。

表 9.5 疟疾蚊蝇种类的例子

疟疾蚊蝇种类	地点	特征
冈比亚按蚊	撒哈拉以南	喜欢雨水丰富和光照充足的环境，成年按蚊更喜欢人类的血液，它们会进入室内吸血和休息
巴拉巴按蚊	东南亚	栖息在森林中背阴的池塘，成年按蚊叮咬经常在户外进食或休息的动物或人

成年雌性蚊子通过吸血习性来传播病源。对于成蚊来说，一个适宜的生态环境依赖于温度、湿度、季节性、遮阴、风速和邻近合适的动物或人的血液供应。在每一个生态系统的内部，10 ～ 20 个物种组成的群落通常都会包括一种或两种蚊虫媒介。在所有的蚊虫媒介中，只有 0.1% ～ 1% 的种类具有传播疾病的特性。对于某些媒介传播疾病，如疟疾，感染媒介的一次叮咬足以使人类患病，每人每年被感染叮咬的次数在 1 ～ 50。在平均叮咬次数很低时，疟疾发病率将随季节的变化存在较大的起伏；而在平均叮咬次数很高时，疟疾的传播环境是饱和的，饱和意味着蚊子数量的增加和减少都不会给发病率带来实际的区别。因此，以增加或减少成蚊数量来改变蚊子密度的干预手段并不一定会对疾病的患病率产生较大的影响。为了有效控制疟疾的传播，针对不同的地区层面，我们必须确定具体的提案可能带来的实际健康影响。

对于弱势群体，他们的工作、住所、位置、行为、免疫和贫困的状况导致其经常与吸血的蚊子有着密切接触，而疟疾发病的主要决定因素可能是贫困以及许多其他的疾病。贫穷往往会决定人们在哪里过着怎样的生活和工作，以及他们的免疫系统功能的强弱。本书的第 2 章已经讨论了在冈比亚的疟疾和贫穷之间的关系（Clarke et al，2001）。

在非洲进行的疟疾患病率与开启或关闭灌溉系统之间的关联研究为上述结论提供了更有力的证据。在很多这样的研究中，观察到了一个与大家的一般直觉相反的结果：在灌溉群落里的疟疾发病数量比无灌溉群落的发病数量要少很多。例如，在坦桑尼亚的同一区域内，一项研究对水稻种植区、糖种植区和稀树草原社区的疟疾发病率进行了比较（Ijumba and Lindsay，2001）。在这一区域中，根据能够负担得起金属屋顶的百分比，来估量人们的富裕程度。尽管水稻种植区的疟蚊密度要大得多，但是疟疾的患病率却比其他社区低得多。大量种植水稻的农民可以为房子装金属屋顶，这表明他们比其他两个社区更加富裕。对于这一观察现象，这里有两个解释：

1）媒介生态学家认为不同社区的蚊子的基因不同；

2）社会学家认为社区之间一定存在差异。

第二种解释最有可能成立，因为那些从灌溉工程获得利润的人们变得更加富裕，能够更好地保护自己，能够享受更好的营养条件和更好的医疗护理。这与健康不平等研究的证据是一致的。

对疟疾的控制依赖于针对性农药的使用，杀虫剂浸泡过的蚊帐以及预防性和治疗性药物。蚊子对农药和寄生虫药物的抗药性的增强也是一个重要的挑战，这使得采取相应的环境措施变得更加重要。

9.2.3 血吸虫病和钉螺

表 9.6 中列出了三种主要的血吸虫病及其钉螺宿主的类型。寄生虫寄生在人类宿主上，虫卵则可以在任何粪便或尿液中传递。虫卵在水中孵化，孵化出的幼虫进入钉螺体内，在繁殖 3 ～ 8 周后，寄生虫从钉螺中出来，这时感染期就开始了。钉螺可以存活并保持传染性长达 6 个月，而自由游动的感染性寄生虫可以在水中保持 12 ～ 48 小时的活跃性。它们可以穿透没有保护措施的皮肤，进而感染人的身体。在最炎热的季节，寄生虫也是最活跃的。在温暖的气候中，成年人和儿童都有可能进行游泳、洗澡、洗衣服、洗碗、喂饮家畜等活动。

表 9.6　钉螺和血吸虫病

钉螺菌属	寄生虫	疾病类型
钉螺	日本血吸虫	肠道细菌感染
扁卷螺属	曼氏血吸虫	肠道细菌感染
泡螺属	埃及血吸虫	尿道感染

钉螺三个属中的每一个都包括很多物种，并且每个物种都是很多不同的易感性寄生虫的宿主。某一特定的水体中生活着不同种类的钉螺，而只有其中的一部分是值得特别关注的。

许多化学品对控制钉螺是很有效的，市面上也存在很多相对廉价的有效治疗药物。然而，钉螺的再繁殖速度非常快，因此人体的再次感染是很常见的，所以应该使用综合的控制方法。

不同钉螺物种喜欢不同的水质条件，有些钉螺物种喜欢缓慢流淌的稳定的水质，而其他的钉螺物种则喜欢不稳定的半流动水质，并趋向于移居到那些在雨季由于河水泛滥而新淹没形成的水体。与钉螺生活有关的其他可变环境因素包括水体的透光度和浊度、局部遮阴情况、水的流速、排泄物造成的污染、坡度、水位的缓慢变化和坚实的泥底。

Jobin（1999）在健康影响评价中提供了关于血吸虫病控制的细节讨论，但因为他的著作的信息量太大，无法在这里进行充分总结，这本书包括了许多以他自己在世界各地的堤坝和灌溉系统的亲身经历为基础的例子。此外，他还专门用了一章的篇幅总结其毕生的从业经验。他的一些观点包括：

1）控制血吸虫病的首要措施是住宅区的适当选址。住宅区的位置应该选在暴露于顺风向的水库岸边，波浪的作用可以阻碍病媒的繁殖。住宅区要距离最近的小河流至少 1 500 米远。

2）甘蔗和香蕉种植园往往与血吸虫病有关，而棉花种植园常与疟疾有关。

这种因果关系是因为对水的需求以及种植这些农作物的巨大劳动力需求。

3）通过全天候公路将所有的医疗保健中心与省级医院联系起来，确保每个卫生站都有足够的药物供应和足够数量的诊断实验室。

4）为社区提供安全充足的水源同时，防止这些水源受到运河和水渠的污染。

5）确保流水在运河和灌溉水渠中有较高的流动速率。

6）不要使用夜间储水系统（那种提供临时水储存的露天水池）。

7）要加强对水分配系统的维护，及时清除杂草并定期干燥渠道。

案例分析：健康的个体决定因素

在津巴布韦由援助机构赞助的灌溉工程已经规划实施，对血吸虫病的控制是其首要的健康成果之一。津巴布韦大约 1/3 的居民属于基督教教派，那些基督教信徒相信所有的淡水都应该借用宗教的神力来保护，因而那些预防措施都是没有必要的，并且它们也相信可以通过祈祷来预防血吸虫病。在这里，狂热愚昧的宗教信仰和群体行为增加了健康风险（Konradsen et al，1997），而该工程可能的健康方面的提议并不能够改变这些行为。

9.2.4　关于评估水资源开发活动中媒介传播疾病影响的 PEEM 方法的摘要

用来评估水资源开发媒介生物性疾病风险的指南已由 PEEM 发表（Birley，1991）。该方法的内容包括三类健康决定因素，这三类因素分别为：群体的脆弱性、环境的容受性和卫生服务预警能力。这三种类别的意义和内容将在下面进行说明。尽管它们的名称和类别在随后发生了改变和扩展，但它们仍是今天公认的健康决定因素。

该方法是通过总结对一系列共 45 个问题的回答而提出的。该指导方针指出了如何获得结果，如何解释所使用的技术术语，并提供对相关事实和经验的例子和总结。而这 45 个问题是一种半结构式的访问，以供关键讯息提供者使用。这些问题被分为两组，分别单独列在两个工作表中：一组是依据分析方法，另一组是关键人的访谈。这些问题由一系列的逻辑流图来展现。

关键讯息提供者被确定为：执行工程规划的相关人员；该地区的相关工程管理者；卫生部门和专门单位；昆虫学家、传病媒介的控制科室或防治虫鼠公务人员；猎物或动物检疫人员；受提案影响的群体。专门为这些群体设计的问题包括以下方面：您是否了解该项工程及其对您的家庭和生活的影响？您害怕哪种疾病，您认为它们是通过什么方式传播的？什么医疗设施对您是有用的？

> **对疟疾的主观观念**
>
> 在低收入国家的一些农村社区，大部分人相信疟疾是由超自然手段造成的，只有相对较少的人相信疟疾是由蚊子传播的。这是由于他们观察到尽管蚊子到处都有，但只有部分人感染了疟疾。

9.2.4.1 群体脆弱性

该方法的群体脆弱性部分包括以下 12 个问题：

1）在本地区哪种疾病是最严重的？

2）这些疾病是如何流行的？

3）传病媒介有没有抗药性？

4）有没有人体寄生虫宿主？

5）如何通过该工程来降低易受感染者的数量？

6）哪些群体最有可能被疾病侵扰？

7）哪些群体对特定疾病是敏感的？

8）如何通过该工程来改变每个群体的健康状况？

9）人的行为是否与传病媒介或不卫生的水有关系？

10）因为工程或其他工作的原因，人们是否要去农村定居点居住？

11）工程现场的人为活动是否产生了额外问题？

12）该工程是否会改变当地人的行为？

该指南包括一份健康指示表，在面对病媒传播性疾病的挑战时，群体的脆弱性可能会增强。该指示表是以教育和经济的不平等情况以及现有的健康状况为参考的。

9.2.4.2 环境的容受性

该方法的环境的容受性部分包括以下 19 个问题：

1）在本地区哪些传病媒介是有重大影响的？

2）它们可以传播哪些病原体？

3）是否有大量的传病媒介？

4）它们的丰度是否随季节变化？

5）为什么在一些地方传病媒介有很多，而其他地方则没有？

6）传病媒介对任何杀虫剂是否都有抗药性？

7）该工程是否会影响传病媒介的丰度？

8）在本地区的其他相似工程上，传病媒介是否丰富？
9）本工程将如何影响媒介滋生场所的数量？
10）传病媒介的新物种是否会传播到其他地方？
11）传病媒介的行为是否与人类社区有关系？
12）传病媒介是否与人类社区有关系？
13）传病媒介是否会传播到未受干扰的农村村落？
14）该工程是否会影响传病媒介的行为？
15）定居点的设计是否会影响传病媒介的丰度和人与传病媒介的接触频率？
16）这里是否存在受该工程影响的传染病的动物宿主？
17）这些动物是否会干扰工程现场？
18）该工程是否会引起水库的物种数量的增加？
19）水库的种群是否会消失？

表 9.7　一些传病媒介的活动范围　单位：千米

传病媒介	局部运动范围	迁移范围
蚋虫	4 ～ 10	≥ 400
按蚊	1.5 ～ 2.0	50
库蚊	0.1 ～ 8.0	50
舌蝇（昏睡病的传播媒介）	2.0 ～ 4.0	10
白蛉	0.05 ～ 0.5	1

该指南还包括了一张分类表，该表对人类活动对传病媒介滋生场所的环境带来的影响进行了分级，同时也包括了传病媒介传播疾病的有效距离，因为这可能会影响工程的选址。

9.2.4.3　卫生服务的预警能力

该方法中，卫生服务的警惕性部分包括以下 14 个问题：
1）在工程的区域内是否能对传病媒介进行有效的常规控制？
2）动物宿主是否已得到控制？
3）是否有效地使用了杀虫剂？
4）传病媒介是否对杀虫剂有抗药性？
5）媒介种群是否得到了有效监控？
6）对于疾病是否有有效的治疗方法？
7）治疗药物是否有局部疗效，是否被有效地使用？
8）是否有有效的预防药物，能否得到这些药物？

9）地区卫生服务能否应付与工程相关的额外工作负荷？

10）对传病媒介的控制是否已经被纳入工程设计或运营中？

11）设计中一些特别考虑的功能是否有助于预防媒介滋生或与人接触？

12）是否有操作时间表来确保能定期清理媒介滋生地点？

13）能否避免接触不卫生的水？

14）可否对工程设计进行一些修改以减少对健康的危害？

该指南包括了一个用于预防媒介滋生或与人接触的环境设计说明。例如，一个长满植物并在人类居住点附近的灌溉渠道，人们使用渠道的水来进行洗刷工作并用于日常饮用，而该渠道为蚊子和钉螺提供了繁殖场所。与此相反的例子，如一个甘蔗庄园管理良好的灌溉渠道采用了混凝土内衬，内部没有植被且长期保持干燥，当地人利用虹吸管从渠道中提取灌溉用水。

9.2.4.4 评分系统

表 9.8 是 PEEM 指南所用评分系统的一个例子，这个例子是在撒哈拉以南某地正处于建设阶段的一个商业灌溉工程。

表 9.8 评分系统概要的示例

疾病类型	脆弱性程度	容受性	警惕性	健康风险的程度
疟疾	高	中度	仅在治疗时有	高
血吸虫病	低	中度	无	低
盘尾丝虫病	低	无	无	无

通过该表可以得出下列判断：

1）在建设阶段，预计疟疾会成为主要的健康风险，因为易感人群会暴露于传病媒介中，并且无任何预防措施。

2）血吸虫病不会在工程现场附近传播，但现场附近会存在潜在的传病媒介。健康风险水平为中度，除非移民在入境时被检查是否被感染，或采取其他的预防措施，否则健康风险还会上升。

3）盘尾丝虫病会在该地区发生，但在工程现场没有传病媒介，而且在建设阶段预计工程现场没有传病媒介。

9.2.5 腹泻和营养不良

世界卫生组织的资料表明，全球每年大约有 140 万儿童死于腹泻，而这一悲剧其实是可以避免的（Pruss Ustun et al，2008）。腹泻的病因是摄入了饮用水或污染的食物中的病原体和不干净的手上的病原体。在很多情况下，对该病的反复感染会导致营养不良。营养不良的儿童将会体重不足，又更容易受到感染，每年有 860 000 例可预防的儿童死亡案例被归因于营养不良。世界卫生组织评估，对 DALY 损失有最大影响的三种疾病是腹泻病（39%）、营养不良（21%）和疟疾（14%）。他们在对此进行进一步评估后指出，可以通过提高卫生保健（37%）、改善环境卫生（32%）、改善供水设施（25%）和提高水的质量（31%）来最大限度地减少患病数量。世界卫生组织曾用这些数字去评估在供水和卫生方面投资的成本和效益，他们估计每年 113 亿美元的投资成本将产生每年节省 840 亿美元的效益。

很多开发性提案都会对饮用水供应状况和环境卫生状况产生影响，而与那些提案有关的社会投资可以有针对性地在供水和环境卫生方面进行投资。

9.3　饮用水

饮用水供应系统包括上流部分和下流部分，上流部分包括水坝、水库和受保护的集水区。表 9.9 列出了饮用水供应管理中的一些典型问题。针对饮用水供应水库的健康影响评价应该用来解决这些问题（WHO，2008）。

表 9.9　影响饮用水供水集水的典型健康问题

属性	健康问题
气象状态和天气情势	洪水，源水水质的快速变化
季节变化	源水水质的变化
地质	砷、氟、铅、铀、氡等有害元素
农业	微生物污染、农药、硝酸盐
林业	农药、火灾
工业	化学污染和微生物污染
采矿业	化学污染
运输业	化学制品
开发区	径流
住宅化粪池	微生物污染
屠宰场	有机污染和微生物污染
野生动植物	微生物污染
休闲用途	微生物污染
竞争性用水	充裕性
原水贮存	藻类水华和毒素
潜水含水层	水质遭受意外的改变

属性	健康问题
无防水性的井 / 钻孔渠首	地表水侵入
洪水	源水的水质和充裕性

下游部分包含了提供生活和工业用水的设施，生活用水的补给可以从网状管道、井、钻孔、泉水、池塘、溪流、湖泊和水源销售公司获得。这里有大量的关于建立饮用水供应系统的质量和准入最低要求的文献（例如，WHO，1983；Cairncross et al，1990）。许多研究已经试图证实保障干净卫生水供应将会带来积极的公众健康影响（见 9.2.5 节），但这已被证明是难以实现的，因为存在着很多干扰因素；恶劣的卫生条件和糟糕的设施会导致无法正常使用干净的水。显然，饮用水供应是生活的基本需要，基于这个背景条件，很多不同提案中的健康影响评价都需要对此进行分析。

贫困城市社区限量供水带来了很多不良后果。社区有一个管体式水塔，社区的各个家庭则拥有很多盛水的容器。社区仅在每天晚上有限的几个小时内供水，在其他的时间段内则停止供水。而这样做往往会造成水的负压，导致受化粪池、污水管道和地表污染物污染的水通过裂缝和不良接缝进入地下水管道中。当水被抽到管体式水塔中去时，经过处理的水源同样可能会被污染。通常家里会用敞开的容器来储存生活用水，在这种情况下，各类有机污染物和无机污染物都会进一步污染生活用水。而且在炎热的气候条件下，这样的容器又将为蚊虫提供滋生繁殖的场所，诸如埃及伊蚊、白纹伊蚊以及登革热的媒介蚊虫等将会在这些容器中繁殖。更多的内容可参考第 2 章中的关于农村水供应压力的例子。

鉴于这里的工农业用水需求与人群生活用水需求之间的关系较为紧张，健康影响评价提供了一种条件来确保工业用水也可以供应周围社区的生活用水（参考 9.3.1 节）。

9.3.1 库页岛综合影响评价的案例分析

库页岛能源工程的综合影响评价提供了一个关于饮用水供应问题的实例，该案例已在第 4 章做了详细讨论。库页岛位于太平洋西伯利亚寒冷气候范围内（Birley，2003；库页岛能源投资公司，2003）。尽管被冰雪包围，这里的农村社区还是会经历冬季缺水的情形。直到冰雪融化时，这里的水才适合生活使用，因而维持冬季的供水需要额外的能源消耗。但现有的支持设施难以持续运行，且物资短缺和环境污染也是很普遍的状况。库页岛能源提案涉及很长的陆上石油管道和天然气管道，在这些管线所经的路线上将会建设各种不同的处理站，这些处理站也需要大量的水作为工业用水和员工生活用水。这里还有很多小村落以不同的距离分布在管道和通信线路上。

该能源工程需要大量的水，而且其选址在饮用水不足的社区。大体上，该提案可能不会直接影响社区的饮用水获取状况。它其实可以做得更好，通过在设计中增加一些内容和投资，不仅不会使社区的饮用水获取变糟，还能够增加相关工业部门和社区对水资源获取的量。

9.3.2　孟加拉国砷中毒的案例分析

20 世纪 80 年代，在孟加拉国有一个项目，是通过钻探相对较深的管道井来解决由地面洪水引起的长期国内水污染问题。但是当时的有关方面并没有对该项目进行健康影响评价。项目的援助机构不知道的是，当地地下水所在的沉积物中含有砷的化合物。当在沉积物上钻孔时，沉积物会发生化学反应，并将砷元素释放到水中。缺乏适当的评价程序意味着成千上万的孟加拉国人有砷中毒的风险（达卡社区医院的信任和灾难论坛，1997；Anon，1998）。一个有待回答的问题是，如果在项目开始时进行健康影响评价，是否会提早发现这个问题。如果不能，那么评价者就应该对可能发生的大面积砷中毒事件负责。但在当时，砷和该种类型的地下水之间的关系是未知的，因此相关方面也不会采取相应的检测（英国地质调查局，未标日期）。

9.4　水坝

水坝，特别是发展中国家的大型水坝，由于它们对环境、社会和人类健康都造成了影响，所以在水坝的建设问题上一直存在很大的争议。为了解决这一争议，政府、民间组织和国际组织达成共识，成立了世界水坝委员会（WCD）。在世界水坝委员会的一个随访项目中，Scudder（2005）对一个大型水坝工程作了详细评论，其工作建立在广泛收集民间讨论的基础上。

在世界各地大约有 50 000 座大型水坝，80% 分布在中国、美国、印度、西班牙和日本。4 000 万～ 8 000 万人口因为大型水坝工程已被迫流离失所，超过 1 亿人受到了间接影响。成千上万的贫困人口变得更加贫困，他们的人权也同样遭到了忽视。此外，水坝还有其他一些方面的众多健康影响，这就是 WHO 交给 WCD 的一个课题（WHO，1999）。

在很多客观情况下，大型水坝仍然是一个必然的发展选择。WCD 提出了五个核心价值观和七大战略原则来确保新水坝的发展建设可以保障公民利益并保护环境。Scudder 认为这些原则仍会被工程主管部门和政府所忽略，工程预算、政治意愿和社区协商常常准备得不充分。因经费不足，影响评价将无法完成，相关建议也不能得以执行。

水坝工程建设中保障安置群众利益的核心价值观和战略原则

核心价值观：公平，追求效率，参与决策，可持续性，问责制。

战略原则：获得公众的认可；综合的方案评估；对现有的水坝定位；维护河流和农田；有权利意识和利益共享；确保遵守服从；共享河流。

水坝工程会影响很多利益相关群体，三个主要类别如下：

1）地处水坝且必须被重新安置的群体；

2）必须接受移民的当地群体；

3）地处水坝下游且受到河流或三角洲的水情变化影响的群体。

可能是因为该安置社区太过引人注目，项目方已经对其进行了仔细的研究和记录（参见 9.5 节）。

对大型水坝下游地区所受影响的图形描述，可以直接查询 Scudder 的书。总之，成千上万下游人口的生活已经遭到上游水坝的严重影响。这些人群通常依赖于自然发生的洪水来维持生计，如在洪水消退的土地上进行农业生产；在河滩放牧、觅食；利用蓄水层的补给获取生活用水等。Scudder 引用的证据表明，我们往往会低估在洪水消退的土地进行农业生产的经济生产力。河流三角洲同样也受到上游水坝的影响，上游水坝会影响这里的生物多样性、生态系统服务以及渔业，更会对依赖它们为生的人群带来影响。为了保障下游人群和生态系统的利益，水坝管理系统的设计应保持“环境容量”。

水坝工程将会产生许多积极或消极的健康影响，这些是社会和环境的健康决定因素变化的结果，一部分负面影响已在表 9.10 中举例说明。

表 9.10 水坝的一些消极健康影响

健康结果的类别	健康结果的范例	健康决定因素的范例
传染性疾病	病媒传播性疾病 性传播疾病 人畜共患疾病	水资源管理机制的改变、人口迁移、重新安置
非传染性疾病	中毒	有毒藻类和有毒矿物质
营养问题	营养不良	重新定居、食品安全的缺乏

健康结果的类别	健康结果的范例	健康决定因素的范例
外伤	溺死、创伤	不断变化的社会和自然环境
精神疾病、心理问题和福利的受损	压力增加、自杀、滥用精神药物	重新定居

在最近的老挝的例子中，在工程开始之前，人群中已经存在高比例的传染性疾病和儿童营养不良疾病。这些疾病包括疟疾、登革热、后睾吸虫病、各种性传染疾病、结核病和血吸虫病。评价结果显示，移民安置规划的设计可能会影响疟疾的传播，同时，外来的工人可能携带血吸虫病，另外，该规划设计也提高了艾滋病的感染率。

9.5　移民安置

非自愿移民与一系列的基础设施建设工程相关，这些基础设施包括公路、管道、工业和城市发展以及水坝。非自愿移民是一个存在争议的问题，并且成功安置移民甚至只是单独的成功安置一户也是非常困难的。一些金融机构已意识到这一点，并且我已经观察到，他们试图拒绝为所有涉及非自愿移民的项目提供贷款。不过，由于经济和社会的发展，每年很可能有超过 1 000 万人遭受非自愿移民。世界银行长期以来对非自愿移民有着自己的准则，而这些准则有时被引用作为国际的典范做法（World Bank，2001），这些准则旨在确保那些被安置的人们至少和他们以前一样富裕。

将关于移民的讨论写在水资源开发这一章，是因为移民安置问题已经得到了广泛的研究，Scudder 和其他人在描述大型水坝的文章中也对此进行了详细的描述。这里对水资源开发所涉及移民安置问题的分析同样适用于其他的移民安置，特别是低收入国家农村地区贫困农民的移民安置。我尝试着从 Scudder 的分析中总结出一般原则，但为了准确地理解，大家仍需要阅读 Scudder 的原文。

被低估的移民数量

我们已经估算出实际的移民数量比规划阶段确定的移民数量平均多出 40%。

表 9.11 总结了 Scudder 对移民安置产生的健康影响的观点。由 Scudder 提及的移民安置造成的生理健康影响包括传染性疾病和营养不良，这些内容将在本章其他节讨论。心理影响来源于对已经失去的东西的留恋和将来未知前途的迷茫。

表 9.11 重新安置的健康影响总结

类别	决定性因素
生理的	1. 与传染性疾病相关的 ●较高的居住密度 ●恶劣的供水和卫生条件 ●迁徙 ●人畜共患病 ●环境的变化 2. 与营养不良相关的 ●耕地的减少 ●规划部门提供的食品安全支持不足 ●对公共资源的使用减少
心理的	●压力 ●失去家的悲痛 ●对未来的焦虑 ●性别歧视
社会文化的	暂时性或永久性失去： ●生计 ●习俗 ●制度 ●文化符号

女性群体在非自愿移民中是特别脆弱和弱势的，她们的公共福利和家庭地位都会受到影响，她们及其孩子很容易受到那些自尊心受损的男性亲属的身体虐待。与男性相比，女性对公共财产资源、亲属关系和其他社会关系的依赖更强。另外，女性对关于其孩子福利方面的服务与供应的依赖性更强。她们也很少有机会去工作。

Scudder 把社会文化影响形容成对社会文化认同的一种威胁。非自愿移民迫使人们去审视最初的问题，诸如“我们是谁？我们来自哪里？”。在这一过程中，他们将面对较大的压力，且这一过程需要较长的时间。

这种现象的例子包括：

1）那些搬迁到内陆地区或远离河岸地区的人们，就不能再参与和水有关的传统文化活动。

2）由于外地人的非议，移民们的传统风俗习惯将逐渐减少。

3）领导者的权威经常被削弱。

4）与当地人发生冲突。

当受到询问时，非自愿移民可能会表达出一系列的担忧，担忧的内容包括诸如初始补偿的等级；得到补偿的可能性和补偿的多少；他们更喜欢的房子类型和更喜欢种植的农作物种类。他们可能也会提到，在迁移到新的环境后，他们将损失掉很多原来的生活环境中具有的精神要素，如树林、土堆、草丛、岩石和池塘等。他们可能更喜欢住在河边上，寻找一个在我们看来实际上并不宜居的定居点。

9.5.1　安置阶段

Scudder 进行的移民研究的范围跨越了两代人，确认了移民安置的四个阶段。

9.5.1.1　移民之前的预备阶段

移民之前的预备阶段可以持续很多年，并且存在巨大的不确定性。关于政府将要开展移民工作的传言很多，但都毫无根据，并且也有很多否定将要进行移民的传言。一旦移民工程得到确认，随着搬迁时间的临近，人们就会开始减少从事那些用以维持生计的工作。

9.5.1.2　移民之后的早期阶段

移民之后的早期阶段最少会持续两年的时间，通常会持续十年或更长的时间。作为一种对移民所带来压力的应对策略，在这段时间里，移民们的行为会较为保守，同时更加注重规避生活中的各种风险。他们的生活质量会有所下降，生活开支会有所上涨，而收入通常却只有预期的 50%，甚至可能会更低。

9.5.1.3　移民后期

在移民安置的第三个阶段，新的社会群体会形成，经济发展也会重新开始。由于存在各方面的不平等性，移民恢复正常生活的风险比较高。移民开始融入当地生活中：他们绘制传统的文化符号，对地理特征进行命名，并将移民的经历编入到故事、歌曲和舞蹈中去。他们组建合作社，并建设学校和诊所。他们的宗教活动逐渐增加，并建造了神庙。这种复兴只会在少数情况下才会发生，而经常发生的是社会分化。

9.5.1.4　融合

第二代移民将更加广泛地融入当地社会政治经济活动之中。由工程主管部门提供的相关服务会被移交给各职能部委。例如，对那些为移民服务的诊所提供保障的任务将变成卫生部门的责任。

水坝移民在生活水平上受到影响的不同情况	
7%	较移民前有所提高
11%	已恢复到移民前水平
82%	较移民前有所下降

9.5.2 风险和移民安置

Scudder 向塞尔维亚和世界银行提供了一种替代方案，其重点关注了移民所面对的八大主要类别的风险：

1）没有土地；

2）没有工作；

3）无家可归；

4）被社会边缘化；

5）发病率和死亡率提高；

6）食品安全问题；

7）失去公共资源；

8）复杂的社会情况。

WCD 的相关报道对这一概念进行了进一步的解释，并将风险区分为两类：一类是提案管理者自愿承担的风险，另一类是施加于作为提案接受者群体的非自愿接受的风险。Scudder 分析了水坝移民工程中的 50 个案例，并总结出如下的结论：在大多数情况下，移民都将面对这样的事实——他们得不到土地、得不到工作、被当地社会边缘化、失去本应享有的公共资源、食品安全等方面的风险都在增加，而这些都是健康的决定因素。

风险管理

区分自愿的风险承担者和非自愿的风险承担者。

马哈威利开发工程的健康影响案例分析

通过对斯里兰卡的马哈威利开发工程的纵向研究，我们识别出了表 9.12 中的突出健康问题，以及其他的一些问题（Scudder，2005）。

表 9.12　马哈威利发展规划健康影响的案例

健康问题	注解
营养不良	营养不良的情况在增加，并且 75% 的 5 岁以下儿童受到影响
非传染性疾病	毒蛇伤人的情况在增加，这与清理新的土地有关
压力	相关家庭之间的紧张态势升温，导致邻里关系恶化、谣言四起
自杀	自杀案例增多，并且在移民安置早期，自杀是主要的死亡原因，占据了医院死亡病例的 70%。多数死亡案例是男性，服食农药是比较常见的自杀方法
服务	在初始阶段，缺乏卫生设施和饮用水的供应

9.5.3　移民的参与

Scudder 提出成功安置移民的关键点之一，就是在移民的规划和管理的早期阶段，移民群体能够亲自参与其中。他建议应该给移民社区提供资金以帮助他们雇佣自己的独立顾问。除此之外，基准研究应该弄清移民群体所了解的、所重视的和所从事的事情。作为应对策略，新安置的移民群体被期望“保持熟悉感”。这将包括复制其原始的生活方式，直到他们有足够的安全感来探索寻找新的机遇。连续性和变化之间应该存在着一个平衡。在 Scudder 2/3 的案例分析中，移民群体并没有参与安置点的选择。在许多情况下，移民们并没有如他们自己所愿以整个家庭、族群或社会单位住在一起的方式受到安置；相关人员设计房屋时也往往不会考虑住户对周围环境及社会条件的需求，而这些却都是健康的决定因素。

成功安置移民同样还要依靠从工程中受益的移民，这可以通过很多途径来完成。倡议者和拥有大致相等股份的群体会组建一个合资公司。世界上大约有一半的大型水坝都有重要的农业灌溉功能，这一功能可以让移民得到实质性的益处。然而，几乎没有水坝工程能成功地将大多数移民安置在灌溉区域内，或者甚至没有试图这样做。此外，移民还可以从对水库低水位区域的利用中获益，比如水库渔业和旅游资源。建立在水库周围边缘的自然保护区通常会暗中侵占移民的土地拥有权，而且这并没有向移民们征询意见。在很多情况下，移民们并没有得到适当的岗位培训，所以建立新的农村产业的尝试经常是失败的。

供水和卫生方面的服务在安置后经常有所恶化。在 66% 的案例调查中，Scudder 发现水资源和卫生设备都是不完善的，安置区经常位于地下水贫枯地区，所以通过钻井来为移民们提供水是不能解决实际问题的。在沙捞越（Sarawak）的巴当艾（Batang Ai）安置区，我观察到当地的饮用水都是从水坝下游的河流中通过管道输送过来的，当地原有的水资源已经被水库底部与厌氧环境有关的硫化氢严重污染。

负责提供水坝或灌溉系统的主管部门也经常忽视其工程对其他部门的影响，比如卫生部门。

9.5.4 安置基金

Scudder 估计安置费用有时会超过工程总成本的 30%。他描述了世界银行的指导准则随意限制安置费用的行为对直接经济和社会的影响。被忽略的关键成本包括用于重新整合、重新恢复被扰乱的经济的资金，用于重建社会制度和教育体系的资金，以及对移民所承受的生理、心理和社会文化压力进行补偿的资金。安置预算经常会直接导致工程总财务成本超支。在沙捞越（Sarawak）的巴当艾（Batang Ai）安置区，我注意到那些超支的费用已经导致当地的诊所、学校和集市遭到撤销。

对支持安置补偿的人来说，Scudder 对此的态度是非常重要的。值得注意的是，有形资产的补偿经常会导致贫困，这是因为没有生存经验的农民们可能会将补偿金花费在生活消费品上。在巴当艾（Batang Ai）安置区，我注意到了彩电数量的增加和当地盛行的斗鸡赌博。对于安置补偿金而言，家庭中的不同家庭成员可能会存在不平等的地位，因而对补偿金的分配和使用可能会存在不平等的情况。贪污的风险也是永远存在的。在移民的过程中，很多无形的社会资源也会受到损害，比如与文化和个性有关的内容，对这些资源的补偿也需要财政的支持。

9.5.5 安置管理

如今，大多数的大规模移民安置遵循的国际标准，是由世界银行基于非自愿移民的操作程序而创立的（World Bank，2001）。但 Scudder 认为这个标准并不完善，因为它会让大多数移民变得更加贫困。为避免移民生活质量的下降，减少移民所面对的来自各方面的压力，并改变移民在处理问题上的保守性，移民规划及其实施过程已经得到了改善。他指出：完成大规模的移民工程是一件相当复杂的事，其复杂程度已经超出了提案管理者们去实现令人满意结果的能力，所以应当避免非自愿移民的发生。在那些无法避免的地区，只有在投入了必要的资金、出现了合适的机遇且从业者遵循适当的原则的情况下，成功安置移民才是有可能的。事实上，为了确保移民安置能有成功的结果，足够的资金和政治上的投入是很有必要的。Scudder 的结论被简略地总结在表 9.13 中。为了更好地理解本章的讲解内容和研究案例，大家应当参考 Scudder 的原文。

表 9.13　成功安置移民的必要条件

工程主管部门	是唯一负责移民的机构 员工具备足够的能力 有充足的资金 政府具有这方面的政治意愿 能为移民创造新的机遇
受工程影响的人们	减少必须安置的移民数量 移民参与到工程规划中 接受安置的居民具有与当地人和自愿移民群体竞争的能力

当考虑移民安置问题时，健康影响评价报告应该包括关于移民管理影响的详细有效的建议。WCD 和 Scudder 的工作应作为参考来使用。

9.6　自愿移民

自愿移民是一个与非自愿移民类似的问题。在施工和运营阶段，大量的工程项目都会吸引一些移民前来。建造营地会吸引“营地跟随者”，他们在工程的周边建立了一些临时居住点、商店以及服务场所，为工地工人提供的服务包括酒水、食品和性服务。

这些移民会比当地人有更高的技能和更丰富的经验。例如，新的水库可以提供渔业机会，渔民们就会从沿海地区、三角洲和其他水库被吸引过来。他们带着捕鱼的技术和装备进入市场。移民们会在水库的边上建立临时村庄，而这些村庄的恶劣的卫生和水源供应条件加剧了传染病的传播。水库还可以提供通往未开发内陆地区的通道，而对于伐木公司、旅游经营商和其他自愿移民来说，这些路线是非常有吸引力的。他们的到来对早已超负荷的卫生服务造成了额外的需求，而这些却经常在提案审核阶段被忽视。

自愿移民会在工程建设阶段完成后留下来，然后逐渐融入当地社会中。

9.7　废水

废水的收集、治理、处理和循环利用是一个迫切的主题，尤其是在城市环境里，未经处理的污水聚集了一系列的病原体，比如蛔虫、鞭虫、贾第虫、大肠杆菌、钩虫、涤虫和各类病毒。鉴于每一种病原体在水中存活的时间长度不同，为了将废水进行安全的再利用，需要综合使用不同的处理方法。例如，蛔虫卵可以潜伏存活超过一年，经常黏附在蔬菜沙拉的叶子上。

在很多城市里，污水都被用于城市郊区的农业灌溉，通过污灌生产的农产品则在城市里出售（Birley and Lock，1999）。这种农业系统具有重要的可持续发展元素，人们对以安全的方法促进其发展这一问题产生了极大的兴趣。因此，我们需要一份关于废水健康影响评价的提案。

有相当多的关于污水在农业和水产养殖上安全再利用的著作（例如，Mara and Cairncross，1989；Cifuentes et al，1991，1992；Wahaab，1995；Ayres and Mara，1996）。巴基斯坦的污水回用灌溉技术表明，最近的研究已经对这方面的传统认识发起了挑战（Fewtrell and Kay，2008）。巴基斯坦 80% 的城市和城镇使用污水进行农业灌溉，农民会优先使用原污水而不是常规的灌溉用水，这样做虽然比使用常规灌溉用水花费更多资金，但是却节省了肥料的开销。因而，在巴基斯坦，很多蔬菜都使用原污水进行灌溉。人们普遍认为，用这样的水会对农民和消费者增加额外的风险。然而，这项研究表明，事实并非如此——至少在当地农民和消费者所在的群体中，感染疾病的风险早就已经非常高了。例如，被大肠杆菌污染了的蔬菜的主要来源是市场，而不是农田。其他传染病患病率与其说是由于社会经济条件不同造成的，不如说是由于污水的使用造成的。

在回用污水之前，可以用很多不同的方法对污水进行处理。活性污泥处理系统是一种资金和技术密集型的系统，但只需要相对少量的土地；泄湖系统只需要相对较少的投入和较低的技术水平，但需要大量的土地。

为了提高污水灌溉的安全性，WHO 建议对农作物依照种类进行分层次的种植。例如，树木可以为农作物提供保护，因而其适合用未处理的污水来灌溉。部分处理过的污水也可用于灌溉观赏植物和那些位于公园和高尔夫球场的植物。为了防止表面受到污染，用作蔬菜沙拉的作物则需要无病原体的灌溉水，但即使使用了无病原体的灌溉水，对这些作物的污染也会在运输、销售、储存和制备等过程中发生。

很多污水处理提案的评估被局限在植物本身范围内。然而，越过边界围栏非法抽取处理过的污水的情况是非常普遍的。这样的水看上去很干净，因为固体悬浮物已经被去除了，然而这些水仍然可以引起疾病。因而评价的范围必须包括下游水的使用。

在很多城市里，在规划污水处理系统之前，就会提供给人们生活用水，因此，生活污水经常直接排放到街道上，然后渗入到地下。例如，水潭会为一种叫作库蚊（Culex quinquefasciatus）的蚊子提供理想的滋生场所。与大多数需要相对干净的水的蚊子相比，这种蚊子可以在污染严重的水中大量繁殖。在很多热带沿海城市，水会传播具有致病性的丝虫，这种病原体会引起一种名叫象皮病的疾病。所以对水供应系统的评价应该包括对污水处理情况的查询。

案例研究：污水处理厂的健康影响

几年前，我对一座位于叙利亚大马士革的污水处理厂进行了一次快速健康影响评价。该污水处理厂的功能如下：收集混合的污水并将其排放到下水管道中，在污水处理厂中对污水进行处理，并产出灌溉用水和干污泥。而关键的利益相关者包括可以得到用于灌溉的处理过的污水和用作肥料的干污泥的农民，以及农产品的消费者。这个案例的其他细节已在别处描述过（Birley，2004）。在健康影响评价报告中确认的一些关键问题如下：

1）工业污水和生活污水混合在一起，以至于收集到的污水中含有具有潜在危险性的工业化学物质。

2）规划者在制定规划时没有参考上面提到的关于污水安全回用的重点书籍资料。

3）用于检测污水处理后质量的监测站点属于污水处理厂所有，而非接受产品的灌溉部门所有。

2006 年，世界卫生组织为了保障污水、排泄水和洗涤水在农业和水产养殖上的安全回用，公布了其最新的指导方针（WHO，2006）。新的指导方针建立在以前的工作基础之上，并制定了一系列关键的控制要点，以减少从农田到餐桌过程中发生的粮食污染。

9.8　湿地

湿地通过提供相关的生态系统服务为人类健康和安全做出了巨大的贡献。这些服务包括净化污水、生产可食用的动植物、固定碳和氮、调节洪水等。保护和管理世界上的湿地需要我们的共同努力，而这些内容不在本章的研究范围内。为了获取更多的信息，请参阅《拉姆萨尔公约》(Ramsar，未标日期)。很多湿地都因为水坝和水库的建设遭受了破坏。有人建议通过停运水坝或季节性的开放闸门来恢复部分湿地，但恢复季节性洪水将带来健康影响，这些影响已经成为健康影响评价的重要关注内容，同时也饱受各方的争议（Salem-Murdock，1996；Verhoef，1996；Acreman，2000；WRI，2005）。

根据相关分类标准，湿地被分为十三个不同的种类（WRI，2005）。它们都与人类健康之间存在着积极或消极的关系。很多自然湿地系统和人造湿地系统通过对生活、供水、文化以及人们的地域感等方面做出贡献的形式表现出积极的健康影响。我们通过恢复湿地中的季节性洪水，改变灌溉管理体制和在丰水期增加对湿地水资源抽取量的方式对湿地进行管理和控制，而这些行为都将带来相关的健康影响。

9.9 练习

假设你已经被委任为一名向某捐助机构负责的健康影响评价顾问，该机构将在神秘岛国（San Serriffe）的热带地区建设水电和灌溉工程。发出的电将会出售给正处于工业化阶段的周边国家。

该工程位于萨凡纳的林地环境地区（见图 9.1），该地区的北部是高山，城市和农村的人群由大量来自不同文化背景的人组成，农村的居民被叫作 Flong。大约有 12 000 名居民将成为移民。Flong 以务农为主，他们种植玉米，饲养猪、山羊和牛，并从林地采集其他食物。该国的首都是 Villa Pica。该国的总统为终身制，现任总统名叫匹卡（Pica）将军阁下。距离工程地点最近的小镇是 Woj，它是一个属于 Zapf 地区的以渔业作为生活来源的村落。

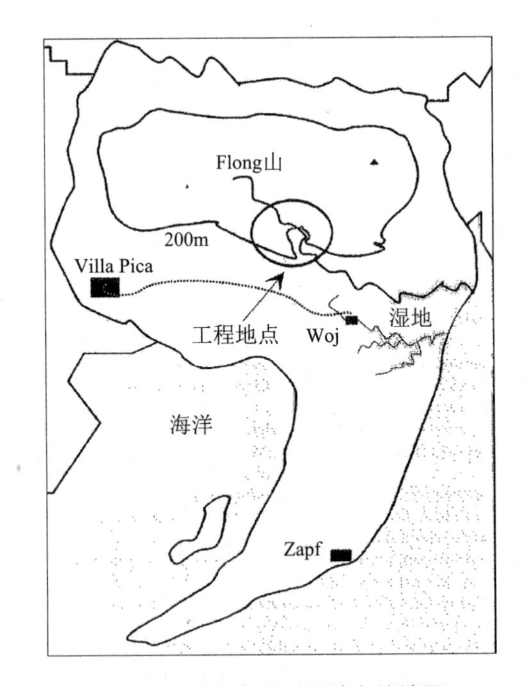

图 9.1 神秘岛国工程地点的地图

一个较小的水电站在十年前已经建成，共有来自 20 个村庄的 2 000 名村民接受了移民安置。有些人被安置为商业灌溉农场的员工，来代替他们原来从事的基础农业工作。基准健康报告指出，在这一地区，以下的传染病是常见的：疟疾、丝虫病、血吸虫病、昏睡病、登革热病、艾滋病和腹泻。除此之外，报告也指出了当地存在大范围的儿童营养不良的情况。

以下是工程利益相关者的部分介绍：

- 颠沛流离的人：12 000 名 Flong 农民及其亲属，将会从水库和灌溉区域搬离。很多人将会被安置在规划的安置区内，剩下的人将会搬到 Flong 山的斜坡上或漂泊到城镇里。
- 移民：5 700 名种植经济作物的农民及其亲属，也将会安置在灌溉方案规划以外的区域。这些移民包括一些 Flong 农民和一些小镇居民。
- 渔民：300 名渔民及其亲属将会从沿海被吸引到新的水库。
- 警察：大约 20 名警察及其亲属——去管理水库周围日常活动。
- 电力工人：100 名电力工人及其亲属——去从事发电工作和维护水坝。
- 灌溉管理和农业扩张：10 名工人加上亲属在内。
- 现有的保健中心：2 名护士和 1 名医生加上亲属在内。
- 现有的学校：7 名老师和 4 名助理加上亲属在内。
- 建筑工人：要工作长达 2 年的包括 100 名外国人在内的 4 000 名男性建筑工人。
- 营地跟随者：350 名食物售卖者加上亲属在内；14 名专业的性工作者加上亲属在内；29 名商人加上亲属在内。
- 农场的季节性劳动力：3 700 名加上亲属在内。
- 其他：不知数量的伐木人和偷猎者；至少两个做礼拜的场所；游人和旅游经营商；普通的经商者；在此地建设度假住宅的城市富人；土地投机者；管理者；勘测员；来此进行交流访问的顾问。

回答与工程有关的下列问题：

1）哪些健康问题需要关注？

2）哪些健康决定因素可能会改变？

3）你希望健康结果在不同工程阶段、地理位置和利益相关者间如何分布？

4）你会提出什么忠告来保障健康或减轻风险？

参考文献

Ackerman, W., G. White and E. Worthington (eds) (1973) *Man-made Lakes, Their Problems and Environmental Effects*, American Geophysical Union, Washington, DC

Acreman, M. C. (2000) *Managed Flood Releases from Reservoirs: Issues and Guidance*, Centre for Ecology and Hydrology, UK, www.dams.org

Anon (1998) 'Arsenic in the water', the *Guardian*, London, pp1, 2, 3, 10, 11

Ayres, R. M. and D. D. Mara (1996) 'Analysis of wastewater for use in agriculture: A laboratory manual of parasitological and bacteriological techniques', World Health Organization, Geneva

Birley, M. H. (1991) 'Guidelines for forecasting the vector-borne disease implications of water resource development', World Health Organization, www.birleyhia.co.uk, accessed 2010

Birley, M. (2003) 'Health impact assessment, integration and critical appraisal', *Impact Assessment and Project Appraisal*, vol 21, no 4, pp313–321

Birley, M. (2004) 'Health impact assessment in developing countries', in J. Kemm, J. Parry and S. Palmer (eds) *Health Impact Assessment: Concepts, Theory, Techniques and Applications*, Oxford University Press, Oxford

Birley, M. H. and K. Lock (1999)*The Health Impacts of Peri-urban Natural Resource Development*, Liverpool School of Tropical Medicine, Liverpool, www.birleyhia.co.uk/Publications/periurbanhia.pdf

Bos, R., M. Birley, P. Furu and C. Engel (2003)*Health Opportunities in Development: A Course Manual on Developing Intersectoral Decision-making Skills in Support of Health Impact Assessment*, World Health Organization, Geneva

British Geological Survey (undated) 'Arsenic contamination of groundwater ', www.bgs.ac.uk/arsenic/home.html, accessed April 2010

Cairncross, S. and R. Feachem (1993) *Environmental Health Engineering in the Tropics*, John Wiley & Sons

Cairncross, S., J. E. Hardoy and D. Satterthwaite (eds) (1990) '*The Poor Die Young': Housing and Health in Third World Cities*, Earthscan, London

Cifuentes, E., U. Blumenthal, G. Ruiz-Palacios and S. Bennett (1991/1992) 'Health impact evaluation of wastewater use in Mexico', *Public Health Review*, vol 19, pp243–250

Clarke, S. E., C. Bogh, R. C. Brown, M. Pinder, G. I. L. Walraven and S. W. Lindsay (2001) 'Do untreated bednets protect against malaria? ', *Transactions of the Royal Society of Tropical Medicine and Hygiene*, vol 95, pp457–462

Dhaka Community Hospital Trust and Disaster Forum (1997) 'Arsenic disaster in Bangladesh environment', Workshop on arsenic disaster in Bangladesh environment, Dhaka, Bangladesh

Drechsel, P., C. Scott, L. Raschid-Sally, M. Redwood and A. Bahri (eds) (2010)*Wastewater Irrigation and Health: Assessing and Mitigating Risk in Low-income Countries*, Earthscan, London

Fewtrell, L. and D. Kay (eds) (2008) *Health Impact Assessment for Sustainable Water Management* , IWA Publishing, London

Hunter, J. M., L. Rey and D. Scott (1982) 'Man-made lakes and man-made diseases: Towards a policy resolution', *Social Science and Medicine,* vol 16, pp1127–1145

Hunter, J. M., L. Rey, K. Y. Chu, E. O. Adekolu-John and K. E. Mott (1993) 'Parasitic diseases in water resources development, the need for intersectoral negotiation', WHO, Geneva

Ijumba, J. N. and S. W. Lindsay (2001) 'Impact of irrigation on malaria in Africa: Paddies paradox', *Medical &Veterinary Entomology*, vol 15, pp1–11, www.ingentaconnect.com/content/bsc/mve/2001/00000015/00000001/art00001

Jobin, W. (1999) *Dams and Disease – Ecological Design and Health Impacts of Large Dams, Canals and Irrigation Systems*, E & FN Spon, London and New York

Konradsen, F., M. Chimbari, P. Furu, M. H. Birley and N. O. Christensen (1997) 'The use of health impact assessments in water resource development: A case study from Zimbabwe', *Impact Assessment*, vol 15, pp 55–72

Krieger, G., M. Balge, Soutsakhone Chantthapone, M. Tanner, B. Singer, L. Fewtrell, S. Kaul, P. Sananikhom P. Odermatt and J. Utzinger (2008) 'Nam Theun 2 hydroelectric project, Lao PDR', in L. Fewtrell and D. Kay (eds) *Health Impact Assessment for Sustainable Water Management*, IWA Publishing, London

Mara, D. and S. Cairncross (1989) 'Guidelines for the safe use of wastewater and excreta in agriculture and aquaculture', WHO and UNEP, Geneva

Mills, A. J. and D. J. Bradley (1987) 'Methods to assess and evaluate cost-effectiveness in vector control programmes', in *Selected Working Papers Prepared for the 3rd, 4th, 5th and 6th Meeting of the WHO/FAO/UNEP PEEM*. WHO, Geneva

Prüss-Üstün, A., R. Bos, F. Gore and J. Bartram (2008) 'Safer water, better health: Costs, benefits and sustainability of interventions to protect and promote health', World Health Organization, Geneva

Ramsar (undated) *The Ramsar Convention on Wetlands*, www.ramsar.org, accessed April 2010

Sakhalin Energy Investment Company (2003) Health, social and environmental impact assessments, www.sakhalinenergy.com, accessed March 2003

Salem-Murdock, M. (1996) 'Social science inputs to water management and wetland conservation in th Senegal River Valley', in M. C. Acreman and G. E. Hollis (eds) *Water Management and Wetlands in Sub-Saharan Africa*, IUCN, Gland, Switzerland

Scudder, T. (2005) *The Future of Large Dams: Dealing with Social, Environmental, Institutional and Political Costs*, Earthscan, London

Stanley, N. and M. Alpers (1975) *Man-made Lakes and Human Health*, Academic Press, London

Tiffen, M. (1989) *Guidelines for the Incorporation of Health Safeguards into Irrigation Projects Through Intersectoral Cooperation*, WHO/FAO/UNEP

Verhoef, H. (1996) 'Health aspects of Sahelian floodplain development', in M. C. Acreman and G. E. Hollis (eds) *Water Management and Wetlands in Sub-Saharan Africa*, IUCN, Gland, Switzerland

Wahaab, R. (1995) 'Wastewater treatment and reuse: Environmental health and safety considerations', *International Journal of Environmental Health Research,* vol 5, no 1, pp35–46

WCD (World Commission on Dams) (2000) *Dams and Development: A New Framework for Decision-Making*, Earthscan, London

WHO (1983) 'Minimum Evaluation Procedure (MEP) for water supply and sanitation projects', World Health Organization

WHO (1999) 'Human health and dams, submission by the World Health Organization to the World Commission on Dams', www.who.int/docstore/water_sanitation_health/Documents/Dams/Damsfinal.htm#References, accessed November 2009

WHO (2006) 'Guidelines for the safe use of wastewater, excreta and greywater: 1 Policy and regulator aspects; 2 Wastewater use in agriculture; 3 Wastewater and excreta use in agriculture; 4 Excreta and greywater use in agriculture', World Health Organization, www.who.int/water_sanitation_health/wastewater/gsuww/en/index.html

WHO (2008) 'Water safety plan manual: Step-by-step risk management for drinking-water suppliers' www.who.int/water_sanitation_health/publication_9789241562638/en/index.html accessed February 2011

WHO (2010) Media Centre fact sheets, www.who.int/mediacentre/factsheets/fs310/en/index.

html, accessed January 2010

World Bank (2001) 'Safeguard Policies, Operational Policy 4.12: Involuntary resettlement' http://web.worldbank.org/wbsite/external/projects/extpolicies/extsafepol/0,,menupk: 584441~pagepk:64168427~pipk: 64168435~thesitepk: 584435, 00.html, accessed October 2006

WRI (World Resources Institute) (2005) 'Millennium Ecosystem Assessment, ecosystems and human wellbeing: Wetlands and water synthesis', www.maweb.org/documents/document.358.aspx. pdf, accessed October 2009

第 10 章 冶炼行业

本章内容提要：

1）讨论石油和天然气、采矿和矿物行业的一些特殊特点。与这些行业有关的项目通常位于贫穷国家的偏远地区，其规模庞大并经常由跨国公司经营；

2）讲述作者在石油和天然气行业的个人经验；

3）解释社会投资的方法。

10.1 引言

采掘工业通过使用钻井的方式开采矿物燃料和矿物品，这些产品是有限的不可再生资源。实现它们的可持续发展，需要考虑经济、社会和环境等多方面因素，其与人类的健康和福祉息息相关（世界可持续发展工商理事会，2002；World Bank，2004）。在当今世界，不可再生资源的稀缺性日益明显，其单价随着供给和需求的关系而变化（Heinberg，2007）。随着价格的上升，越难以获得的矿藏在经济上就变得越诱人。而开采这种矿藏有可能涉及更深远的影响，虽然这些影响是不同的，但是在很多情况下会影响当地、整个地区乃至全球范围内的人类健康状况。而且，获取那些开采难度大的矿藏需要消耗更多的能量，排放更多导致气候变化的温室气体。同时，化石燃料产品的消耗导致气候变化，相关的公共健康后果将在第 12 章中讨论。

在前面章节中所提到的 IFC（国际金融公司）标准（IFC，2006）和赤道原则（2006）源自世界银行的采掘行业的报告（World Bank，2004）。很多油气工程坐落在居住着被边缘化的弱势群体的边远地区，其带来的环境、社会和健康的影响是很严重的，前人已经付出了很大的努力来记录这种现象，并试图减缓这些不良影响。一本国际环境评价协会的会议论文集，包括了非洲、南美和亚洲的案例，主题则包括位于赤道附近和亚马孙的热带雨林的污染、秘鲁外来疾病的蔓延、库页岛渔业的损失、亚洲人权的受侵犯情况。San Sebastian 和 Hurtig 也描述过厄瓜多尔的环境污染对健康的影响，那里露天开采的矿业将会对土地的使用以及渔业产生重大的影响，从而减少食物的产量。一本最近出版的书籍提供了来自菲律宾的详尽案例（Goodland and Wicks，2009），其他相关的出版物则涉及了在加拿大北部采矿对健康影响的分析以及与美国电子工业联合会相关联的差异。

10.2 石油和天然气

此部分是关于石油和天然气的勘测和生产。正如第 1 章讨论的商业案例所说的，很多石油和天然气公司已经达成了内部决议，即将健康影响评价纳入其环境影响评价程序中。最初，健康影响评价与环境影响评价在执行上是相互独立的，但是它们逐渐被整合在了一起，整合之后的产物可能会被叫作环境健康影响评价（环境、社会和健康影响分析）。依据一系列的背景材料和参考手册，贸易协会制定了健康影响评价的指导方针（ICIECA/OGP，2005）。它为石油和天然气部门的健康影响评价提供了一个简明的导则。

作为世界上最大的石油公司之一，荷兰皇家壳牌集团建立了有力的政策来支持健康影响评价（Birley，2003，2005），并公开声明了他们的目标：

1）在社会上以负责任公司的身份来管理公司；

2）致力于可持续发展；

3）完全尊重健康、安全和环境；

4）对基本人权与业务的合法角色相一致表示支持；

5）认识到投资决策并不完全是经济的；

6）对那些与商业并无直接关系的社会事件有一定的兴趣。

为了达到这些目标，壳牌公司在内部通过了一系列的最低卫生标准（壳牌国际，2001）。其中一个标准要求在停建对当地社区、公司、合同工人及其家人产生潜在健康影响的现有工程之前，以及所有新工程和重大改建工程开始之前，都要同时进行健康影响评价以及环境和社会影响评价（ESIA）。

壳牌集团已经建立了一个针对健康和安全的环境管理体系，该管理体系包含多重反馈程序，以确保监督、改正和改进等行动能够顺利进行，这看起来似乎也是他们风险管理一般方法的一部分。该管理体系的主要内容是对风险进行识别、评价和控制，以及风险发生后的恢复。工程对社区的负面健康影响包含着风险，健康影响评价是解决这个风险的一个途径。

2002 年，壳牌集团在企业健康服务部门设立了一个有关健康影响评价的临时职位——高级健康顾问，并且他们把这个职位提供给了我。这个机会让我了解到了壳牌公司的企业理念。本章的材料来源于我在壳牌集团以及后来在其他石油和天然气公司所做的顾问工作的经验。

10.2.1　社会投资

一些石油和天然气公司除了制定健康分析策略外，还制定了社会投资策略，上面所提到的荷兰皇家壳牌集团的目标反映了这一策略。这些策略显示了公司在他们对所在社区福祉方面投资的社会责任。更多细节请查看第 1 章。我曾经看到过的有关社会投资方面最先进的例子之一是意大利的埃尼公司，这个公司有一系列的内部指导方针和原则，使得社会投资成为其合资企业的基础。它的策略包括寻找机会与政府组织以及非政府组织建立公私伙伴关系。相比之下，我曾经工作过的一家美国公司则明确排斥社会投资。

10.2.2　合资企业

尽管公司可以基于其他的协议，如产量分成协议，但现代石油和天然气公司经常基于合资协议。为了完成勘探和生产工作，石油和天然气公司往往和国家政府、投资公司以及其他公司签订合同来建立一个国际公司。公司的股权归属是分离的，因此政府享有绝大部分的利润，然而经营管理权依然掌握在拥有专业技术的公司手中（Ycrgin，1991）。合资企业配备有专门提出方案的专业技术人员，企业由外籍员工和当地员工组成，外籍员工提供当地稀缺的技术，而当地员工可能会从公共部门中挑选。

各种公司通过竞争从政府那里取得执照，从而建立合资公司，公司的资金由每个合伙人通过各种渠道募集，包括内部储备和放贷银行。如今，从放贷银行中贷款受到第 1 章所讨论过的赤道原则的管制，并且只有在保护了公共健康的前提下才能拿到贷款。

由于健康影响评价并没有被大多数国家政府合法化，因此在我写这本书时，经常会遇到这样的情况，即由于各种内部或外部的原因，企业及其合作伙伴必须开展健康影响评价，但是政府可能并不愿意这样做，因为这样可能会降低政府从企业所得的利润。此外，政府可能承担着为新的基础设施提供用地的任务。这些土地可能已经用于居住，也可能有重要的生态系统功能。一些新的重要的机遇往往存在于人权记录不佳的政体内；在这里，政府可能不会从影响分析方面考虑土地的清理，公司也往往没有权力挑战政府。此外，一旦做出继续发展的最终决定，公司可能会制定一个将健康影响评价程序向社会公示的政策。然而，政府可能会反对将其公示，因为公开信息与他们专制的意识形态不符。但如果在建设中发生了事故，政府倾向于推卸责任，把自身的疏忽和过失推卸给公司。

公司的结构也阻碍了合资公司执行健康影响评价政策。相对于母公司，当地的子公司将有一定的自治权。来自国家政府的经理可能不愿意遵从其国际合作伙伴公司的政策，他们讨厌别人的干预。由于健康影响评价是一个相对较新的要求，很多经理不知道它是什么或者应该怎样去执行。例如，他们可能要求当地的内科医师出具一个有关健康影响评价的报告，然后简单地陈述一下他们已经遵守了公司的要求。当地的医师通常没有接受过任何关于健康影响评价的培训，也缺乏相关的经验。

石油和天然气工程的新经理们非常善于克服那些干涉他们首要目的的障碍，其目的就是从石油和天然气运输中获利，他们也很善于控制成本。对他们来说，来自总公司的健康影响评价政策要求可能看起来是一个新的障碍，该政策是陌生的并且不能给他们带来直接的好处。鉴于此种情况，总公司将用以下三种方式管理不遵守规则的人：

1）在管理人员的年度绩效评估中包含影响评价工作的完成情况；这将影响到他们的工资奖金和职业发展。

2）严格制订影响评价的程序，因此就存在更少的漏洞。

3）让大家都产生这样一种认识，即能够降低风险的完善的影响评价是能带来利益的。

10.3 理解和能力建设

我曾经在许多石油和天然气公司中尝试加强相关管理人员对健康影响评价的理解，以提高这些公司进行健康影响评价的能力，我所做的具体措施将在下面进行详述。一个健康影响评价培训课程经常开始于提案启动和划定范围的阶段，该课程在国内开设，来自合资企业的代表，当地顾问，来自公共健康、环境健康和环境公共部门的官员，以及其他的专业股东都要学习这项课程，这项课程的目的是讲授启动、管理和引导一项健康影响评价的基本技巧。例如，提案中出现的当地顾问经常只是名义上的领导，他们没有承担其被委任的工作的意愿，相反，他们会雇佣初级研究助理来代替他们做这些工作。同时，他们也不确定其签约所做的是什么工作。但这些问题并不表明他们不具备相关的专业知识。我们在第 4 章也能看到此种情形。

这项课程通常是为了调动参加课程的政府官员的热情，他们经常在完成课程时说健康影响评价应该成为所有提案的必需要求。可能将以包括提供健康基准资料、未出版的报告和调查结果以及为关键信息提供者提供咨询服务的方式来支持健康影响评价。

来自合资企业的参加人员通常是负责健康、安全和环境（HSE）方面的经理、职业健康医生和保健专家。他们为工程经理提供建议，但是通常没有执行建议的权利。为了确保完成一个好的健康影响评价，这些参加者需要具备有说服力的理由，并且其自身要先被说服。他们的事业发展取决于能否成为一个团队中有效率、有责任感的成员。因此，他们不可能做出阻碍健康影响评价的事。他们认为在课上学到的技巧对他们的工作是非常有用的，因而他们可能会需要一个参加课程的证明或是一张正式考试的成绩证书。

10.4 筛选

筛选阶段通常是经理们最感兴趣的部分，因为该阶段为经理提供了一个可用来证明健康影响评价不是必需的漏洞。简单来说，筛选阶段被称为 HSE 经理“勾画选框”的练习（tick-box exercise），HSE 经理将选择那些适当的选项，以便确保不需要进行健康影响评价。完成这个检查表的人可能没有接受过任何有关公共健康的培训，他们可能会对类似于“这种提案会对当地的社区产生潜在影响吗”的问题做出负面回应。本书的第 4 章已经描述了确保恰当筛选阶段的机制。

10.5 石油和天然气部门提案的潜在健康影响

世界上存在着许多与石油和天然气提案相关的不同提案，例如，一些提案完全位于近海地区，如北海的中部或是墨西哥海湾。如果提案开展的地区没有受到人类社区的影响，或者提案定位于远离渔场和海运航线的位置，那么健康影响评价就不是必需的。然而，提案中的建设内容通常包括了岸上的基础设施，如港口和建筑设施，并且提案所在的位置可能会存在受项目影响的社区。2010 年，墨西哥海湾油田泄漏为灾难性事件的影响提供了一个很好的例子。如果发生一起重大油田泄漏事件，那么在数千公里的海湾边，生态系统将受到严重的损害，食物供给将中断，人类的生计也将受到破坏。所有这些问题都将影响公共健康。健康影响评价应该考虑工程的灾难性失败吗？或者是健康影响评价能够更好地通过其他过程得到管理吗？到目前为止，我已经设想灾难管理应该成为健康风险评价的一部分，但这尚需要复审。

另一个提案是在贫穷国家的偏远郊区勘探和发掘石油与天然气，这些地区可能存在着分散的村庄、城镇和运输路线，典型的社区健康问题在表 10.1 中进行了举例说明。从勘探到生产需要 10 ～ 40 年，之后的运转可能持续 30 年以上，在这个过程中或许还伴随着主要设施的扩建。最终，这个工程可能在未来 40 年甚至更久的时间后结束。这一过程中的每一个阶段都会产生健康影响，下面我们将更加详细地讨论。

石油和天然气的提案经常包括建设大型工业厂房。表 10.2 概括了提案的一些主要组成部分及其与社区健康的联系。

表 10.1　提案各阶段的社区健康问题的综述

阶段	典型的健康结果	典型的健康决定因素
勘查（勘探）	传染性疾病	职业性工作者和男性勘探人员
可行性研究	焦虑和期望	不确定
建设	传染性疾病、营养不良、身体受伤、心理障碍	安全食品的缺乏、社区暴力、生计丧失
运营（生产）	传染性疾病、非传染性疾病	吸入颗粒物或有毒气体
结束	传染性疾病、营养不良、身体受伤、心理障碍	失去生计

表 10.2　发展中国家工业工厂的决定性因素和结果举例

决定性因素类别	子类别	健康结果举例
资源	失去土地	失去野生食物而引起的营养不良
	定居点和工人营地	艾滋病、暴力、受伤、媒介传播疾病
排放物	空气	尘土引起的肺部疾病，噪声引起的耳聋
	水	中毒，水源性疾病
机械	交通	受伤、哮喘、心脏疾病、心理障碍
	管道	人畜共患病、爆炸事故
事故	炼油厂爆炸	烧伤、中毒

10.5.1　勘探

石油和天然气的勘探与其他采掘工业相似，通常在贫穷而又偏远的地区进行。这是因为更易得到的矿藏已经被开采了。勘探通常需要进行地震勘探和钻探测试这两项工作。工程师先引发一次地下爆炸，再使用一套具有灵敏传声器的网络听取回声。地震勘探工作者则沿直线行进，并居住在临时营地中。勘探工作与当地社区的联系短暂但又强烈。事实上在很多情况下根本勘探不到石油和天然气的矿藏，但当地人的期望却开始上升。当发现有价值的矿藏时，项目方可能会成立一个较长期的钻井测试工作人员小组，此时交通工具的数量随之增加，包括大货车、四轮驱动车和直升机。最终，测试的结果被带走以进行分析，工作人员被召回，相关的材料设备也将调回。相关的谈判和可行性研究将开始，而且可能持续至少十年之久。

10.5.2　建设

对一个大型提案来说，建设阶段可能持续两年，需要大约 10 000 余名工作人员。大多数工作人员是来自其他国家或地区的熟练男性工人，当地社区居民和劳动力之间在物质资源获取上可能存在极端的不平等现象。建设营地需要资源，如食物、水和租住地，而当地的物资供应很可能是有限的，因而建设营地可能会导致物价上涨。付给建筑工人的工资可能会比付给当地工人的标准工资高很多，来自当地医院的医生和护士会在工程诊所寻找工作，学校的老师可能会寻求秘书和翻译的工作，警察可能寻求司机和保安的工作。由于不平等的机会、不平等的地位、通货膨胀和贫穷，许多当地的年轻妇女和男士可能成为职业性工作者。地区的快速发展可能创造一个“繁荣城镇”的景象。酗酒和药物滥用的现象将增加，那些不能从此机会中获益的人有可能会产生精神上的不适。不同文化群体的汇集可能会引起社会紧张，进而导致社区和家庭暴力，自杀率也可能上升。在工程建设阶段结束时，大部分外侨工人将离开，房租随之下降，大部分本地人将失去工作，物资和服务的采购量将下降到非常低的水平。这就是一个繁荣和萧条的周期。表 10.3 概括了在贫穷地区与建设相关的一些健康问题。

表 10.3　在贫穷地区较大建筑工程健康问题举例

结果	举例	决定因素
传染性疾病	疟疾、结核病、性传播感染、腹泻	商业性行为、拥挤、蚊虫繁殖场所、糟糕的水供应
非传染性疾病	慢性阻塞性肺病	室内和室外的空气污染
受伤	交通事故或社区暴力	行人和家畜使用道路
营养不良	食物浪费和缺乏食物导致的发育迟缓	食物价格上涨，收入减少
精神健康 / 心理健康	药物滥用、沮丧、自杀	行为失控、环境快速变化、社会结构改变

表 10.4 对一个欧洲的路基天然气提案在施工阶段的一些总结建议

影响	等级	缓和措施	时间选择
自行车道路安全	中等	计划交通	详细设计
超重 / 肥胖	中等	鼓励主动出行	详细设计
抽油井井喷	较小，因为已经设计了防护屏障	恢复防护屏障 应急反应计划 （参考环境影响评价的相关内容）	详细设计
化学药品的运输和储存	较小	运输计划 存储标准 恢复防护屏障 应急反应计划	详细设计
就业机会	积极	当地就业政策	邀请招标之前

表 10.4 是在欧洲发达国家与天然气发展相关的总结性建议的例子，这与表 10.3 形成了鲜明的对比。该提案是对包括了在现有路线上连接到管道的泵站的现有设施的大型翻新工程。人们担心工程建设阶段会影响到与运输相关的整个社区，尤其是孩子的健康和安全。该公司还有一个制作运输计划的单独步骤。已经通过的解决健康和安全的方案是用巴士接送孩子上下学。肥胖是这个国家主要的健康问题，必须扫除主动出行的障碍，健康影响评价建议修改运输计划，以便保障活力出行。

人们也表达了对与钻井相关的风险的担心，如井喷、化学药品的运输和储存。然而，已经有工程设计来预防这些风险。已经与当地卫生部门及类似机构进行谈判，建立应急预案。通过制定本地的就业政策，产生积极健康影响的就业机会。

10.5.3 运行

运行阶段对员工的要求比建设阶段少得多，主要有以下几个要素：

1）少量熟练的、非当地的操作工人长期驻扎在现场，包括社区联络官和医生，他们的家人将与他们居住在一起。

2）也有一些持久的职位提供给当地的熟练员工，如护士、秘书、厨师和司机。

3）工程方对当地不熟练的劳动力也将提供一些持久的职位，如保安、园丁、厨师助理和清洁工。

4）工程的维修和翻新工作需要继续使用施工营地，由一系列不同的公司及其自己的团队使用。

5）经常有专业人员对营地进行为期几天或几周的走访。

人员和物资的不断往返将产生交通问题。在一些偏远地区，相关部门可能已经为客机修建了跑道，为运送供应物资的船修建了码头。此外，道路和桥梁可能也已经建好。

工程现场通常会有一个配备有护士和安全主任的永久性医疗诊所。这个诊所将配备先进的技术设备并储备充足的医疗用品，同时也会制订紧急情况下抢救和转运重伤或重病员工的具体计划方案，包括联系国内或国际三级医院以及安排适当的运输工具，如救护车、直升机和其他飞机。

通常会为专业性员工家属建造永久性住房，这些住房相当宽敞并配有空调，一般提供给本国国内的员工。这里还可能会有学校、运动中心、游泳馆、高尔夫球场和饭店，并将封闭起来受到保护。在社区内也可能建设一些娱乐场所，如酒吧、餐馆和舞厅。

餐饮业务将被分包给负责食品采购和安全的国际餐饮公司，他们可能会从世界各地带来冷冻肉食和新鲜蔬菜。

此外，还将建造一个永久性的水供应系统，很可能会从深层含水层来寻找水源，并将水资源用于工程营地生产过程和国内的水供应。此处也将建立固体废物管理系统用以处理污水、生活垃圾和生产垃圾。还将建立特殊的系统用于危险废物的处置，如垃圾的焚烧和填埋。为了符合国际惯例，日常的大气和水污染物的排放必须被考虑在内。

随营人员的半永久性社区将在施工阶段建成，并可能在运行阶段继续存在并扩大占地面积。

此外，这里可能会有一些社会投资机构或慈善机构，这些机构可能作为执行工程项目对当地学校或诊所提供的支持。

在运行阶段，工程带来的典型的健康影响可能包括以下几个方面（以下是说明性的，而非全面的）：

1）诊所并不是被设计成为整个社区提供服务的，而且当地由政府设立的诊所可能装备会相对简陋。因而对社区产生的紧急医疗情况的管理需要一个合理的程序。例如，政府设立的诊所可能要求工程项目的附属诊所为解决产科紧急问题提供人员支持。

2）劳动力（比较富裕的流动男性人口）和当地贫困人员的性关系将会继续，一些移居国外的员工可能会与当地人形成半永久性的暧昧关系并让其搬进他的住处。在一些国家，肥胖的中年白皮肤男人与漂亮的当地女人在公司的餐厅吃饭是很普遍的。

3）繁忙的交通运输增加了当地居民和家畜受伤的风险。

4）由于餐饮公司试图在当地的市场采购食物，食物的价格可能会上涨，这将导致社区内居民营养不良。

5）劳务移民和当地人或是当地人和施工工人之间可能存在社区暴力的风险。盗窃事件也可能增加。

6）由于工程的运行，外围社区的疾病也可能增多，如出生异常、癌症、哮喘、高血压。

10.5.4 运行停止

正如第 4 章所讨论的那样，本节将对很多年后将要出现的运行停止阶段进行详细的叙述。

在大型基础设施项目的运行停止阶段，受污染的土地和植被的问题将凸显出来。这个问题的产生是由于在之前阶段的废物管理措施不善和有关施工现场使用的化学药品和材料的详细档案的缺乏。在一个大型工程的生命周期中，管理权和所有权可能会转手很多次，相关的记录很容易丢失。一个易得的建议是在一开始就建立一个强大的档案系统。

当一个提案到达生命周期终点时，工人可能会失去工作或者被部署到其他地区。当地的经济很可能会遭受打击，因为没有人再去大量采购食品，而工程带来的相关服务也将停止。提案所带来的间接收益可能也会停止，这其中包括对学校、诊所、娱乐场所和道路维修的支持。随着工程建立起来的小镇可能会成为一个“鬼城”。对此的建议包括：将工程停止运行的时间提前通知当地居民，协助当地社区的居民搬迁，寻求其他的可以支持社区建设的力量，以及雇佣当地工人进行清除搬迁和原址复原。其中的一些工作在一开始就可以着手从事，例如，可以建立公私伙伴关系来维持间接收益。在运行停止阶段开始之前，应该进行新的健康影响评价，而之前所有和提案相关的健康影响评价都应记入档案，以供将来查阅。

10.6 非正式定居者

贫穷国家的基础设施提案能够吸引大批的短暂移居者以及随营者，他们在工程建设的过程中到来并且可能会一直待在这里，直到建设完工。他们居住在位于施工地点外围的临时的、卫生条件较差的房子里，依靠向工人出售食物或提供服务谋生。随着时间的推移，由于这些人员不断建立新的家庭，这里的定居者可能会增多。

这种类型的定居点可以从卫星图像上看到，谷歌地图软件可以方便地免费提供此类图像，例如，在 9 公里的海拔高度上看到的尼日利亚邦尼岛石油和天然气码头的图像，其坐标为：北纬 4°24′22.52″，东经 7°10′43.43″。可在图像中标识出在一个咸水湖边的一些非正式的棚户区定居点的位置，这个湖被社区居民当作垃圾处理场。由移民组成的村庄被称为 New Finima。

10.7　阿联酋案例分析

2007 年，阿联酋的迪拜委托相关机构进行了一项健康影响评价，这个提案的内容是进行和石油天然气部门相关联的基础设施建设，委托方是一家国际公司。1984 年我在迪拜工作时，拍摄了一些反映当地工人住宿条件的照片，我很想知道在今天其条件是否已经得到改善。

阿联酋人口稀少，大部分土地是沙漠。无论是在沙漠里开荒还是进行离岸填海计划，很多新基础设施的建设都是远离人类社区的，所以很多新基础设施的健康影响可能很小或者很容易控制。然而，这里存在一个显著的问题，即与工程建设劳动力相关的问题。就像在引言中提及的那样，健康与安全管理以及其他“栅栏内”的问题并不严格地作为健康影响评价的一部分。然而，在海湾地区，这里存在与购买和处理劳动力相关的特殊环境。

阿联酋在过去的几十年中经历了快速的经济发展和增长，但是它在公民社会的发展方面很落后：2007 年，阿联酋政府没有为任何公众进入政府机关举行选举，并且只有统治家族的人才能参与政治活动。大多数国际人权和劳动力权利条约都没有被其政府签署过，如国际劳动力组织（ILO）核心公约第 87 条关于结社自由和组织权利保护（1958）以及第 98 条关于组织权利和集体交涉条约（1949）（ILO，2009）。该国不存在工会，并且明文禁止罢工和停业。虽然政府许诺将进行改革，但是公众对其改革的效力和决心存在很多质疑。在这里，对社会问题的监控和报道经常受到政府的干扰，非政府组织也被列为禁止之列。因此，外来的移民工人的人权可能会受到严重侵害（人权观察，2007b；Mafiwasta，2008）。

在阿联酋大约有 280 万移民工人，大约占其工作人口的 90%，并且这些移民工人的 20% 受雇于工程建设。几乎所有工程建设工人都是男性，他们中的许多人没有受过教育并且来自南亚的贫困乡村社区（人权观察，2006）。仅仅在迪拜就有大约 5 938 家工程建设公司正在运行，并且大多数都是雇佣人数少于 20 名工人的小型公司。

移民工人的招聘工作通过招聘代理（必须是阿联酋国内的）或直接通过阿

联酋本地的招聘公司来完成，并且需要一份来自于政府劳动力部门的执照。工人必须持有一份由雇主提供的工作许可。当地法律中没有规定最长工作时间、休息、年假和加班时间的条例，但却已经通过了确保工人不在炎热酷暑时工作的法律。雇主必须支付在处理工伤以及在工作死亡事件中产生的费用，死亡工人的家庭成员有权得到补偿。当一份合同完成时，工人有权获得离职金和回国的旅费。如果雇主不尊重合同或法律义务，则受雇的工人可以选择辞职。但当年我在阿联酋工作的时候，有很多人都对这些规定是否能够落实和执行提出了质疑（人权观察，2007a；Mafiwasta，2008）。

劳动力供给方在建筑营地持有大量可用劳动力，然后以短期或长期合同的形式让他们被雇佣出去。劳工的住宿条件通常比较差，住房较为拥挤，供水、卫生和食物等条件都比较差，同时也缺乏娱乐设施。大量的男性工人被迫长期离家在外。

关于雇主的虐待行为，有许多持续、可靠的报道，尤其是在小型企业中，在那些从事低技术含量工作的工人那里。其中主要的原因之一是移民赞助法允许雇主在移民工人事务上享有特别控制权。据报道，针对移民工人的虐待包括不支付工资、在没有加班费的情况下延长工作时间、不安全的工作环境导致的死亡和伤害、脏乱的劳动力营地居住环境以及扣押护照和旅行证件（人权观察，2006）。例如，2005 年，阿布达比酋长国的一家发展与建设公司所雇佣的 6 000 名工人中的大约 800 名工人，对该公司超过五个月不支付工资的行为进行了抗议。劳动部部长命令其立即支付所拖欠的工资。2006 年，大约 1 300 家公司由于延迟支付工资而被暂停经营许可，据说这些公司拖欠移民工人工资的总和达到了 5 200 万美元。

为了从他们的祖国应聘到阿联酋工作，工人经常不得不承受招聘代理数年的工资拖欠，并以此作为对招聘代理的酬谢，但阿联酋法律规定工资的支付应当由雇主决定。这样的契约劳工是被明令禁止的，例如，国际金融公司业绩标准（IFC，2006）以及国际劳工组织公约（ILO，2009）都禁止这种行为。国内的女工经常被限制在她们工作的地方，处于遭受虐待的特殊风险之中，其中的风险包括拿不到工资、长时间工作和遭受身体上的或性方面的骚扰（人权观察，2007b）。观察者们暗示过阿联酋的经济激增是建立在数十年对近似于奴隶的劳动力的粗放开发利用之上的。

从 2006 年开始，阿联酋宣布其已经进行了大量的改革，用以回应广泛的来自国际的谴责（驻华盛顿阿联酋大使，2009）。这些包括改善劳工的工作和居住环境；与拐卖儿童的行为展开斗争；建立劳动法庭来解决工人们的诉求；与向阿联酋提供大量劳动力国家的政府谈判制定双边劳动协议；规范国外劳工合同；

为国内雇工设置固定的工作时长；要求劳动力部门建立防止工资支付延迟的机制；为所有类型的工人引进健康保险。然而，一个非政府组织 Mafiwasta 宣称阿联酋已经拒绝了所有关于设立工会以及开放罢工权、团体自由权或集体交涉权的建议（2008），而阿联酋政府也对人权观察的调查结果表示质疑（阿联酋互动，2007）。

当温度攀升到 50℃时，在夏季，工人间会定期爆发与炎热有关的疾病（人权观察，2006）。例如，在 2004 年的夏季，每月有多达 5 000 名的建筑工人罹患与炎热相关的病症，他们被允许在拉希德医院处理意外事故和紧急事件（Anon，2005）。在海湾地区，隐瞒与炎热相关的职业健康问题是一个延续了几十年的惯例。尽管政府官员规定工人在下午有休息的时间，但是据说很多公司都没有遵从过该项规定。一项小的研究发现，只有 80% 的工人接到过可以去休息的通知，64% 的工人在工作日期间只有一次休息的机会，87% 的工人在没有空调或风扇的环境下休息，并且 59% 的工人在休息的场所得不到饮用水（Barss，未出版）。最近以来，当地施工单位对该规定的遵从似乎是增加了，但是休息的工人在他们必须得到的 2 ～ 3 小时中午休息期间，经常没有适当的遮蔽物或乘凉设施（Egbert，2007）。

在缺乏新闻自由的情况下，根据非政府组织的评论和有记录的历史经验，通过对健康影响评价的分析可以得出：劳动力的聘用和安全需要特别关注。劳动力状况在健康影响评价的建议中得到了反映，劳动力应该只从声誉好的供应商那里采购；应该依靠证件审查来确定供应商的信誉；应该仔细甄选出最好的承包人；甄选过程应该包括对工作环境、住宿条件、健康保险、劳动力质量和合同支付的践行情况的筛查。除此以外，由主要建筑公司设定和提供的标准应该贯彻到所有级别的下游承包商，并使他们经常受到监控。应该与声誉良好的专业非政府组织建立合作关系，以便长久地确保执行了最好的实践方案。然而，我也不知道我的这些建议是否能被阿联酋政府付诸实践。

10.8　采矿业

采矿及矿产行业健康影响评价的商业案例的出现时间似乎比石油和天然气行业更晚。例如，2009 年，矿业和金属国际理事会（ICMM）才批准了一个健康影响评价的导则（ICMM，2010a，2010b）。一个对石油与天然气部门都同等重要的贸易组织 IPIECA，也在 2005 年出版了指南。ICMM 代表了许多在世界上领先的采矿及金属公司，以及许多区域级的、国家级的和商业的协会。ICMM 的政策是对负责地生产社会需要的矿产及金属产品的承诺，其长远期望是创建一个受人尊敬的采矿和金属行业，而这些也都得到了大家的广泛认可，大家都认为这些是社会所必需的，而且是可持续发展的一个关键因素。ICMM 还出版了许多其他有用的实践指南，涉及艾滋病、结核、疟疾（ICMM，2008）、职业健康风险评估等。然而，一些采矿提案在委托进行健康影响评价时并没有采用 ICMM 指南。采矿行业典型的健康影响包括肺结核、尘土引起的肺部疾病、性传播疾病和外伤。

目前存在的对现有煤矿健康影响的科学研究如下：

1）扎伊尔（现在的刚果共和国）矿山产生的大量积水成为传播疟疾和血吸虫病的理想场所（Van Ee and Polderman，1984；Polderman et al，1985）。

2）在 1980 年的早期，巴布亚新几内亚一个偏远山区的 Ok Tedi 金矿开业了。当地的社区仅在 1963 年才首次接触外部世界，由于建立矿业城市所带来的快速变化，他们在很多方面易受到伤害，由 Lourie 及其同事发表的一系列论文展示了采矿工程对当地人的营养状况、当地的重金属污染、妇产科的情况以及社会压力的影响（Taufa et al，1986；Ulijaszek et al，1987；Hyndeman et al，1988）。当地的婴儿出生率上升了，且婴儿死亡率和生育间隔有所下降，住在矿区附近社区的婴儿存活率有所提升，人体测量学检查也得到了发展和普及。当地的自杀和交通事故也成为一个普遍现象。

3）在种族隔离制度下，南非金矿对居民的健康影响受到广泛关注（Moodie，1989）。从相邻国家移民来的男性居住在拥挤的环境中，而且全部男性团体都可能感染性传播疾病和结核病，并把这些疾病带回他们的家乡。

目前也存在对采矿业健康状况的各种审查制度，例如：

1）采矿、矿物和可持续发展（MMSD）计划委托相关专家或公司对工人和社区的健康状况进行审查（Brehaut，2001；Stephens and Ahern，2001；Hed and WBCSD，2002）。

2）大量的非政府组织对互联网环境、采矿的社会和健康影响、个人采矿项目的审议提供信息和评论（矿山和社区，2008）。

3）关于开发工程的健康影响评价，一份早期的出版物提供了附加的案例（Birley，1995）。

4）一个评价题目是“资源影响——诅咒或祝福”。

下面的两个案例通过在不同的背景下使用不同的分析方法，举例说明了采矿提案的健康影响评价。

10.8.1　来自英国威尔士的案例分析

在当地反对这个提案的社区居民的要求下，威尔士进行了一次健康影响评价，审查了提案中露天煤矿扩建带来的健康影响（Golby and Lester，2005）。当地居民认为该提案并没有充分注意到由其产生的健康问题。该提案的实施地点位于欧洲最贫困的地区之一，在这里，室内和室外自然环境中的健康决定因素普遍需要改善，社会和社区条件也需要改善。健康影响评价中所用的方法基于对周围社区的小组访谈，社区居民担忧的主要健康问题是诸如压力、焦虑和沮丧之类的身体疾病。作为当地社区需要忍受的现有露天煤矿带来的危害之一，有害粉尘也产生了很多方面的健康影响，这些影响包括房屋的外观、户外散步的适宜性、环境的清洁状况、坐在花园里的舒适程度等。很多疾病的发生也是由于粉尘的作用，有关当地学校孩子们哮喘发病率的研究表明其与学校邻近的矿井有关。这项研究也考虑了交通、工厂、体力劳动、社会资本、当地经济、噪声和振动、安全、轻微污染、设施损失、视觉冲击力、房地产价值、遗产和气候变化等诸多方面。当地的一些政策和标准包含了人权、平等和发展等内容，但健康影响评价报告表明，煤矿扩建产生的健康影响将违背这些政策和标准。例如，有一项政策鼓励在校学生进行户外运动，但是来自矿山的尘土和颗粒可能会打消他们这样做的念头。

健康影响评价报告引用了大量来自特定群体的评论，以下的评论就很典型（经许可引用）：

当我听说有关工程扩建的事时，我认为他们不能再这样对我们了，他们不能！在绝望中我感觉完全没有希望，我再也不能经受得起这些痛苦了。

该研究得出结论：现有露天煤矿的扩建对健康以及人类福祉可能的负面影响将远远超过正面影响，因此该扩建计划遭到了延期。2007 年，威尔士政府将对所有的露天煤矿的提案强制执行健康影响评价。

10.8.2　来自刚果民主共和国的采矿健康影响评价的案例分析

相比之下，第二个案例分析中的 Moto 金矿所在的地区是世界上收入最低的地区之一（Winkler，2010）。这个提案是对现有金矿的扩建，扩建的内容包括露天矿和地下矿、一个矿石加工厂、发电设备、本地及跨国的道路、供水和水处理设施、员工住房、管理设施及相关的配套设施，同时需要安置大量搬迁的当地居民。在项目的建设和运行阶段，预计会有很多外来移民劳动力涌入，该项目方将成为他们的主要雇主。该项目的倡议者打算采用国际金融机构的绩效标准。相关的报纸报道了对该项目进行的一次快速健康影响评价。

当地社区的健康系统极端脆弱，一些传染性疾病也非常普遍，而且当地也几乎没有可靠的政府公共健康数据。分布于20个村庄中的2 300个家庭中的12 000人可能需要移民安置，其中65%的人不足15岁。在本次健康影响评价中，共有五种受到影响不同的社区得到了识别。

三名医生和一位社区健康代表访问了关键信息提供者，也与当地社区的男女代表进行了小组访谈。该分析基于第8章中所讨论的12个环境健康区域，而影响的得出则优先使用了第8章中讨论过的风险评估矩阵方法。

研究表明，工程会使12个环境健康区域中的9个恶化，许多残留的影响会很明显。由于采取了额外的减缓措施，相对于基线，8个环境健康区域的健康状况得到了改善。表10.5是从已发表的论文中摘录出来的，并总结了这次分析的一部分。例如，虽然基准数据较差，但有一些迹象表明社区的艾滋病率相对较高。在金矿附近，职业性工作者的存在非常普遍，而避孕套的使用率很低，因此在诊所就诊的性传播疾病者人数很多，仅次于疟疾患者。本次研究表明，性传播疾病的健康影响非常高，即使采取了缓和措施后依然很高。

表10.5 金矿项目衍生疾病部分汇总

环境健康区域	显著性		
	基线	与基线相比	减轻、加重或改善
传染病	×××	××××	××
疟疾	××××	××××	××
虫媒病毒	×××	×××	××
与土壤、水或废物有关的疾病	×××	××××	××
包括艾滋病的性传播疾病	××××	××××	×××
营养不良	×××	×××	×
非传染性疾病	××	×××	××
事故/受伤	×	××××	××
接触具有潜在危害的材料、噪声和恶臭	×××	×××	×
健康的社会决定因素、生活方式	××	×××	××
文化卫生实践	×××	×××	+
卫生系统问题			
基础设施和能力	×××	××××	+
孕产妇保健	××	××	×

环境健康区域	显著性		
	基线	与基线相比	减轻、加重或改善
保育	×××	×××	××
项目管理和运输系统	××	×××	+

注：显著性：×—低；××—中等；×××—高；××××—很高；+—潜在的正面影响。
2010 年从 Winker 等处转载，得到了出版商的许可。

许多提案提出的减缓措施都列出了所需的社会投资，用以确保当地社区的健康状况不受工程影响。提案中的特殊议题包括住房价格上涨、过于拥挤和与交通运输相关的伤害。报道过的该研究被视作一种快速的健康影响评价。其中一个建议是应该广泛地执行健康影响评价，把它作为修订可行性研究的一部分。

10.9 采矿提案的部分特点

不管是在建设阶段还是在运行阶段，采矿提案通常都需要大量的劳动力。正规采矿业往往被一些手工开采的小规模的矿山所包围，这是因为煤矿富集的岩石分布在地表附近。手工开采的小规模矿山具有以下特点：卫生和安全条件非常差、易造成环境污染和退化、极端贫困的社会状态和广泛存在的剥削、使用童工、性别不平等、技术存在危险（D'Souza，2009）。在正规采矿业和手工小规模采矿业之间往往存在着紧张关系，这将可能引发人群之间的肢体冲突。手工和小规模采矿业正处于快速发展的阶段，世界范围内可能有 2 000 万～ 3 000 万的手工和小规模矿业劳动力以及 8 000 万～ 12 000 万的劳动力家属。手工和小规模采矿业生产了全球 10% ～ 15% 的矿产。执行采矿提案的健康影响评价的人员需要了解手工和小规模采矿行业的概况，分析它的存在对健康影响评价的影响，并了解那些可选的管理方案。

采矿与石油和天然气部门在很多方面都有相同之处。然而，由于它们都是在各自的文化环境下发展起来的，这两者也有一些不同点。我观察到的其中的一个不同点就是社会投资的途径不同，在采矿部门有一个更为普遍的假设：社会投资应该成为正规发展计划的一部分。这可能是因为采矿部门对当地的劳动力有更大的依赖性。

例如，在我写本书时，蒙古的一个的大型煤矿正在开发（艾芬豪矿业公司，2005），提案的倡议者在对与社区健康、安全和保护有关的项目设计上咨询了我（Oyu Tolgoi Lcc，2009）。同时，在许多其他方面，如水、住房、宏观经济收益、收入和社会经济方面，我们也进行了相关研究，很多研究都发现了健康问题，包括传染性疾病和非传染性疾病、性传播疾病和艾滋病、营养状况变化或营养不良、粉尘和环境健康危害、不良的卫生和卫生设备、酗酒和吸毒、家庭暴力、非法交易、城市、工业和职业健康与安全。倡议者也意识到了提高认识水平、加强教育、开展预防工作以及提高个体和团体的能力的重要性。我们制订了一个能有效地保证健康和安全并有效执行安保项目的计划，该计划将发挥作用，以减小项目本身和周围社区遭受的健康威胁，同时增加健康收益。最终目的是把该计划和其他的公共部门、非政府和捐助者资助项目合并，并重视和推广利益相关者参与，该目标包括以下几点：

1）通过直接的方式或通过公司运营间接刺激的方式，在可允许的最大限度上直接减小或减缓健康、安全和安保影响。

2）适当改善健康、安全和安保服务的执行力度、执行能力和相关指标。

3）涉及员工和承包商时，补充和建立的依据是现有公司的政策、标准、知识和其最佳的实践活动，当地利益相关者在适当和可行的范围内执行该标准。

与此相关的是，提案自身的健康影响和社会投资的健康收益之间的区别似乎很模糊。这种传闻是基于发生在 ICMM 指南尚在准备期间的有限次数的讨论而得出的，采用的是加拿大北部钻石矿之类的案例（Kwiatkowski and Ooi，2003）。如果社会投资方面的公司员工对工程影响感到困惑，可能也会对健康影响评价的过程感到困惑。为了避免这种问题，需要清楚这两个方面的区别，前者的主要内容是提案的健康影响和社区现有的健康需要，后者则是提案中的社会投资计划带来的健康影响。

参考文献

Achbar, M. and J. Abbott (2004) 'The Corporation', Zeitgeist Films, Canada: 145 minute, http://en.wikipedia.org/wiki/the_corporation

Anon (2005) 'Many victims of heatstroke are not being accurately diagnosed by A &E hospital staff ', *Construction Week* , vol 83 (online journal) www.constructionweekonline.com

Barron, T., M. Orenstein and A.-L. Tamburrini (2010) *Health Effects Assessment Tool (HEAT): An Innovative Guide for HIA in Resource Development Projects*, Habitat Health Impact Consulting & Environmental Resources Management, http://apho.org.uk/resource/view.aspx?RID=83805

Barss, P. (unpublished). 'Knowledge, attitude and practice of construction workers toward prevention of heat related illnesses in al Ain district, student project No 211 (2005)'

Birley, M. H. (1995) *The Health Impact Assessment of Development Projects*, HMSO, London, www.birleyhia.co.uk, accessed February 2011

Birley, M. (2003) 'Health impact assessment, integration and critical appraisal', *Impact Assessment and Project Appraisal*, vol 21, no 4, pp313–321

Birley, M. (2005) 'Health impact assessment in multinationals: A case study of the Royal Dutch/ Shell Group', *Environmental Impact Assessment Review*, vol 25, no 7–8, pp702–713, www.sciencedirect.com/science/article/b6v9g-4gvgt8v-1/2/01966b5af4f9ae9ecd390e4dd382a5a3

Birley, M. (2007) 'A fault analysis for health impact assessment: Procurement, competence, expectations, and jurisdictions ', *Impact Assessment and Project Appraisal*, vol 25, no 4, pp281–289, www.ingentaconnect.com/content/beech/iapa

Brehaut, H. (2001) *The Community Health Dimension of Sustainable Development in Developin Countries*, IIED, London,www.iied.org/sustainable-markets/key-issues/business-and-sustainable-development/mmsd-working-papers, accessed 2010

D'Souza, K. P. (2009) 'Artisanal and small-scale mining, the poor relation', Environmental and Social Responsibility on Mining. European Bank for Reconstruction and Development, London,www.ebrd.com accessed 2010, now removed

Egbert, C. (2007) 'Is it really a break?',*Construction Week* , www.constructionweekonline.com/article-1094- is_it_really_a_break

Embassy of the UAE in Washington (2009) 'Initiatives to combat human trafficking', www.uae-embassy.org/uae/human-rights/human-trafficking?id=63, accessed September 2009

Equator Principles (2006) 'The Equator Principles', www.equator-principles.com, accessed October 2009

Extractive Industries Transparency Initiative (undated) www.eiti.org, accessed January 2010

Golby, A. and C. Lester (2005) *Health Impact Assessment of the Proposed Extension to Margam Opencast Mine*, Welsh Health Impact Assessment Support Unit and National Public Health Service for Wales on behalf of the Margam Opencast and Health Steering Group, Cardif www.wales.nhs.uk/sites3/Documents/522/Kenfig%20Hill%20Final%20-%20Dec%2005.pdf

Goodland, R (ed.) (2005) *Oil and Gas Pipelines, Social and Environmental Impact Assessment, State of the Art*, McLean, Virginia, www.goodlandrobert.com/PipelinesBK.pdf

Goodland, R. and C. Wicks (2009) *Philippines: Mining or Food?* Working Group on Mining in the Philippines, London, www.piplinks.org/system/files/Mining+or+Food+Abbreviated.pdf

Heinberg, R. (2007) *Peak Everything*, New Society Publishers, Vancouver, http://richardheinberg.com/

Human Rights Watch (2006) *Building Towers, Cheating Workers: Exploitation of Migrant Construction Workers in the United Arab Emirates*, E1808, www.hrw.org/reports/2006/uae1106, accessed November 2007

Human Rights Watch (2007a) *Exported and Exposed: Abuses against Sri Lankan Domestic Workers in Saudi Arabia, Kuwait, Lebanon, and the United Arab Emirates*' , www.hrw.org/reports/2007/srilanka1107/index.htm, accessed November 2007

Human Rights Watch (2007b) *United Arab Emirates (UAE)*, http://hrw.org/english/docs/2006/01/18/uae12233.htm, accessed November 2007

Hyndeman, D. (1988) 'Ok Tedi: New Guinea's disaster mine', *The Ecologist*, vol 18, no 1, pp24–29

ICMM (2008) *Good Practice Guidance on HIV/AIDS , Tuberculosis and Malaria*, International Council on Mining and Metals, London, www.icmm.com

ICMM (2010a) *Good Practice Guidance on Health Impact Assessment*, International Council on Mining and Metals, London, www.icmm.com/document/792

ICMM (2010b) International Council on Mining and Metals, www.icmm.com, accessed January 2010

IFC (International Finance Corporation) (2006) *Policy and Performance Standards on Social*

& Environmental Sustainability, www.ifc.org/ifcext/enviro.nsf/Content/EnvSocStandards, accessed April 2008

IIED and WBCSD (International Institute for Environment and Development and World Business Council for Sustainable Development) (2002) 'Breaking new ground: Mining, minerals and sustainable development' www.iied.org/sustainable-markets/key-issues/business-and-sustainable-development/mmsd-introduction, accessed December 2009

ILO (International Labour Organization) (2009) 'ILOLEX, database on international labour standards', www.ilo.org, accessed February 2011

IPIECA/OGP (2005a) 'A guide to health impact assessments in the oil and gas industry', International Petroleum Industry Environmental Conservation Association, International Association of Oil an Gas Producers, London, www.ipieca.org

IPIECA/OGP (2005b) 'HIV /AIDS management in the oil and gas industry', IPIECA, London, www.ipieca.org/system/files/publications/hiv.pdf, accessed February 2011

Ivanhoe Mines (2005) 'Oyu Tolgoi Project, Mongolia Integrated Development Plan', www. ivanhoemines.com, accessed February 2011

Kwiatkowski, R. E. and M. Ooi (2003) 'Integrated environmental impact assessment: A Canadian example', *Bulletin of the World Health Organization*, vol 81, pp434–438, www.scielosp. org/scielo.php? script=sci_arttext&pid=S0042-96862003000600013&nrm=iso

Mafiwasta (2008) 'For worker's rights in the United Arab Emirates',www.mafiwasta.com, accessed September 2009

Mines and Communities (2008) 'MAC: Mines and Communities', www.minesandcommunities. org, accessed October 2010

Moodie, T. D. (1989) 'Migrancy and male sexuality in South African gold mines', *Journal of South African Studies*, vol 14, no 2, pp228–256, www.jstor.org/pss/2636630, accessed February 2011

Noble, B. and J. Bronson (2005) 'Integrating human health into environmental impact assessment: Case studies of Canada's northern mining resource sector ', *Arctic*, vol 58, no 4, pp395–405, http://pubs.aina.ucalgary.ca/arctic/Arctic58-4-395.pdf

Oyu Tolgoi LCC (2009) 'Oyu Tolgoi – Community Health, Safety & Security Program Design Consultancy Solicitation of Proposals', www.ivanhoemines.com (now removed)

Polderman, A. M., K. Mpamila, J. P. Manshande, B. Gryseels and O. van Schayk (1985) 'Historical, geological and ecological aspects of transmission of intestinal schistosomiasis in Maniema, Kivu Province, Zaire', *Annales de la Societe Belge de Medecine Tropicale*, vol 65, no 3, pp251–261

San Sebastián, M. and A. Hurtig (2005) 'Oil exploitation and health in the Amazon basin of Ecuador: The popular epidemiology process', *Social Science & Medicine*, vol 60, no 4, pp799–807

Shell International (2001) 'Minimum health management standards', Shell International, Den Haag

Stephens, C. and M. Ahern (2001) 'Worker and community health, impacts related to mining operations internationally: A rapid review of the literature', IIED , London,www.iied.org/sustainable-markets/key- issues/business-and-sustainable-development/mmsd-working-papers, accessed 2010

Stevens, P. (2003) 'Resource impact – curse or blessing? A literature survey', Centre for Energy, Petroleum and Mineral Law and Policy, University of Dundee, and IPIECA, Dundee

Taufa, T., J. Lourie, V. Mea, A. Sinha, J. Cattani and W. Anderson (1986) 'Some obstetrical aspects of the rapidly changing Wopkaimin society', *Papua New Guinea Medical Journal*, vol 29, pp301–307

UAE Interact (2007) 'Statement from the UAE Government on the Human Rights Watch

Domestic Labour Report', http://uaeinteract.com/docs/Statement_from_the_UAE_Government_on_the_Human_Rights_Watch-Domestic_Labour_Report/27589.htm, accessed September 2009

Ulijaszek, S., D. Hyndman, J. Lourie and A. Pumuye. (1987) 'Mining, modernisation and dietary change among the Wopkaimin of Papua New Guinea', *Ecology of Food and Nutrition*, vol 20, pp143–156

Université Laval (2009) Health Impact Assessment (HIA) of Mining Projects, online course, http://132.203.105.207/eis/index.php?id=10&L=1, accessed January 2010

van Ee, J. H. and A. M. Polderman (1984) 'Physiological performance and work capacity of tin mine labourers infested with schistosomiasis in Zaire', *Tropical Geographical Medicine*, vol 36, no 3, pp259–266

WHIASU (undated) Wales Health Impact Assessment Support Unit, www.wales.nhs.uk/sites3/home.cfm? OrgID=522, accessed May 2010

Winkler, M. S., M.J. Divall, G. R. Krieger, M. Z. Balge, B. H. Singer and J. Utzinger (2010) 'Assessing health impacts in complex eco-epidemiological settings in the humid tropics: Advancing tools and methods', *Environmental Impact Assessment Review*, vol 30, no 1, pp52–61, www.sciencedirect.com/science/article/B6V9G-4WFPPC7-1/2/a9621176a138c680fd2e77e594b806d1

World Bank (2004) *Extractive Industries Review*, www.ifc.org/eir, accessed January 2010

Yergin, D. (1991) *The Prize: The Epic Quest for Oil, Money and Power*, Free Press, New York

第 11 章

住房与空间规划

本章内容提要：

1）描述了一些能够创造健康的城市环境的措施；
2）总结了英国的空间规划系统；
3）描述了针对英国混合住宅开发与社会住房重建工程的健康影响评价案例。

11.1 引言

在城市和农村地区，住房和空间规划是健康环境的重要组成部分。如今，接近 50% 的世界人口居住在城市，因此我们迫切需要城市环境能以一种健康的方式发展。在全球和地区的发展背景下，政府推行了大量措施来解决这一问题。例如，世界卫生组织的健康城市活动和已在纽约得到应用的健康发展测试方法都应用于这一问题。综上所述，本章主要关注英国的住房和空间规划。

11.1.1 世界卫生组织的健康城市

现在，世界卫生组织健康城市规划项目正处于第五个五年阶段（Ashton，1992；世界卫生组织欧洲区域办事处，2009a）。仅在欧洲地区，就有来自 30 多个国家的 1 200 个城市和乡镇参与进来，这些城市和乡镇致力于改善城市健康状况和实现可持续发展。有关方面每五年对他们的规划进行一次评估，希望这些城市可以表现出明确的政治承诺、领导能力、制度变革和跨部门合作。健康城市活动包括一系列的原则和价值观，包括产权、参股和授权，团体合作，团结和友谊，可持续发展。根据 Zagreb 的公告（世界卫生组织欧洲区域办事处，2009b）：健康城市是一种为其全体公民所共有的城市，对公民的各种需求和愿望应表现出广泛性、支持性、敏感性和快速响应性。健康城市可以为各个社会团体和各个年龄段的人提供条件和机会，鼓励他们支持并采用健康的生活方式。健康城市提供实用的建筑环境，可以鼓励、保障和改善人们的健康、休闲、福利、安全、社会互动、接触和流动性，带来自豪感和文化认同感。此外，健康城市能够响应全体公民的需求。

健康影响评价是世界卫生组织健康城市网络工作第四阶段（2003—2008 年）的核心主题之一，目的是把健康影响评价加入到所有的规划决策中。因此，世界卫生组织健康城市和城市治理规划将“提高和支持当地健康和可持续发展的综合方法”工程包括在内。这项工程为欧洲的城市和乡镇提供了健康影响评价的工具包（世界卫生组织欧洲区域办事处，2005，2009a）。这种工具包包括了健康影响评价的网上训练模块，该模块是由利物浦大学开发的国际健康影响评价联盟训练课程。

第五阶段的目标是在当地所有政策中确保健康和卫生公平，该目标是基于健康社会因素委员会（健康社会因素委员会，2008）的建议而设立的，其核心主题是关注环境、支持环境保护、健康生活和健康城市规划。

11.1.2 健康发展的衡量工具

纽约的公共健康部门创造了一种健康发展的衡量工具（纽约公共卫生署，2006），该工具把健康需求纳入城市发展规划中。公共健康部门的健康公平和可持续规划进一步发展完善了这一工具，该规划致力于评估城市的环境条件，以应对健康不公平现象和健康影响评价的环境政策缺陷。人们更愿意把这种工具应用到美国的其他城市和州，一项对美国健康影响评价的综述表明：很多已经执行过的现有案例都是以此为背景的。

此工具包括三类核心组成部分：社区健康指标体系包括了 100 多种社会、环境和经济等因素，这可用于评估社区的健康档案和基础条件；健康发展检查表用来评估城市规划是否达到社区健康目标，决策者可以采取一系列的有力措施来达到检查表中的健康发展目标；还有一个包含了决策者为了实现检查表中的健康发展目标所应采取的可能行动的清单。

这种工具也是基于组成健康城市的六种因素而开发的，六种因素包括：环境管理、可持续发展和交通安全、公共基础设施、社会凝聚力、舒适健康的住房以及健康的经济。每一种因素都由一系列的社区健康目标组成。每一种目标又包括了一系列的资源，如社区健康因素，健康发展目标、政策和规划策略，以及健康基本原理。这种工具得到了综合地理信息系统的支持。

根据旧金山规划部门的发展规划，这种工具已经应用于地方规划的制订，互联网上有许多相关的描述。在应用这种工具的一个实例中，为了确定半英里内一个全方位服务的杂货店所能服务的家庭数量，需要对住宅发展工程进行评价。发展规划不包括任何具体的细节，并且唯一的杂货店位于相对偏远的地方。从评价中可以看出，新的发展规划会带来负面的健康影响。该评价建议新建一个合适的杂货店，并且此项目应得到经济和政治上的支持。如果它的地理位置仍然较为偏远，交通开发的规划就应该得到发展，使得人们可以通过步行、骑自行车或是乘坐公交车的方式，直接且舒适地到达这个杂货店。

Forsyth 等（2010）描述了帮助美国的决策者将健康内容纳入决策的其他一些工具。

11.1.3 英国

英国的住房和空间规划部门提供了一个例子，该例子与采掘业和水利发展领域形成了鲜明的对比，后者已在第 9 章和第 10 章进行了讨论。该规划的布局完全是前工业化经济的典型代表，并包含了大量的规划法律和海洋政策。在这一布局中，政策分析是健康影响评价的重要组成部分。由于英国的权力下放，英格兰、威尔士、苏格兰和北爱尔兰在进行健康影响评价时的具体做法有所不同。但这些差异都不属于本章讨论的范围。

在英国，同时存在着法定和非法定的规定、导则以及一些有影响力的由政府资助的报道和评论。政府发布的“白皮书”为当前关注的话题制定政策或行动建议，“绿皮书”则作为咨询文件制定立法中的实施策略。国家政策已经细化成了地区和地方的政策、策略和框架。

英国的政策发展应用于住房、空间规划、能源、交通、开放空间、建筑环境、可持续发展、公众健康、社会服务和其他更多的方面。现今已存在着大量的政策规划指导文件，其中许多文件都涉及了决定健康的因素。

在公共健康领域，地方上已经存在一些数据，包括许多健康因素、物质、社会和经济环境。这些资料详细比较了区域之间和社会经济群体之间的物质和精神健康因素。

英国人讨论了在空间规划的背景下，健康影响评价是否是安全防护和提高健康的一种有效途径这一问题。通过对一般或特殊情况的不同案例的描述，本章试图来解释这一争论。

11.2　英国的空间规划

规划调整了城市和农村地区的土地利用格局，同样对健康具有很大影响（Fredsgaard et al，2009）。一般情况下，人们都把精力放在保证自然环境（如空气、水和噪声等）对健康不造成伤害上，而现在人们则呼吁规划决策应该为公共健康问题做出贡献。例如，减少肥胖，提高心理健康水平和幸福感，应对气候变化等（Butland et al，2007；环境污染皇室委员会，2007）。英国规划和健康协会有着悠久的历史（Dullingworth and Nadin，2006）。就像在第 3 章讨论的一样，在 19 世纪，随着卫生条件的改善，人们提出应该为公共健康立法这一观点，这包括控制街道宽度和规范建筑物设计。现在，由于城镇和乡村区别越来越小，人们又对把健康问题明确地纳入空间规划当中这件事产生了浓厚的兴趣。例如，皇家城镇规划协会公布了关于实现健康社区的指导方针。

在英国，1999—2008 年一系列的政府决策文件为当地政府和健康部门的协作奠定了基础。这些决策文件利用了一系列关键性的研究报告，包括 Acheson 的健康不平衡报告（Acheson et al，1998），Wanless 的公共健康优先报告（Wanless et al，2002）以及城市环境污染皇室委员会的研究报告（环境污染皇室委员会，2007）。这影响了很多计划政策的颁布（PPS）（社区和地方政府部门，2009）。政策规划报告解释了法定条文，指导了地方政府的规划决策和对规划系统的操作。这也解释了规划政策和其他政策的联系，即发展和土地利用问题之间有重要的关系。地方政府在准备发展规划时将不得不考虑他们的意见。规划政策在苏格兰和威尔士这些发达城市中的区别是很小的，这一点在皇家城镇规划协会的报告中也有所总结。威尔士则综合了大量的健康影响评价和规划，尤其是在废物管理、交通运输及地方发展规划方面（WHIASU，未标日期）。政策规划报告均不能明确解决健康和规划问题，在当时也没人想把它报道出来。然而，如果没有个人规划许可，国家卫生服务署很可能已经变成了地方政府空间规划的法律顾问。

2010 年，英国提出了一个新的以证据为基础的策略以减少健康不平衡现象，这与空间规划问题有很多联系（Marmot，2010）。它确定了六个政策目标，其中一个就是建设和发展健康的、可持续发展的地区和社区。该策略指出了社区的物理和社会特征以及它们改善健康行为的程度，这都有助于解决社会健康不平衡问题。为了减少健康不平衡现象，他们的建议包括活力出行、公共交通运输、节能建筑、可用的绿色空间、健康饮食和削减碳排放。报告总结提出：各个社会阶层的社会资本都应得以提高。

优先推荐改善的有：

1）活力出行；

2）可用的高质量的开放性的绿色空间；

3）局部地区的饮食环境；

4）节能建筑。

报告建议：

1）为了确定各地的健康社会决定因素，应该把规划、交通、住房、环境和健康系统进行全面整合；

2）支持本地开发和以经验为基础的社区重建工程，扫清社区参与和活动的障碍，减少社会隔离。

很多人建议健康影响评价应有具体的法律要求。例如，2009年，研究健康不平衡现象的特别委员会（下议院，2009）提出了如下建议：

340. 建筑环境对健康和健康不平衡现象有很大的影响，处处影响着我们的生活。我们担心它会对我们的健康有害。

342. 在我们看来，每一个规划决策都应首要考虑健康，为了确保这一点，我们建议：

- 与卫生部和地方政府部门协作，颁布一项有关健康的规划政策声明；这项声明应该要求规划系统创造一个鼓励健康生活方式的建筑环境，包括地方政府有权控制快餐店的数量；
- 初级保健信托（英国初级卫生保健信托）应该作为地方规划决策的法律顾问。对于他们来说，英国初级卫生保健信托需要保证他们了解替代政策的成本效益，并能够为这些决策做出突出的贡献。

地方发展框架及健康影响评价

英国政府要求各地方政府提供当地的发展框架（LDF）（英国政府规划网站，2010），框架中的许多文件可概括地方的空间规划政策。为了达到战略环境评价的要求，需要对LDF做出可持续性评估，保证任何一项新提议的经济、环境和社会影响都与可持续发展的目标相协调。这些文件的主要策略就是设定整体的空间远景和目标。

在某些情况下，一些地方政府有明确的要求，适当整合健康可持续性评价可以体现LDF中健康影响评价的内涵。例如，Brighton和Hove把打造健康城市作为主要策略的一部分。这表明当地规划部门应该支持一些旨在减少健康不平衡、促进健康生活方式的规划和策略，具体方式如下（Brighton和Hove市议会，2009）：

1）在所有的规划政策文件中实行健康影响评价；

2）城市的所有战略开发都需要进行健康影响评价；

3）开发人员需要解释怎样使健康利益最大化；

4）保证在每一项开发中，环境影响评价和健康影响评价都能协同进行。

将健康影响评价纳入地方政府的早期工作之中，确保这些城市能够加入世界卫生组织的健康城市活动（世界卫生组织欧洲办事处，2009）。

普利茅斯市是另一个推行健康影响评价的实例。在该例中，健康影响评价已经变成了保健服务的一部分：为了提高城市的健康水平，城市的主要发展规划都要遵从健康影响评价。

在 2010 年的政府换届之后，英国的政策和规划系统方面发生了巨大变化，使得之前的许多声明都可能失效。在编写本书时，还不清楚这些变化将会是什么。

11.3　案例研究：混合住宅的发展

以下案例研究基于与 Ben Cave 联合公司协作的为一家私人开发商编写的未公布的健康影响评价。基于保密的原因，已经删除了工程的具体细节。

鉴于英国住房严重短缺的问题，一些地区优先开展了大规模的住房建设工程，并鼓励私人开发商提出建设新社区的建议。然而，只有得到了大纲规划许可，这些提议才可以继续，而该许可要接受许多法律顾问的审查。

在编写本书时，像初级保健信托这样的卫生行政部门还不是法律顾问。然而，很多地区的居民还是建议英国初级卫生保健信托应该被包括在内。这是因为英国初级卫生保健信托或策略卫生管理局的关键人物的参与和影响，抑或是因为英国初级卫生保健信托的发展对卫生保健有着明显的影响。此项目坐落在弥尔顿和中南部地区，这些地区已经有了建设可持续发展健康社区的经验（Cave and Molyneux，2004；Cave et al，2004）。因此，私人开发商委托咨询机构开展了健康影响评价。

该项目坐落在一个小集镇边缘的未开发地区。它将使该城镇的人口增加 75%，这需要提供额外的卫生保健。开发者还需要分出土地以进行中学、健康中心和城镇辅助道路的建设。

此工程包括了 3 000 所新增住房所需的土地，其中包括混合类型和产权、轻工业应用，建设商店和健康中心的一个综合地产项目，便利店、宾馆和会议场所的一个邻近中心，小学，中学，广阔的公众开放空间和景观设计，地表水和洪水管理部门，排水沟和相关服务，以及辅道。

除了健康影响评价，规划申请纲要还需要提交其他的一套文件（见表

11.1)。图 11.1 显示了这套文件的整体布局。两条主要道路交叉在城镇的北部尽头，形成的十字路口可能会引起交通堵塞；规划到南部地区的辅道受到了居民的欢迎；许多现有的及未来的居民需要在附近的乡镇和城市上下班；这里没有铁路，现有的公共交通服务也很匮乏；这里没有汽车站，路边只有一些简单的公交停靠点；城镇里和周围社区的大部分人享受着高于平均水平的财富和健康；这里的失业率很低，贫困人口也非常少；位于老城镇的一个著名学校吸引了来自五湖四海的学生；这里的汽车保有率很高，很少有人依靠步行或骑自行车出行。

表 11.1　应用规划大纲中应提交的文件

计划表	支持规划表
设计访问表	再生评价
旅行表及绿色旅行计划	空气质量评价
污染场地投资报告	可持续评价
垃圾存储计划	能源影响表
洪水风险评价	自然状况及生态评价
环境影响评价	历史考古评价
零售影响评价	建筑及地区状况评价
安全影响评价	污水评价
噪声报告	实用表
禁用访问报告	可支付房屋表
旅行规划	责任规划草案表
树木调查	

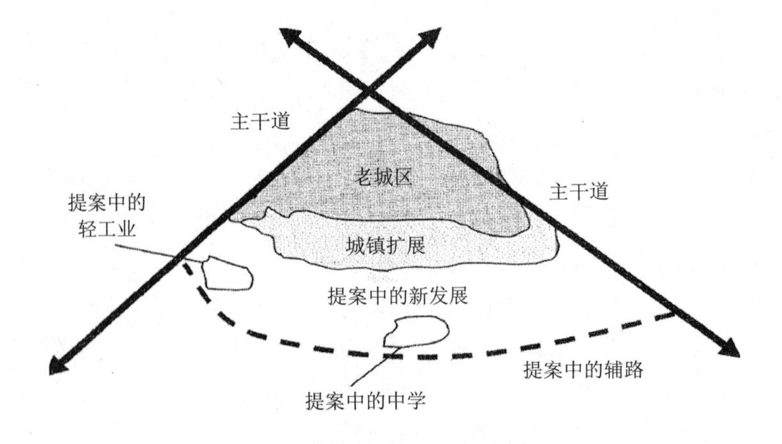

图 11.1　位于小镇边缘的混合住宅开发提案

我们需要给卫生中心提出建议，并将此作为对健康影响评价的补充。当我们进行健康影响评价的准备工作时，我们应该考虑到接下来可能会提出一些否定开发项目或损害开发商利益的健康方面的建议。而且，英国初级卫生保健信托在对建设提案进行审查时，也希望我们能够出具解决上述利益矛盾的具体方案。

英国初级卫生保健信托希望使用一个检查表，其名为“检查、指导发展健康可持续的社区发展”（Ballantyne，2006）。检查表分为七大类，涉及 34 个问题：

1）政治；

2）社会和文化；

3）环境；

4）住房；

5）交通；

6）经济；

7）服务。

典型的问题如下：

1）开发不能有隔离区域的影响或是排除某些群体的影响；

2）志愿团体及一些居民是否可以分享这些经过精心设计的区域带来的便利？如使用公共的宗教场所、在社区中心和运动设施中心进行活动以及使用社区的一些其他的空间。社区居民是否可以参与这些区域的设计和管理？

3）开发项目是否被设计用来减少犯罪概率，是否能提高社区的控制能力？然而，作为健康影响评价的顾问，我们接触到的项目规划还都处在初级阶段，其中并没有包含足够的细节来回答这些问题。向开发商提供的一系列健康设计原则，都符合政府规定和规划指南。表 11.2 阐释了一种典型的健康设计原则。

表 11.2　健康设计原则案例

分类	政府管理
二次分类	公众参与
相关性	与改善公民健康状况、减少卫生保健资源需求相关的高度公众参与
健康设计原则	确保提案的开发是在所有可能受到影响的人群的积极参与下开展
政策与导则的理由	政策规划表：实现可持续发展（社区和当地政府部门）
可接受性	规划提纲阶段
交叉参考 / 证据	社区参与表

我们从报告中总结出那些人们普遍关心的原则，将其编辑并发布到互联网上。我们确定了一系列的合规性阶段，即初步提案、“保留问题”、开发商执行及未来这四个阶段，在这些阶段进行期间都应该遵循健康设计原则。

初步提案阶段的重点是地方政府大体上接受初步规划，或称总体规划，这些规划是由开发商提出的，而非其他竞争者。初步规划的细节很少，但是必须着重解决规划局和顾问所关心的问题，且最终提交的文件中应包括影响评价报告的部分。

在总体上提交和接受初步规划的一般概念后，在“保留问题”阶段需要制作详细的规划。理想情况下，在详细规划的准备阶段，会再进行一次健康影响评价。但在实际中并没有安排，所以健康影响评价报告为此阶段和之后的阶段提供了参考文件。

当所有规划细节都确定后，就可以开始推行规划并实施建设。最初的开发人员可能仍然拥有该项目，理应对该建设负责。该项目也可能已经出售给了另一个新的开发人员。不管怎样，在建设期间必须解决相关的健康问题，如进行交通管理和除尘。

未来——第四阶段是完成建设或即将完成阶段。对规定的遵守应该由第三方负责，如新开发商和地方政府。在该阶段，居民将会买到新房并住在里面，开发商也会把部分项目场地归还给当地政府。需管理的健康问题包括废弃物回收和“障碍”。“障碍”是指居住者指出的住房质量缺陷，这需要开发者加以修葺和维护。

活力出行范例

活力出行是健康影响评价强调的健康问题之一。它指的是步行、骑行和使用公共交通工具。交通情况会影响一系列决定性健康因素，包括身体锻炼、体重、社会隔离、对犯罪的恐惧、气候变化和大气污染（联合国欧洲经济委员会，未标日期）。健康规划的准则之一就是推广活力出行。

地方政府需要推动公共交通事业的发展，要以减少 20% 的单人驾驶私家车通勤为目标，促进交通模式转换的机会很多，包括：

1）为新居住者提供就业机会；

2）在城镇的 10 ～ 20 千米半径范围内，通过新的开发项目为就业中心和火车站增加高速公交线路。

在进行健康影响评价时，项目组的规划讨论和交通模型主要集中在增加私人汽车的服务上，例如，十字路口和辅路宽度的设计。模态位移的信息不可用，我们也无法获得出行规划的草案。住宅街道的布局设计似乎认为，不论多窄的道路都应该满足所有出行的需求。但很少有人关注与人行天桥和地下通道有关的规定，那里的辅路贯穿于公共人行道和专用马道之间。也很少有人关注通往购物中心、卫生中心和学校的人行道和自行车道。这里没有对中心汽车站的规划，我们不清楚新公交线路的健康影响，也没有证据表明该规划是关注公共交通建设的。

受到全球金融危机的影响，公众对新住房的需求量锐减，导致该项发展提案最终未能实施，所以我们无法对此次健康影响评价的结果进行评估。但是，当我们的报告完成之后，我们就不再参与该项目了，我们得到一套完整的提交文件，包括就业计划和居民出行计划，其中包含大量关于提案中活力出行的细节并引用了相关的健康收益，但没有参照健康影响评价报告。其中的细节包括：

1）一项对现有人行道和自行车道的调查确认了那些维护状况很差、照明情况糟糕、缺乏下斜路缘和路口的位置；

2）查明现有的公交路线、发车频率、行驶时间和目的地；

3）提议修建新的人行道和自行车道；

4）计划开通接驳主要火车站的高速公交线路；

5）委派一位出行规划协调员；

6）规划多人拼车方案；

7）向新居民提供出行欢迎包，里面装有指明到达学校和其他关键目的地的安全路线地图，以及一年有效期的免费公共交通抵用券；

8）建设自行车安全停靠点；

9）建议加强宣传骑车和步行的健康意义；

10）利用宽带网络浏览那些关于出行规划的网页；

11）宣传和推广公共交通的使用；

12）保证公交站位于距离所有住户都相对较近的位置。

按照政府的指导方针，提交的文件中应该有一份设计和访问声明。这份声明的目的是解释“开发项目的设计原理和理念上的应用，以及解决诸如如何获得发展等有关问题”。此声明参考了健康生活的原则和《街道手册》，该手册确立了行人优先的等级结构（交通部，2007）。该声明同时也提供了项目的设计原理，总结了许多报告的结论，但此声明没有参考健康影响评价报告。

健康影响评价团队应当注意的一点是，在评价的过程中，我们没有与交通规划团队和其他部门建立足够密切的工作关系。我们没有利用他们的成果，他们也没有利用我们的成果，双方在工作中缺少相互协作及相互理解。

11.4 案例研究：社会住房的整修

以下案例基于一项与国际健康影响评价联盟合作的住房翻新工程的健康影响评价（Birley and Pennington，2009）。

在英国，住宅的拥有权已经从委员会转移到了注册的房主，有证据显示这样做满足了住户的需求（Pawson et al，2009）。由于议会预算和操作程序的限制，许多住房的维护状况很差，因此需要对其进行大量的翻新。

根据《住房法》（HM 政府，2004），政府为宜居住房制定了标准（社区和地方政府部，2006），引进了一套住房的健康安全等级系统（HHSRS），确认了住房的 29 种物理危害，并对危险进行了量化（副首相办公室，2003，2006a，2006b；HM 政府，2005）。最严重的危害现已得到遏制。

改善社会住房条件是政府政策的一部分，这关系到改善卫生状况、解决健康不平等现象（卫生部门，2003）、人口老龄化规划（社区和地方政府部门，2003）、制定气候变化规划等重要问题（环境部、食品和农村事务部，2008）。

11.4.1 对提案的总结

委托人承担了贫困地区 15 000 个住房单元翻新的责任。通过投票，居民已经同意更换所有权，因而政府投入大量的资金用于房屋翻新工程。RSL（注册的房主）允许居民代表加入管理委员会，并从事社区重建工作。他们也同意在重建提案中开展健康影响评价工作，并致力于：

1）联络当地卫生机构，制订出健康影响评价的基线；

2）在设计服务规划时，确保了解当地社区的卫生状况；

3）找到能最大限度提高健康影响的资源。

房屋翻新计划将在五年内完成，翻新的内容包括房屋的窗户、门、厨房、洗漱间、供暖、各种线路、管道和通风设施。每个家庭的翻新工作应该按一定的顺序进行协调，门窗应该在厨房、洗漱间、供暖和保温层之前进行翻新。每一个阶段持续 1 ～ 15 天，各个阶段之间要相隔几个月时间。因此，翻新工作需要与健康影响评价同时进行。在多数情况下，居民在翻新工作期间仍然居住在他们的住房内。

所有的翻新工作都是由承包商和分包商完成。承包商都有自己的社区联络组，负责通知租户即将开展的工作，并确保满足和完成租户的特殊需求。

在规划过程中，有关方面会提供充足的资金以确保工作的圆满完成。在房屋翻新之后，这些住房甚至将超过“体面住房”的标准。翻新工作包括提供廉价的供暖和提高能源利用效率的策略，这有利于缓和燃料缺乏的局面。例如，通过安装现代锅炉、保温设备、双层玻璃、温度控制设备和淋浴设备，可以使能源利用效率加倍。

11.4.2　房屋重建与健康之间的联系

现今有很多关于住房条件和健康状况之间关系的评论（Taske et al，2005；服务改进协会，2006）。有的证据很确凿，有的只是传闻，决定因素之间的相互作用很复杂。决定因素是社会因素和环境因素的混合体，例如：

1）糟糕的居住环境和社区环境；

2）有限的社交网络；

3）收入、贫穷和失业；

4）糟糕的地方交通和有限的服务；

5）低下的教育程度；

6）药物和酒精的滥用。

有力的证据如下：

1）大规模的住房缺乏导致居民的晚年生活中会出现残疾或严重健康疾病的风险（Dedman et al，2001）。

2）提高精神健康水平与房屋翻新工作是紧密相连的，精神健康水平提升的程度与住房改善的幅度和住户对新住房的满意程度息息相关。

3）如果对住房的改善能够确保供暖，也会最大限度地减少房屋匮乏带来的不利影响。提供适宜的温度是家庭供暖的重要目的，也会影响潮湿的程度和过敏源的增减。能源利用效率的改善提高了居民的总体健康水平，也改善了哮喘儿童的呼吸问题。值得注意的是，室内的高温和低温尤其会对老人和青少年产生危害，空气污染物的骤增对老年人和哮喘者的健康危害也是相当大的。

4）当居住条件的改善伴随着房屋租金的增加时，也会对健康产生不利影响。

5）重建工作有时可能会引发一些当地社区内的冲突。

6）对现有住房进行隔热处理，使得室内环境变得温暖干燥，有利于提高健康水平，降低哮喘患病率，降低学校和工作缺勤率，以及因呼吸状况导致的就诊量和住院数量明显减少（Howden-Chapman et al，2007）。

由于设计、规划、翻新和新建筑的建设，房屋的重建过程会对健康产生影响。

设计的范围包括了室内、公共空间和公共领域。房地产的规划改变了许多健康决定因素。健康城市发展机构、建筑环境委员会或是其他部门会对设计提供优秀的指导。

由于甲醛和挥发性有机物（VOCs）的使用，重建房屋会造成室内的空气污染。有证据表明，经常接触室内涂料（12 个月内）会造成临床验证的哮喘、支气管高反应性和夜间呼吸困难等疾病（Wieslander et al，1996；Rumchev et al，2004；Arif and Shah，2007）。

关于房屋翻新对健康影响的研究有很多，其中一部分是基于 HHSRS 定量方法（Gilbertson et al，2006；环境健康特许协会，2008），其他研究也是基于社会调查的方法（Barnes，2003）。从这些调查中可以得出一个重要的结论：由于自身的方向迷失、外来人员进入住宅和原有住宅的毁坏，重建会给居民带来很大的压力，对他们的幸福生活有负面影响。但是，住在翻新的房子中也能为居民带来正面的影响，如减少了心脏和呼吸方面的疾病，减少了在家里发生事故的数量，以及给予居民巨大的安全保护并提升他们的精神健康水平。

11.4.3 社区概要

在重建工作开始时，25% 的房屋没有进行集中供暖；对比正常标准下的 40%，60% 的房屋没有达到“宜居住房”的标准。许多房屋保留了原始的窗户和门，厨房和浴室内只有一些基本设施，许多房间需要重新布线，这些房屋也普遍缺少良好的环境和足够的安全措施。

当地居住人口的健康状况可以总结为：

1）26% 的人声称需要社会的帮助；

2）25% 的人很少长期生病；

3）14% 的人自报健康状况为“不佳”；

4）11% 的人年龄在 70 岁以上；

5）6% 的 65 岁以上的成年人曾经接受过精神健康方面的服务；

6）1.3% 的人需要伤残津贴。

而英国的平均水平是这些比例的两倍。

从已知的数据和报告中可以看出，在住房翻新的过程中，25% ～ 50% 的居民都是需要特殊照顾的弱势群体，其中包括行动障碍、缺乏读写和思考能力的人。因此，将原本缺乏的信息精确化是很重要的。总的来说，英国 42% 的租住户家庭都至少有一名健康状况很差或有身体残疾的成员，随着时间的推移，这个比例还在逐渐增加（Hills，2007），而且租住户中的比例是其他居住形式的两倍。这并不让人吃惊，因为贫困的社会经济群体集中在贫困地区，他们居住在公益住房里，由于健康状况较差、较多的事故和精神健康问题，这些人的残疾比例很高。

11.4.4　对房屋重建的分析

重建工程可分为以下四个阶段来展现住户的变化：

1）开始动工之前——居民生活在贫穷的自然环境中，该环境寒冷、潮湿且不安全。失业、焦虑（如贫困、对高发的犯罪的恐惧）都可能会使该环境进一步恶化。有残疾的居民可能在等待住房条件改善，这是一个充满期望但可能要随时面临工期拖延风险的过程。居民的住房条件可能会有得到改善的机会；

2）动工的过程之中——当住房被拆毁以后，居民会有新的临时住房，在此期间的环境危害很多，包括灰尘和溶剂；

3）早期的布置工作——居民第一次体验改善的住房环境，体验相应的幸福和兴奋的感觉。如果工作本身产生了一些中断，那么这一阶段可能还存在较大的压力。挥发性有机化合物的浓度会有所提高，许多粗加工的地方和缺陷还有待调整；

4）后期的布置工作——居民已经没有了起初时兴奋的感觉，因为改善的住房环境已经成为他们每日生活的一部分。医疗条件等一些决定性因素已经得到彻底改变，居住环境更加安全和温暖。然而，家庭以外的自然社会环境和社会状况可能和以前一样，租金和能源成本的提高可能会阻碍经济的增长。

为了管理这些阶段带来的健康影响，了解每一单元居民的特性就变得很有必要。为了能做到这些，至少需要两个数据库：财产数据库和租户数据库。财产数据库确定每一个住房需要修补的位置、大小、状态以及主要租户的姓名。租户数据库确定居住在房子里的居民数量，或是他们的特殊需求，如残疾或弱势群体的需求。由于居民可能会对工人造成伤害，又或者工程本身或工人可能会对居民造成伤害，因而双方可能都会提出一些特殊需求。

在实行健康影响评价的时候，RSL 还没有机会开发第二个数据库。因此，居民的数量难以确定。这样的数据库会确定以下的特殊需求人群：

1）有慢性疾病的人；

2）登记过的残疾人（身体残疾或智力残疾）；

3）老年人；

4）有新生婴儿的家庭；

5）不能独立规划、组织和处理问题的人；

6）有严重精神健康疾病的人；

7）暴力罪犯；

8）登记过的吸毒人员；

9）哮喘患者或有严重过敏反应的人；

10）其他有医疗需求的人。

11.4.5 建议

健康影响评价总共得出 12 条主要建议。第一条即 RSL 应该知道每一个居民的身份，以及他们是否有特殊要求。RSL 应该把这些内容都记录下来，并把这些信息系统地传达给承包商。记录的内容应该包括需要从承包商那里得到特殊照顾的居民名单。而且从记录者、政府人员到承包商，尤其是一线的工作人员，都应该做好适当的保密工作。

记录的内容应包括以下几点：

1）在工程进行过程中需要临时看护的居民；

2）由于特殊的医疗需求，需要优先进行住房改建的居民；

3）需要多重服务的居民；

4）可能会受到改建工作潜在威胁的居民。

相应的管理系统需与重建工程同时运行。这个系统需要实现：

1）对有严重疾病的居民，要一次性完成房屋改建工作，以便为他们提供良好的医疗环境；

2）在重建过程中，对脆弱的居民进行临时看护；

3）对易过敏人员，要使用低致敏性的产品，像室内喷涂和厨房台面应该使用低 VOC 释放的涂料；

4）为居民提供多重服务。

在健康影响评价过程中，居民代表和居民自身可以参加研讨会。在将评价报告提交给客户之前或之后，所提出的建议都要与居民代表进行讨论。

对于每一个建议，我们希望客户能制订出相应的一套健康管理方案。方案上应该注明该建议是否被接纳或拒绝。对于接受了的建议，应该在客户组里确定一个倡导者，他的责任就是实现该建议，并确定预算和最后期限。

参考文献

Acheson, D., D. Barker, J. Chambers, H. Graham, M. Marmot and M. Whitehead (1998) ‘Independent inquiry into inequalities in health report’, www.official-documents.co.uk/document/doh/ih/ih.htm, accessed 30 August 2000

Arif, A. and S. Shah (2007) ‘Association between personal exposure to volatile organic compounds and asthma among US adult population’, *International Archives of Occupational and*

Environmental Health, vol 80, no 8, pp711–719

Ashton, J. (ed.) (1992) *Healthy Cities*, Open University Press, Milton Keynes

Ballantyne, R. (2006) *Building in Health: A Checklist and Guide to Developing Healthy Sustainable Communities*, www.mksm.nhs.uk/buildinginhealthannouncement.aspx, accessed December 2006

Barnes, R. (2003) *Housing and Health Uncovered.* Shepherds Bush Housing Association, London, www.housinglin.org.uk/_library/resources/housing/housing_advice/housing-health_uncovered.pdf

Barton, H., M. Grant and R. Guise (2003) *Shaping Neighbourhoods: A Guide for Health, Sustainability and Vitality*, Spon Press, London and New York

Birley, M. H. and V. J. Birley (2007) 'Healthy design principles for use in the health impact assessment of mixed residential developments', www.birleyhia.co.uk/publications/healthy%20design%20principles%20v7.pdf, accessed July 2008

Birley, M. and A. Pennington (2009) 'A rapid concurrent health impact assessment of the Liverpool Mutua Homes Housing Investment Programme', www.apho.org.uk/resource/item.aspx?RID=95106, accessed November 2010

Brighton and Hove City Council (2009) A –Z of services, Community,www.brighton-hove.gov.uk/index.cfm, accessed August 2009

Butland, B., S. Jebb, P. Kopelman, K. McPherson, S. Thomas, J. Mardell and V. Parry (2007) *Tackling Obesities: Future Choices*, www.foresight.gov.uk, accessed September 2009

CABE (2009)*Future Health: Sustainable Places for Health and Well-being*, Commission for Architecture and the Built Environment, London, www.cabe.org.uk/publications/future-health

Care Services Improvement Partnership (2006) 'Good housing and good health? A review and recommendations for housing and health practitioners', http://networks.csip.org.uk/_library/Resources/Housing/Housing_advice/Good_housing_and_good_health.pdf, accessed February 2009

Cave, B. and P. Molyneux (2004) 'Healthy sustainable communities, key elements of spatial planning', www.mksm.nhs.uk, accessed September 2007

Cave, B., P. Molyneux and A. Coutts (2004) 'Healthy sustainable communities: What works?', www.mksm.nhs.uk, accessed September, 2007

Chartered Institute of Environmental Health (2008) 'Good housing leads to good health: A toolkit for environmental health practitioners', Chartered Institute of Environmental Health, London, www.cieh.org

CSDH (2008) 'Closing the gap in a generation: Health equity through action on the social determinants of health, Final Report of the Commission on Social Determinants of Health', www.who.int/social_determinants/thecommission/finalreport/en/index.html, accessed July 2009

Cullingworth, B. and V. Nadin (2006) *Town and Country Planning in the UK*, 14th edition, Routledge, London

Dannenberg, A. L., R. Bhatia, B. L. Cole, S. K. Heaton, J. D. Feldman and C. D. Rutt (2008) 'Use of health impact assessment in the U.S: 27 case studies, 1999–2007', *American Journal of Preventive Medicine*, vol 34, no 3, pp241–256, www.sciencedirect.com/science/article/B6VHT-4RSS76V-C/2/094f349ebbf8eb230e003d37cf2548a2

Dedman, D., D. Gunnell, G. DaveySmith and S. Frankel (2001) 'Childhood housing conditions and later mortality in the Boyd Orr cohort', *Journal of Epidemiology and Community Health*, vol 55, no 1, pp 10-15

Department for Communities and Local Government (2004) *Planning Policy Statement 1: Delivering Sustainable Development*, www.communities.gov.uk/planningandbuilding/

planningsystem/planningpolicy/planningpolicystatements/pps1, accessed March 2011

Department for Communities and Local Government (2006) *A Decent Home: The Definition and Guidance for Implementation*, www.communities.gov.uk/publications/housing/decenthome, accessed March 2009

Department for Communities and Local Government (2008) *Lifetime Homes, Lifetime Neighbourhoods: A National Strategy for Housing in an Ageing Society*, London, www.communities.gov.uk/documents/housing/pdf/lifetimehomes.pdf

Department for Communities and Local Government (2009) Planning Policy Statements, www.planningportal.gov.uk/planning/planningpolicyandlegislation/previousenglishpolicy, accessed March 2011

Department for Environment, Food and Rural Affairs (2008) Climate Change Act, www.defra.gov.uk/ENVIRONMENT/climatechange/uk/legislation, accessed March 2009

Department for Transport (2007) *Manual for Streets*, www.dft.gov.uk/pgr/sustainable/manforstreets, accessed June 2007

Department of Health (2003) *Tackling Health Inequalities: A Programme for Action*, www.dh.gov.uk/en/publicationsandstatistics/publications/publicationspolicyandguidance/dh_4008268, accessed March 2009

Forsyth, A., C. S. Slotterback and K. J. Krizek (2010) 'Health impact assessment in planning: Development of the design for health HIA tools', *Environmental Impact Assessment Review*, vol 30, no 1, pp42–51, www.sciencedirect.com/science/article/b6v9g-4wcsys3-1/2/3049d07c3f32e89b6cb56717628034a4

Fredsgaard, M. W., B. Cave and A. Bond (2009) 'A review package for health impact assessment reports of development projects'. Ben Cave Associates Ltd, Leeds,www.hiagateway.org.uk, accessed September 2009

Gilbertson, J., G. Green and D. Ormandy (2006) 'Sheffield Decent Homes health impact assessment', Sheffield Hallam University, Sheffield, www2.warwick.ac.uk/fac/soc/law/research/centres/shhru/sdh_hia_report.pdf

Hills, J. (2007) *Ends and Means: The Future Roles of Social Housing in England*, CASE/LSE, London, www.communities.gov.uk/archived/publications/corporate/annual-report07?view=Standard

HM Government (2004) Housing Act 2004, www.opsi.gov.uk/ACTS/acts2004/ukpga_20040034_en_1, accessed March 2009

HM Government (2005) 'Statutory Instrument 2005 No. 3208, The Housing Health and Safety Rating Syste (England) Regulations 2005', Office of the Deputy Prime Minister, London, www.opsi.gov.uk/si/si2005/20053208.htm

House of Commons (2009) *Health Committee-Third Report-Health Inequalities*, www.publications.parliament.uk/pa/cm200809/cmselect/cmhealth/286/28602.htm, accessed July 2009

Howden-Chapman, P., A. Matheson, J. Crane, H. Viggers, M. Cunningham, T. Blakely, C. Cunningham, A Woodward, K. Saville-Smith, D. O'Dea, M. Kennedy, M. Baker, N. Waipara, R. Chapman and G. Dav (2007) 'Effect of insulating existing houses on health inequality: Cluster randomised study in the community' *British Medical Journal*, vol 334, no 7591, p460, www.bmj.com/cgi/content/abstract/334/7591/460

HUDU (undated) NHS London Healthy Urban Development Unit, www.healthyurbandevelopment.nhs.uk/index.html, accessed February 2010

Marmot, M. (2010) *Fair Society, Healthy Lives: A Strategic Review of Health Inequalities in England Post-2010*, Global Health Equity Group, UCL Research Department of Epidemiology and Public Health, www.ucl.ac.uk/gheg/marmotreview, accessed March 2010

Office of the Deputy Prime Minister (2003)*Statistical Evidence to Support the Housing Health and Safety Rating System, Volume II – Summary of Results*, London, www.communities.gov.uk/documents/housing/pdf/138580.pdf

Office of the Deputy Prime Minister (2006a) *Housing Health and Safety Rating System, Enforcement Guidance*, www.communities.gov.uk/publications/housing/hhsrsoperatingguidance

Office of the Deputy Prime Minister (2006b) *Housing Health and Safety Rating System, Operating Guidance*, www.communities.gov.uk/publications/housing/hhsrsoperatingguidance

Pawson, H., E. Davidson, J. Morgan, R. Smith and R. Edwards (2009) *The Impacts of Housing Stock Transfers in Urban Britain*, www.jrf.org.uk/publications/impacts-housing-stock-transfers-urban-britain, accessed March 2009

Royal Commission on Environmental Pollution (2007) 'Twenty-sixth report: The urban environment', www.rcep.org.uk, accessed February 2011

RTPI (Royal Town Planning Institute) (2009) 'RTPI Good Practice Note 5: Delivering healthy communities', www.rtpi.org.uk/item/1795/23/5/3, accessed April 2009

Rumchev, K., J. Spickett, M. Bulsara, M. Phillips and S. Stick (2004) 'Association of domestic exposure to volatile organic compounds with asthma in young children', *Thorax*, vol 59, pp746–751

San Francisco DPH (Department of Public Health) (2006) 'The healthy development measurement tool', www.thehdmt.org, accessed April 2010

Taske, N., L. Taylor, C. Mulvihill and N. Doyle (2005) *Housing and Public Health: A Review of Reviews of Interventions for Improving Health Evidence Briefing*, National Institute for Health and Clinical Excellence

UK Government Planning Portal (2010) Welcome page, www.planningportal.gov.uk, accessed March 2010

UNECE (United Nations Economic Commission for Europe) (undated) 'The PEP, Transport, Health and Environment pan-European Programme', www.unece.org/thepep/en/welcome.htm, accessed May 2010

Wanless, D., M. Beck, J. Black, I. Blue, S. Brindle, C. Bucht, S. Dunn, M. Fairweather, Y. Ghazi-Tabatabai, D. Innes, L. Lewis, V. Patel and N. York (2002) *Securing Our Future Health: Taking a Long-Term View. Final Report*, www.hm-treasury.gov.uk./Consultations_and_Legislation/wanless/consult_wanless_final.cfm, accessed September 2007

WHIASU (undated) Wales Health Impact Assessment Support Unit, www.wales.nhs.uk/sites3/home.cfm?OrgID=522, accessed May 2010

WHO (World Health Organization) Regional Office for Europe (2005) 'Health impact assessment', www.euro.who.int/en/what-we-do/health-topics/environmental-health/health-impact-assessment_10, accessed February 2011

WHO Regional Office for Europe (2009a) 'Healthy Cities and urban governance' , www.euro.who.int/healthy- cities, accessed August 2009

WHO Regional Office for Europe (2009b) 'Zagreb declaration for healthy cities: Health and health equity in all local policies', www.euro.who.int/_data/assets/pdf_file/0015/101076/e92343.pdf, accessed February 2011

Wieslander, G., D. Norbäck, E. Björnsson, C. Janson and G. Boman (1996) 'Asthma and the indoor environment: The significance of emission of formaldehyde and volatile organic compounds from newly painted indoor surfaces', *International Archives of Occupational and Environmental Health*, vol 69, no 2, pp115–124 www.metapress.com/content/6y4q8y2yv4akrqc9

第 12 章

当前和未来的挑战

本章内容提要：

1）本章列出了与人权、非自愿移民和缺乏民主过程等相关的对健康影响评价的伦理挑战；
2）探讨了精神健康的现实意义；
3）阐释了一些在确立健康影响评价有效性时遇到的挑战；
4）从区域、国家和全球层面上阐释了累积效应的重要性；
5）气候变化和能源稀缺是我们这个时代最值得注意的两个公众健康的新挑战。这里总结了健康影响评价的一些启示；
6）在结语中对该书探讨的一些主题进行了综述，如平衡、多样性、整体论和不确定性等。

12.1 引言

本章目的是强调在健康影响评价快速发展的今天，在不同的领域中依然存在一些亟待解决的挑战，而不是为这些问题提供一份完整或系统性的清单。待解决的主要挑战是道德标准、精神幸福、成效和累积效应方面的问题。

12.2 道德标准

第 1 章将所提议的用以执行健康影响评价的道德价值解释为：参与决策、公正性、可持续发展、运用证据、采用综合方法研究健康以及尊重人权。

在英国，英国国家卫生与临床优化研究所（NICE）已经发布了社会价值判断的指导方针（NICE，2008）。它的指导方针涉及公共生活的七个原则，即无私、正直、客观、负责、公开、诚实和领导能力。英国国家卫生与临床优化研究所还提及了四个道德原则（见表 12.1）。

表 12.1　道德原则

原则	解释
尊重自主原则	个体有对他们自身健康做出知情选择的权利
无害原则	不造成伤害的义务——“首要无害”
行善原则	尽力提供福利
分配公正原则	以公平恰当的方式行事

实用主义与平等主义的分配公正是有差别的。实用主义方法力图为最多的人提供最多的好处，这允许牺牲少数人的利益来保全大多数人的利益；但这种方法不会消灭不平等。平等主义方法是将服务平等地分配给所有个体。每个人可能都得到了足够的服务，但是可能没有人能够得到最优质的服务。对于这两种形式的分配公平都无法解决的困境，就需要程序公正。

程序公正对做出的决定负责。它建立在公开、中肯、挑战、修正和校准的基础上。这一决策过程要公开，做决定的理由要合理，要有挑战和修订决定的过程、要有自愿机制或公共机制来控制决策过程，以保证它具备其他特征。

这些道德原则呈现了一种理想状况，即健康影响评价在民主社会中进行，通过公共的责任机构来尊重人权。但即使在这种情况下，健康影响评价也难免会有偏差（关于偏差的讨论详见第 4 章）。提出偏差的原因是，任命这些健康影响评价专家的机构和公司的主要目的是推进和执行某一项提案。专家对委托人和其工作均负有责任。他们必须在其能力之内，告知客户提案的健康影响并提出减缓措施。他们无法掌控客户选择实施的具体减缓的行动，对分配给他们的任务范围，他们所能控制的部分也很有限。

当评论一个人权记录糟糕、极度不平等以及高度腐败的非民主政体的提案时，前面章节和本章概括的那些原则和价值将会受到挑战，会出现道德相对主义和文化相对主义（一个人的信仰和活动应被其自身文化所理解）。在这样的政体中工作的人必须要接受这样的事实，即政府不会做出让步。他们必须决定是参与到过程中并促进他们进步，还是索性不在这里工作以独善其身。在我看来，健康影响评价本质上就是一个参与的问题。对于那些从未在贫穷国家工作过的人，当一个残疾的、饥肠辘辘的孩子敲击车窗时，就会陷入一种进退两难的困境。当健康影响评价已经开始进行，保密协定已经签署时，道德挑战的本质也就显露出来。在这样的情况中，出具的报告在措辞上要应用巧妙的外交技巧。下面将举例进行说明。

12.2.1 非自愿移民

大型基础设施的提案通常需要单个家庭、定居点或村镇的非自愿迁移。要违反个人意愿对人群进行重新安置且不损害他们的健康和幸福是不太可能的。世界银行采取了安全防护政策（World Bank，2001）。这些政策要求被重新安置的社区居民的生活应完全被保护，并且他们至少应该和以前生活得一样好。然而这对移民政策的挑战是很大的，以至于一些借贷机构会拒绝所有需要非自愿移民的项目。在其他情况中，相当多的资源花费在新社区建设、服务、培训和其他的经济活动上。本书中的水坝建设案例全面纪实地描述了非自愿移民遇到的挑战和最终结果，这些已在第 9 章讲到。

12.2.2 土地清理

其他部门还面临额外的挑战，如采掘垦殖工业部门。正如在第 10 章探讨的那样，这些被高度重视的提案更多地由国家政府和跨国公司联合经营。例如，政府可能会给公司提供已经清理的土地并指定为其工业发展用地。政府一般不会透露清理土地的方法，即使公布了方法，也不会公布如下的证据，即仅有少量的已经得到补偿的人在那里居住或根本没人在那里居住。在这些情况中，重新安置问题就被政府从影响评价的范围排除了。而企业必须尊重国家主权，没有权利反对政府的决定。公司决策者很清楚，如果项目建设中出现了问题，他们必然是第一个遭受指责的对象，他们也知道在这样的条件下开展一项提案会违反他们的执业守则和国际最佳做法守则。影响评估者无权调查重新安置的过程，也无法改变评价的范围。迁移的社区成员已不在那里居住，也无法问他们问题。例如，他们可能迁移到了一个大城市。如果该政府的人权状况很差且腐败严重，那么迁移的社区可能没有得到补偿。在我的经验里，虽然政府可能看不到他们，但一个地区总是会有人居住的。

12.2.3 社区参与

在一些国家，社区代表是非选举的或是政治精英的世袭成员。性别、种族或其他不平等状况通常都是社会公认的。在这些情况下，从事健康影响评价的人不可能像在高收入民主国家那样与社区进行接触。受提案影响社区的健康问题无法得到恰当的表达。然而，当地可能会存在一些民间组织，致力于推动现状的改变以及授权给那些被剥夺公民权利的人。当地也可能存在记录类似问题并确定优先需求的调查文献。发展提案本身也可以变成改变现状的积极推动因素。同样，影响评价过程也可以为那些不能维护自身权益的人提供一个机会。

12.3　精神幸福

世界卫生组织 1946 年对健康的定义涉及身体、社会和精神幸福。曾有各种关于将精神幸福涵盖其中的讨论。比如，1999 年，世界卫生组织讨论了一个章程的修正，将健康理解为“健康是完全的身体、精神、心灵和社会幸福的一种动态，而非仅仅远离疾病和虚弱”（WHO，1999）。委员会并没有同意这个修正，而是决定对此事持保留观点。这一观点所关乎的是心灵幸福是精神幸福的一部分还是与之有所区别。

不同文化的古代的资料都将健康与心灵幸福相联系。比如，Pericles 在 340BCE 中将健康定义为：“健康不只是远离疾病！它是一种心灵、精神和身体幸福的状态，能让人面对人生中的危机。”印度、中国和佛教医学系统也提到身体、思想和心灵的平衡（Koenig et al，2001）。

有很多对心灵的定义。最为广泛和简洁的一个定义是（引用许可，英国皇家精神科医学院，2006）：

心灵感受是人生经历中一种根深蒂固的意义、目的以及归属感。它涉及接受、融合和整体性。

此外：

心灵维度努力与宇宙保持一致，寻求关于无限的答案，尤其会在情绪紧张、身体或精神出现疾病、丢失、亲人丧失和死亡时突显。

心灵是涉及人类经验的一种维度，精神病学家对此越来越感兴趣，因为它对精神健康有潜在益处。心灵健康给人们的生活提供意义和目的，而这些既是健康保护因素也是结果。

心灵不同于宗教信仰（Koenig et al，2001）。许多有信仰的人也可能体验过心灵，但并非所有人都这样。相似的，许多体验过心灵的人没有信仰，并不是宗教组织的成员。他们可能是后世俗文化的成员。心灵具有统一性、包容性。在本节，对待所有的宗教和信仰都一视同仁，重点关注心灵的内容和实践。可以从个人或群体的行为或谈论中观察到心灵，它会有许多不同的形式。这些形式可能会包括建筑、位置、手工制品和仪式以及自然物体和植物。

健康影响评价的一个作用就是保存和保护心灵在群体中的表达。然而，在一些情况中，心灵或宗教活动对于个体或群体是有害的，在这样的情况下，似乎无须保留这些。一项相对有用的测试是判断一项活动是否违反国际人权宣言和儿童的权利（欧洲理事会，1950；高级人权专员公署，1989）。属于这一类的典型活动包括对妇女和其他人群的歧视、虐待儿童或致残、宣扬暴力和干涉人们控制自己身体的权利。

对于心灵幸福的真正观点虽超出了本书的范畴，但却必不可少。2008年在利物浦的健康影响评价会议上，有很多基调强调精神和健康影响评价（Signal，2008）。这些涉及了包括泰国、澳大利亚和新西兰在内的一些活动，尤其是泰国，将精神纳入健康中并最终在健康影响评价中体现的传统十分浓厚（Chuengsatiansup，2003）。

新西兰对健康影响评价的指导方针包括健康“塔帕世界卫生大会”模型，它同时强调心灵健康、身体和精神健康以及家庭和群体幸福（公共卫生咨询委员会，2005）。在这一模型中，文化和心灵参与是健康的决定因素。

在20世纪80年代走访Sarawak的一个水坝工程期间，我得以观察一个项目对一个群体的心灵和心灵幸福产生影响的直接证据（Birley，2004）。由于水库的建设，一个以旱稻种植为生的伊班人群体进行了迁居。在这个群体，水稻种植和心灵之间有很强的联系。他们认为水稻是有灵魂的，应该受到尊敬和安抚（Malone，未标日期）。这个项目剥夺了这个社区种植水稻的机会，引起了该群体的强烈不满。

另一个例子是位于津巴布韦和赞比亚边界的卡里巴水坝。当因为水坝建设而被迫迁移时，汤加人失去了所有东西，包括神殿。Nyaminyami是汤加河的神，他对信徒许诺：有一天，汤加人会重返他们在赞比西河岸上的最初家园（Mulonga.net，2005）。汤加迁移的不幸后果已经在其他刊物中进行了详细介绍（Scudder，2005）。

由世界银行标准管理的提案要遵循保护原住民的经营方针（World Bank，2005）。这需要借款人特别注意原住居民与自然环境的纽带，包括他们的文化价值和心灵价值。这些标准在一定程度上阻止了上文所述行为的发生，并为将心灵因素包含在影响评价中提供了依据。

在欧洲文化中，可以在很多场景中看到与信仰团体并无关联的心灵幸福的例子。例如，Findhorn基金会坐落于苏格兰默里湾岸边。到这个基金会的居民和游客都表现出与这片土地的亲密关系。他们在很多特征上发现了心灵意义和幸福（Findhorn基金会，未标日期）。据说他们的村庄有英国最低的生态足迹。在建设前，他们“聆听土地的声音”。如果让那个社区的成员让出那片土地来进行类似于伊班或汤加群体那样形式的发展，他们将会非常沮丧。

越来越多的证据表明，绿色空间对身体和精神健康均有益处（可持续发展委员会，2008；APHO，未标日期）。但是很多人将心灵幸福的感觉归功于与自然世界的联系。这是精神疗法的一部分，被称作生态心理学。

类似的问题也存在于正式信仰群体之中。每个群落都有他们崇拜的地点、墓地、节日、传统和群体中心。在新的开发规划或重建规划中，需要对此有所考虑。例如，在一个多文化社会中，当规划一个新城镇时，应做出什么样的规定？当社会住房翻新时，穆斯林和佛教家庭的需求是什么？为了保持和谐，中国香港的住房应该如何规划？

12.4　健康影响评价的成效

随着健康影响评价成为一个受人尊重的学术研究主题，会出现一些科研投入来设计和执行具有大量不同背景的效益研究。到现在为止，这类科研投入的数量相对较少（如 Quigley and Taylor，2003；Dannenberg et al，2008）。

现实挑战之一是“反事实的论证”，这点在第 5 章进行了解释。健康影响评价意图改变提案的设计和运作。因而，提案的结果与没有进行健康影响评价时发生的结果是不同的。那么，该如何判定健康影响评价是否改变了提案的结果？有人会辩称，只有在健康影响评价所提出的建议得到执行时，健康影响评价才会改变提案的结果。但事实情况并非如此：观察者改变了他们观察的对象。健康影响评价的出现很可能改变了做决策的方式，因为决策者会更加意识到要将健康问题考虑在内。正如之前所说，没人愿意因为做了一项糟糕的工作而受到指责。

另一个现实的挑战是负责实施健康影响评价的团队在执行提案后就不再出现了，也就无人来评价健康影响评价的成效。例如，雇一名顾问来编制一份健康影响评价报告。报告完成后，顾问就不再参与了。提议者本应承担对健康影响评价的成效进行评价的工作，但是常常会有其他要优先考虑去做的事。在一些情况中，督导组已经审查了健康影响评价以及执行其建议后的结果。然而，督导组受保密协定约束，所以就不能或者不愿意公布其观察报告。

12.4.1　欧共体成效研究

2004—2007 年，欧共体赞助的一个项目对健康影响评价成效进行了调查，该项目涉及来自 19 个国家的 21 个研究团队（Wismar et al，2007）。从最初 470 个有文献记载的健康影响评价清单中，形成包含 17 个案例的研究报告。该研究的成果是一本多作者书籍，包含案例研究和结论。案例研究涵盖交通、城市规划、农业、环境、工业（工作场所）、基础设施和营养（健康促进）。案例研究对象均为欧洲民主国家，且均属于公共部门提案。案例研究大部分针对交通或住房/城市规划部门。

成效是指评价是否影响决策过程以及评价结果是否被采纳的能力。没有人试图做健康结果评价，因为这样做会有方法层面的困难。我们通常利用知情者访谈和文献调查的方法来检验成效。成效有四种类型（见表 12.2）。本次研究表明，成效还有其他性能，且多于一种的成效可同时发生（见表 12.3）。表 12.4 给出了有效健康影响评价的关键因素。

表 12.2 成效类型

成效类型	描述	例子
直接	由于健康影响评价，决策最终被确定和修改	不允许 24 小时建设工作的决定
普通	决策者充分考虑了健康影响评价，但是没有形成对提案决策的修改	使决策者形成更强的健康意识
机会主义的	健康影响评价将会支持提议决策，因此它将被执行	一种有助于解决长期存在的冲突的参与方法
无效	决策者不考虑健康影响评价	

表 12.3 成效的一些维度

成效维度	例子
大小	阻止一个不合适的政策； 引进另外的减缓措施； 导致重大的重新设计
公正	帮助大多数经济有困难的人
社区	提出社区关注点
组织	推进部门内部工作； 调查可能会在以后用到的员工技能； 了解其他部门的议程

注：作者正在研究能够成功阻止一项公共政策的可能性。大体来说，健康影响评价并不是用来阻止某一项目或工程的开展，而是对它们进行修正。

表 12.4 成效的一些促成因素

促成因素	评论/例子
时间控制	既不过早也不过晚
相关机构或支持单元的参与	公共健康信息的国家知识库
特定国家的公共健康文化	决策者是否有健康的医疗概念
政治领导、公共支持	说明谁承担费用，如有必要，提供资金
交流	所涉不同方的沟通的效果

本次研究得出了以下结论，其中：

1）概括来讲，在所有部门、所有欧洲国家和所有层次都可以有效地开展健康影响评价；

2）每个部门都有其首要目标，而这些首要目标不能被纳入次要的健康目标之中。在一些案例中，也可能会存在“双赢”的情况。在其他的情况中，可能需要进行权衡。健康影响评价是一个决策支持手段，会带来部门内部、社会和政治上的相互妥协，实现达成决策的一致；

3）不同国家之间的健康影响评价发展是不均衡的；

4）资源开发不全面或缺失，包括可维持的、充足的资金和完备的数据库；

5）健康影响评价可能会被视为执行提案的障碍，但其实可以有助于避免冲突和额外的花销；

6）大部分的案例研究是初级研究和综合健康影响评价的中间阶段；

7）大部分的案例研究没有评价这一部分。

12.4.2　乍得—喀麦隆输油管案例研究

乍得—喀麦隆输油管及相关工作的环境社会公众健康影响评价（Jobin，2003）是关于成效的一个已经发表的例子。该工程由一家石油公司财团（包括 Exxon 公司）拥有，花费 3 300 万美元，涉及 1 000 千米的管道。贷款的一部分由世界银行提供。人们知道两种传染病（疟疾和艾滋）在该地区十分严重，但却缺少地方的健康数据。卡车运输施工材料需要桥梁的建设和其他一些相关工作，一个尤为重要的卡车停靠站位于两个国家的边界地区，那里有一个建有大量妓院的临时居住地，大约 10 000 人居住在那里。在该居住地，性交易工作者的艾滋发病率预计达到 55%。

一个外来专家团队被招聘为督导组，以协助这两个国家完成健康影响评价的评估并对管理规划的制订进行指导。Jobin 是该团队的一员。另外还有由外部监督者组成的两个小组，其中一个负责监督腐败，保证资金和利益的公平使用。Jobin 在相关论文中识别出了项目进程中的缺点：

1）公开会议要求武装警卫来保护政府和石油公司官员，但似乎他们的存在限制了自由讨论；

2）提出的评价监督艾滋传播的提议尽管受到了多方委员的支持，但喀麦隆当局并未接受这个提案；

3）评价中明确排除了关于温室气体排放的提案，与小组的建议相反；

4）该财团不允许收集任何初步的健康现场数据；

5）监管过程缺乏连续性。例如，监督小组与该财团签订的合同可以随时失效。此外，跨政府委员会的主席三年内更换了四次，而且该委员会缺少一位健康专家。

本次评价得出了 HIV 传播是最大的健康风险的结论。小组认为评价中提议的传统控制方法是不够的，由此提议了一些其他方法，其中一些被接受并得以执行。提议的一个重要举措是控制卡车司机的行驶里程，需要建立一个停车休息体系，而不是要求他们行驶完全程的 1 000 公里。这就能够让卡车司机每晚在家里睡觉。财团接受了这个提议，但该提议却被卡车承包商拒绝了。小组也提出一些特别的举措，目的是在工人和营地服务人员因工程结束而离开之前对于他们是否感染了 HIV 进行诊断，对于已感染的人进行治疗，并对大家都进行相关的宣传教育。然而，国家政府和财团对此表示反对。

Jobin 总结说，在这个项目中，决策很大程度上建立在成本和利益考虑上，仅仅对环境和社会问题给予短暂的关注。很少或几乎没有决策力量可以照顾到受影响人群。小组提出的任何可能延迟或阻碍工程完工的关注点都会面临强烈的反对。如果项目倡议者委任了国际专家来参与评价，这将会给人一种错觉，即评价和管理计划是在受到监督的情况下通过的。最后，Jobin 总结到，当世界银行的政策与财团观点相冲突时，世界银行看起来并不愿意矢志不渝地执行他们自己的政策。

12.5 潜在灾难的分析

在何种情况下健康影响评价才应该分析一个提案的潜在灾难性事故？灾难性事故是会导致大量人员丧生或流离失所的严重事件，但这种情况非常少见。典型的例子是 2010 年发生在墨西哥海湾深海的 BP 油井泄漏。其他的例子包括第 1 章描述的博帕尔灾难，第 9 章描述的孟加拉国砷事故和切尔诺贝利核灾难。此类事故常常是劣质工程导致的结果，它们代表了一种提案设计和运营之外的状况。分析和管理通常是健康风险评价的一部分。为了预防灾难的发生，正常的工程项目应该在多重安全防护措施之下开展建设，并且应该包含一份应急预案，以应对安全防护措施失效的情况。在这一过程中健康影响评价应扮演什么样的角色？

12.6 累积效应

累积效应是多重政策、项目或工程的结果，有可能被认为不属于任何单独的健康影响评价范围。累积效应十分重要，可能发生在地区、国家或全球。累积效应包含在战略环境评价中，但不幸的是，并非所有提案都能够纳入战略环境评价过程。

12.6.1　地区累积效应

图 12.1 是地区累积效应的一个简单例子。假设三个相似的行业（A、B、C）建在彼此附近，并同时位于一个指定工业园内。工程 A 正接受一项健康影响评价。另外两个工程从属于另外的竞争公司。这三个公司生产类似的产品，排放废气和废水，并在当地道路沿线上进行机动化运输。每个工厂的排放量都在法定限额之内，但是三个工厂的累积排放量超出了法定限额。在河流的下游有一座小镇，通往工业园的道路从小镇中穿过。

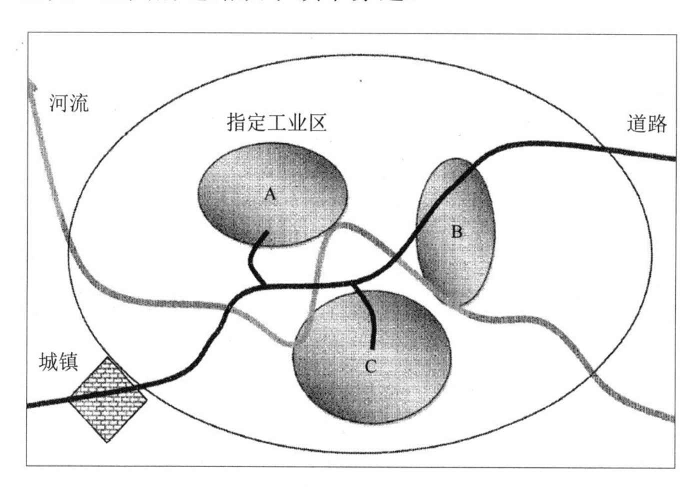

图 12.1　工业园内三个项目的累积效应图解

工业园区管理公司应该对当地的总排放量和道路负载情况负有责任。在批准任何开发项目之前，都应对二者进行战略评价。很多国家都没有功能性的工业园管理实体，也没有针对工业园的战略评价。因而城镇受到了污染，同时也面临噪声、交通等带来的困扰。

12.6.2　国家累积效应

国家累积效应在开采工业部门最为明显，这一行业在第 10 章已进行过介绍。这一挑战被称作富足的悖论，或称“荷兰病”或石油的诅咒。其中由经济学家进行的经验观测值显示，开发一个国家的自然资源，如石油和天然气，并不一定会提高这个国家的经济水平。因为随着多数资源流入某一个重要部门，其他的所有经济部门会受到损害。例如：

1）护士离开公共部门去该公司诊所工作；

2）警察成为该公司的司机和保安；

3）教师成为该公司的秘书；

4）通货膨胀消减了农产品的产值。

这个结果影响到了生活的各个方面，包括人类的健康状况。大体来说，依赖丰富自然资产的国家的经济趋向于表现出下列的趋势（Gylfason，2001）：

1）更少的贸易流量和外国投资；

2）更严重的腐败；

3）更脆弱的教育；

4）更少的国内投资；

5）更低的生活期望；

6）更严重的营养失调。

这些后果在高收入和低收入国家都会发生。只有当与政府和国际机构进行高级别接触后，这些不良的后果才有可能得到减缓。这可能超出了提案的范围，但并未超出健康影响评价的范围。

12.6.3 全球累积效应

有很多由发展造成的全球累积效应（HM 政府，2008）。这些包括人口增长、水资源短缺、不可再生资源的消耗和气候变化。例如，化石燃料政策和工程对气候变化和资源枯竭具有全球累积效应。这两个全球累积推动力对人类健康和健康影响评价的实践有着重要启示。一些重要议题的概要在下面的章节中会讲到。

12.7 气候变化

化石燃料生产带来的最为紧迫的全球累积效应大概就是大气中温室气体的浓度不断上升。这一节解释人类健康的后果，并思考健康影响评价带给我们的启示。

矿物燃料的使用对于气候变化的影响及气候变化对人类生存的影响已经是无可争辩的了（IPCC，2007）。然而温室气体排放量持续上升，这可以被看作是一种新型的“确保相互摧毁”（最初与核武器相关的术语）。在编写此书时，气候变化对当前人类健康影响的最准确的预测如下（全球人道主义论坛，2009）：

1）300 000 人正在死去；

2）325 000 000 人受到严重影响；

3）500 000 000 人处于极端风险中；

4）40 亿人很容易受到危害；

5）经济损失达 1 250 亿美元。

人类的健康受到极端酷热、寒冷、强风、病媒分布、水资源短缺、农业歉收、食物短缺和其他因素的影响。未来的健康影响以及对这些影响进行管理的迫切需求已经得到了广泛的讨论（健康部门，2008；Costello et al，2009）。

上面的数字展现的是根据预测趋势得出的平均值，并有显著的误差幅度。真实的数字可能会更低或更高。这些数字可能仅仅表现出可见数据的“冰山一角”。在任何情况下，这些数字都应具有足够的警示作用，以确保健康影响评价包含这一问题，并在所有政策中采用预警原则。很多人的健康和幸福将依赖于气候的稳定性和对气候的适应性。

目前，可接受的大气中的最大温室气体浓度值仍然处于争论中。虽然温室气体浓度与健康风险之间并不是线性关系，但增高的浓度将对应增高的风险。一些气候学家将可接受的最大浓度设为 350×10^{-6} 的二氧化碳当量（Hansen et al，2008），这可以认为是“不可接受风险”的临界值，而目前的大气中温室气体浓度已经高于该数值。政治家似乎要将 450×10^{-6} 作为目标并愿意接受更高的健康风险。正常的工业决策所依据的灾难失误风险水平为 1 ∶ 10^6 或更低。相比之下，政治家似乎愿意接受更高的气候突变风险。这一点已经在近期的引文中说明（Milmo，2007）：

1）对于未来“我们现在有两个选择，一个是被破坏的世界，一个是被严重破坏的世界”；

2）“我们总是习惯于谈论我们的孩子和孙子们的人生中将面临的那些影响”。

政府间气候变化专门委员会（IPCC）是一个致力于评估由于人类活动而产生的气候变化风险的组织。它会对气候变化风险的原因和结果做出定期评定，其评定结果通常被认为是极具权威的（IPCC，2007）。它的评估以专家评审结果和已经出版的科学文献为依据且其成员都来自于政府。鉴于评价过程中的时间延误和政府间达成的共识，通常认为该评价过于保守。例如，夏季北极海冰融化过程要比预计快得多（Stroeve et al，2007）。北极冰川融化是一个临界点。白色冰原反射掉了部分来自太阳的热量，这有助于稳定气候。而当冰川融化后，海洋的暗色将显露出来，这部分海洋将吸收热量，引起大气变暖，从而又将导致更多的冰川融化。

有两个主要的应对气候变化的手段："减缓"和"适应"。"减缓"是指可以将气候稳定在可接受的温度临界点以下的措施，其具体措施包括降低温室气体排放强度或开展地球工程。地球工程的提议者主张使用未经试验的技术来将温室气体从大气中移除，或设法将多余的太阳热量反射到外层空间去。"适应"是指接受气候的主要变化并在地区、国家和全球范围内建设合适的防护工程。这些防护措施必须能够保证抵御如海平面上升、洪水、干旱、大范围食物短缺和极端天气事件等危机的挑战。成功的"适应"可能与人们所拥有的财富和所处的地理位置有关，但世界上的大部分人口可能只能通过迁移、留下老幼和最为弱势的群体来"适应"。经济分析表明，"减缓"形式的早期行动要比"适应"形式的后期行动成本低很多（Stern，2006）。

在编写本书时，一些舆论认为为了稳定气候，大约到2050年，全球平均温室气体排放量应该降低到现在水平的70%～90%。当考虑到气候系统的阻尼振荡性质时，这组数字看起来似乎过于保守。在任何情况下，应该在目前考虑中的提案的有效期内将气体排放量大幅度降低。气体排放量的下降会影响提案的选择、将要作为动力的能源、相关的科技发展和影响评价的开展。产生净温室气体排放的提案在全球范围内都将产生消极的健康影响。

分析净排放十分复杂，需要专业的知识，而且也不是健康影响评价实践者应该承担的任务。然而，我们需要确保工作完成并去了解涉及的议题。例如，可以根据固有碳含量将化石燃料分级。煤的等级是最高的，且褐煤尤其高；天然气是最低的。还可以根据产品生产和能源使用中产生的温室气体减排成本来将燃料分级。最近的一项研究调查了输送一桶油到美国冶炼厂的温室气体减排成本（Kristin and Skone，2009）。由于许多油田没有控制作为石油副产品的一些气体的燃烧，尼日利亚原油生产的相关温室气体排放量非常高。加拿大油砂其次，因为从砂中提炼油时，使用能源的成本很高。当一个项目为它的运作寻求油料来源时，供给上的谨慎选择可以持续地降低生命周期排放：沙特阿拉伯原油中提炼的油的排放量是从尼日利亚原油中提炼的11%。作为对此类数据的反应，英国议会在2009年引入EMD1250，该政策让政府要求英国的所有油、气和动力部门的公司对他们的总碳排放责任进行汇报（英国政府，2009）。

表12.5说明了与生产有关的温室气体排放情况，并被一些大型企业作为碳信息披露项目的报告（2008）。报告是出于自愿的，但并非所有企业都愿意提供这样的报告。该表将与生产相关的温室气体排放分为直接排放和两种间接排放（与发电相关的排放和其他排放）。在化石燃料项目中，其他排放大部分都是与产品使用相关的。例如，对于每个单位的直接排放，壳牌公司会产生大约8个单位的间接排放。

表 12.5　2008 年报告的年度碳信息披露案例　　单位：10^3 吨

部门	企业	直接温室气体排放	与发电相关的间接温室气体排放	其他间接气体排放，包括产品使用
油和气	壳牌	92 000	13 000	743 180
	英国石油公司	63 460	106 700	521 000
	雪佛兰	63 759	?	?
	埃尼集团	67 556	4 070	303 000
	埃克森石油公司	141 000	?	?
	图洛原油公司	234	?	?
矿业	纽蒙特矿业公司	2 886	983	0
制造业	西门子	1 550	2 410	499

编写本书时，很多大型石油公司仅报告了他们的全球运营的碳信息，其中并没有包括每个新建项目预计的生命周期排放。对于提案的健康影响评价的一个可行建议是对直接和间接生命周期排放进行充分的、优先的公共报告。这一信息可以让公共团体对提案的功过是非做出理性的决定，并熟知提案可能产生的全球健康后果。

协同效益

在地区层面，提案会带来巨大的协同效益，包括温室气体排放量的降低（Davis，1997；Bollen et al，2009；Edwards and Roberts，2009；《柳叶刀》，2009）。表 12.6 提供了一些例子。

表 12.6　协同效益案例

干预	影响
将温室气体降低 50%	由空气污染引起的人口过早死亡数量降低 20% ～ 40%
减少汽车运输	减少交通伤害，并降低由缺乏运动引起疾病的发病率
减少肉类食用	降低因食用动物脂肪引起的相关疾病
减少肥胖者的数量	每 10 亿人中，免除了因输送过重人群带来的 4 亿～ 10 亿吨二氧化碳
降低对石油的依赖性	降低石油战争带来的伤害
合同和聚集*	降低全球不均等

* 该策略最早于 1995 年提出。它将给地球上的每个人分配同样的碳配给，并允许他们之间进行交易（全球公共资源研究所，未标日期）。

如果我们能够采用减少温室气体排放的措施，到 2050 年，排放量将降低到 2005 年水平的 50%，可以将由暴露于空气污染而导致的过早死亡人数降低

20%～40%（Bollen et al，2009）。与正常的身体质量指数（BMI）的人群相比，有40%肥胖者的人群的总能源消耗需要额外增加19%的食物能源（Edwards and Roberts，2009）。在10亿人口中，由于肥胖症的增多，每年食物生产和汽车运行所产生的温室气体排放预计等同于4亿～10亿吨的二氧化碳。

2009年，《柳叶刀》发表了一系列关于健康协同效益行动以降低温室气体排放的论文（《柳叶刀》，2009）。文中分析了四个主要部门：家庭能源部门、城市陆路运输部门、发电部门、食物和农业部门。

城市陆路运输方面的论文主要使用比较风险评价方法来比较两个不同环境背景下的城市陆路运输产生的健康影响，以伦敦和德里为例，这种健康影响以伤残调整生命年来衡量（Woodcock et al，2009）。对于每一种环境背景下的陆路运输，一种模式是照现有模式运行到2030年，另一种模式是引入碳排放更低的汽车并增加低碳出行，最后将两方面进行了比较。分析重点集中在污染、活动和能量的直接影响。从一些系统评价中得出的证据印证了一系列关键假设。本次研究分析了在三种情况下，不同模型中旅行模式的分布。在两个城市中，补救的伤残调整生命年都与活力出行有关，而非低排放的汽车。疾病负担的整体下降预计很大。10%～20%的疾病负担下降估计为缺血性心脏病、脑血管疾病、痴呆、乳腺癌、糖尿病和抑郁症。在伦敦，道路交通事故比例上升被认为是行人和骑行者数量大幅上升的结果。与之形成对比的是，在德里，道路交通事故下降了27%～69%。两者之间的差异是空气污染和运输比例不同的结果。

概述文件总结了隐含的联系，它是以每减排百万吨二氧化碳当量时每年减少的1 000伤残调整生命年为标准（Haines et al，2009）。在这一度量标准中，降低温室气体排放和增强健康水平的优先干预措施包括干净的厨灶（在印度）、活力出行、降低肉类的生产和消费以及低碳发电。

作者描述了他们分析政策的一些意义，其中包括：确保并减少温室气体排放的策略和技术都经过了健康影响评价；考虑到温室气体减少带来的健康协同效应；降低获取清洁能源的机会不平等；在所有职业工作中推行减少温室气体排放的策略和政策。

12.8 能源匮乏

能源匮乏是与气候变化相关并同等重要的一个主题，但它并未受到公众或政府的同等重视。能源匮乏的过程和结果并非众所周知，但其很可能会产生巨大的健康影响（Hanlon and MaCartney，2008；MaCartney and Hanlon，2008；MaCartney et al，2008；Raffel，2010）。

世界上对能源危机的警告声此起彼伏。比如，根据国际能源署（2008）资料，世界能源体系正处于一个十字路口，目前全球能源供应和消耗趋势明显是不可持续的。在近期，一些企业发表了一篇命名为《石油危机，为英国经济敲响警钟》的报告（Branson et al，2010）。同时，很多纪录片也强调了这一问题，比如《一次原油的觉醒：石油危机》（Gelpke and McCormack，2006）。对于近期全球石油产品达到峰值的证据已被广泛评估（Sorrell et al，2009），有很多的网站致力于这一主题（ASPO，2008；Oil Drum，2008）。能源匮乏是社会从非传统地区，以非传统程序找寻石油和天然气的驱动因素，比如从含油砂中提取石油，从深海底部探寻石油和天然气。然而，这些活动同时带来了巨大的污染风险，并增加了温室气体的排放量。

这一节介绍了石油峰值理论以及它是如何与温室气体排放相互作用的，并分析了其对健康影响评价的影响。在此之前，需要先对能量产出投入比的相关概念进行解释。

12.8.1　能量产出投入比

对能源价值的一个测量方法是能量产出投入比（EROEI），即每单位消耗的能量带来的可用获得能量。例如，如果我们想消耗一桶油来获得 10 桶可用油，那么它的 EROEI 就是 10。

表 12.7 列出了一些燃料的 EROEI。常规石油通常比非常规石油有更高和更好的 EROEI。非常规石油的 EROEI 值较低的原因是，要从更为艰苦的环境中获取它，或者它的质量较差，需要进一步的加工。较为极端的例子是塔砂和页岩，以及从作物产品中获取的生物燃料。这些物料的 EROEI 低于 1。有证据表明，农业中，每生产 1 焦耳的食物能量要使用掉 10 焦耳的能量。

表 12.7　不同燃料的能量产出投入比

燃料	能量产出投入比
常规石油	10 ～ 100
非常规石油	1 ～ 4
含油砂和页岩	2 或小于 1
从农作物中获取的生物燃料	＜1

比起常规石油，煤具有更低的 EROEI，而且其储量貌似更为丰富。然而，不同的煤的质量和易得性差异很大，而且煤在燃烧中会排放大量的温室气体。有的提案提出可以从发电站捕集碳排放，然后将其埋入地下——碳捕集和封存

（CCS）。然而，CCS 所需的总能量是相当高的，而且会进一步地降低 EROEI。

CCS 仅对固定装置可行，如发电机。但是电并不适合为大多数交通运输工具提供动力，这是因为电池的能量密度远低于液体燃料。一个方案是将气或煤转化为汽油；然而，运输气或煤的车队将会排放无法捕获的温室气体。另一个方案是为达到能量储存的目的而制造氢，但这也面临着很大的技术挑战。

12.8.2 哈伯特顶点

全球石油产量曲线未来走势的精确性尚未可知，但它至少对人类健康会有很多影响。基于国家产量曲线，有充分的证据表明，该曲线将会达到峰值（Oil Drum，2008）。所预期的该曲线走向看起来与图 12.2 相似，并以哈伯特命名。该曲线的顶点可能会在今后 20 年间出现，抑或现在已经出现（Sorrell et al，2009）。需要注意的是，在石油的发现和生产之间通常存在着 30 ～ 40 年的延迟，因而我们使用现有的已发现的石油储量信息来预测未来的生产情况，而大型常规油田的发现数量已在 30 ～ 40 年前到达顶点。

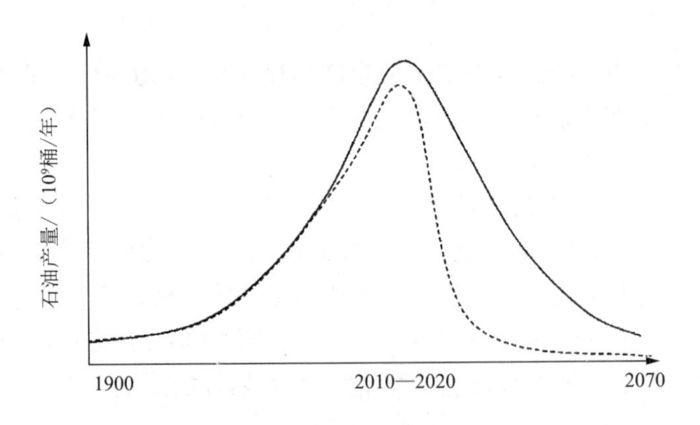

图 12.2 石油产量全球总额（实线）和净额（虚线）缩略图

根据石油峰值的理论，该曲线有两个组分：总额和净额（Oil Drum，2008；Murphy，2009）。总额曲线是图中的实线，稍有偏斜，具有宽广的基底，这表明石油年生产率接近顶峰的过程较为缓慢。净额曲线表示包含了生产成本在内的可用石油数量，包括能源回报率。该曲线更狭窄，偏斜的较为严重。在该曲线的上升期，最先生产容易获得的石油。在该曲线的下降期，只剩下难以开采的石油。根据这一理论，净石油可用量会迅速下降。

石油产量峰值到来的时间由需求决定，而目前对石油的需求很可能将以指数方式继续上升，预示着峰值将提早到来。因为供应和需求必须保持平衡，石油价格将不得不上涨。石油价格上涨将引发经济衰退，从而导致对石油的需求量下降。由于人们失去了工作，甚至失去住所，因而经济衰退会增加健康不平等。根据这一理论，我们可以预期石油量的快速变化以及价格的极端波动。高的石油价格会影响供暖和交通，并影响食物和基础服务的供应。我们的文明还未对此做好准备，如今筹备的提案并非为这些压力而设计，可能并不适用解决上述问题。健康影响评价实践者无法成为能源供应的专家，但他们可以建议开展专门的专家研究。

12.8.3　恶性循环

我们的第一印象可能是石油峰值必然降低温室气体排放，这样有助于稳定气候。然而，事实可能截然相反。随着石油燃料的常规来源变得稀缺，石油价格上升，从而刺激对其非常规来源的使用。然而，非常规来源会有更高水平的温室气体排放。因而，能源稀缺增加了温室气体排放率，这将加速气候的变化。为了适应气候变化，又需要消耗更多的能源来筑建洪水防御工程，以应对极端事件，保证物品和服务的供应。

12.8.4　替代能源

本书无法一一展开围绕替代能源可用性的所有讨论。简言之，目前没有适用的科技可以供给与化石燃料同等密度的能源，可再生资源也无法填补这一缺口。电力无法为长距离公路运输供给动力；核能源依赖于铀，而铀是一种非可再生资源。而且核能源生命周期的许多阶段都依赖于矿物燃料，包括矿业、精炼、交通以及核设施的建设和停用。长达 100 000 年时间的核废物存储具有一定的能源成本。大多数情况下，我们会期望这种成本只会出现在人类的某一代内（Heinberg，2007）。

在编写本书时，一种新型化石燃料能源以一种游戏规则改变者的身份出现了——页岩气。它比石油和煤的储量更加丰富，碳含量更低。当前的环境影响、社会影响及健康影响都与它的开发利用有关，这些问题也终将被克服。

总之，发展一种新型能源是十分必要的，而总是把能源问题的解决寄希望于未来可能的新技术和新发现是非常不明智的。基于我们所了解的情况，在未来中长期，在大多数新提案的整个周期内，目前我们的文明水平尚不足以在改善人均能源水平上发挥作用（Heinberg，2007）。

12.8.5 能源缺口及其含义

以英国为例，以上的结论在图 12.3 得以生动地呈现出来。*X* 轴意味着在接下来的 80 年的时间，*Y* 轴代表净温室气体排放量及可用化石燃料占总能源消耗的比例。在未来的 40 年内，温室气体的排放量一定会减少 80% ~ 90%，化石能源的使用量也将以相同的梯度减少。同时，可再生能源的比例可能由当前 1% ~ 2% 的低水平增加，到 2020 年达到 15%，到 2050 年达到 40%。由于可再生能源并不能代替化石燃料的损失，因而将会出现能源缺口。在当今的发展条件下，多数提案中会存在这个缺口。这将对提案的选择、健康保障的可持续性以及健康影响评价所建议的减缓措施带来影响。因而，这两个全球累积驱动因子对于实现健康影响评价至关重要。

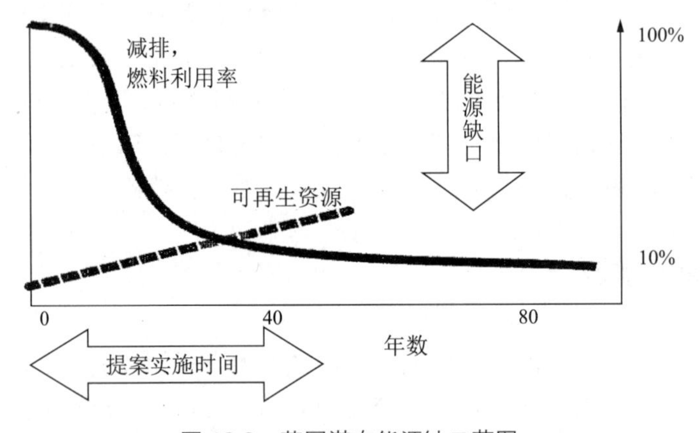

图 12.3 英国潜在能源缺口草图

健康影响的最好总结是在全球范围内放大现有的健康风险和健康不平等（Costello et al，2009）。“一切照常”的方案可能造成不平等性增加、生命周期降低、医疗服务失败、战争、饥饿、人群大量迁移和经济崩溃。如果这一观点被接受，随之而来的便是：

1）应审查所有提案对气候变化的影响，以及其对稀缺矿物燃料资源的依赖性；

2）影响评价报告所提出的建议应该是节能的，并对矿物燃料的依赖最小化。

12.8.6 变化模式

正如写作本书时我们所理解的，以上章节呈现了与气候变化和能源短缺相关的证据。已经存在广泛讨论，个人、机构和政府对此做出的回应也形形色色。

但从个人角度来讲却很难接受这样的结果，即使是发布这些证据的专业影响评价团队和决策者也无法适应这些影响。例如，在欧洲，虽然已经确立了二氧化碳减排目标，但高速公路仍在修建。为了提出有说服力的公正建议，必须分析那些反应。

认识、态度和行为（KAP）是在公共健康中常用的一个模式，用以理解健康危害行为并推动改变。在当前情况下，通过我们对气候变化和资源稀缺的理解，这种认识得以呈现出来。态度和行为可以用一个简单的模式来分析。面对知识，人们会有很多情绪化反应，包括害怕和希望。而这些情绪随之将引发如表 12.8 中所列的态度。否认是一种常见的反应，以许多形式表现出来；另外一个词是绝望，事实已被内化，但形势看起来无望，因此所有的行动也毫无价值；希望有两个组分，第一个被称为神奇拯救，或“天助”，即事实已被接受，但仍假想新的科学技术或上帝会突然出现，并施以援手。这些态度将导致个人和组织的不作为。

表 12.8　对气候变化和能源稀缺认识的反应

情绪	态度	行为
害怕	否认	不行动
	绝望	不行动
希望	神奇拯救	不行动
	变革 / 转变	行动

与希望这种情绪相关的最后一个态度是改变，即已接受事实，虽然有很大风险，但是仍有机会。

一个以社会心理学研究为基础的替代模式提出，我们每日的活动是受我们所认为的“正常”行为影响的（Schultz et al，2007；Nolan et al，2008；McAlaney et al，2010；CHARM，未标日期）。大多数人仅希望行为举止跟他们的邻居一样，并做别人认为是正常的行为。这一分析的目的不是说服人们去摒弃准则并采取一种全新的不同的方式，而是通过告诉人们别人在做什么，来让人们去改变被认为是既定准则的东西。社会准则方法试图以社会认可的方式改变行为，这一方法已在酗酒、药物滥用以及用电、回收和酒店毛巾重复利用等可持续问题中成功应用。

可能采取这些模式的社会变革的一种方法已经在城镇化运动中得到广泛应用（Hopins，2008；Chamberlin，2009）。转变实践必须寻求一种新的方式，让我们的生活、我们的城镇和我们的提案更具适应性。因此，目标就是找到或重新发现可以让我们的生活更有益、提升幸福感和使用更少化石燃料的方式；增加社会资本，这样社区能通过获得更多支持来发挥作用；推进健康的许多决定因素。在这一方案中，物品和服务将会更多地实现本地供给，社区也能更好地应对各类意想不到的冲击和极端事件。

2010 年国际环境评价协会会议的主题是“影响评价在绿色经济转型中的角色”（国际环境评价协会，未标日期），这为参与者提供了一个机会来探索影响评价在社会变革中做出贡献的多种方式。我自己有一篇论文探索了交通改变带来的健康影响（Birley，2010）。

12.8.7 相关问题

有很多相关问题超出了本书涵盖的范围，其中之一是人口变化趋势和人口总规模。越来越多的文献探索了这二者之间的联系（Bryant et al，2009）。对于什么形式的农业可以持续养活数十亿人口，目前尚存在争论。我们有条件继续吃肉吗？全球淡水稀缺等问题在第 9 章已有提到，农业、工业和家庭消费都需要用水，有足够水源覆盖所需吗？应优先满足哪一个用途？为了解决这些问题所做出的决定都会产生健康影响。

12.9 结语

本书介绍了正在日益扩大的健康影响评价的宽广领域。我尝试着整理了一些思路，但还有其他许多思路留待后人来描绘。

在政策形成、过程、方法和工具之间应当存在一种平衡。只有将平衡的指导思想包含到整个过程之中的健康影响评价方法才是有效的。只有在得到政策支持时，健康影响评价才能进行。在评价健康环境和社会决定因素时，也应存在一个平衡。无污染的环境需要通过提升社会公平、获取健康食物以及增加体育锻炼来得到支持，分配给不同类型影响评价的资源也应当平衡。EIA 对于物质环境的保护、维持和提高也非常重要，但是保护和推动人类社会的发展和确保并提升人类健康水平也是同等重要的。在制订发展目标时也应该考虑到平衡的重要性，经济发展本身并无价值，只有当经济发展可持续并对社区所有团体的健康、幸福和快乐有所贡献时，其价值才会体现出来。

单一、统一的分类法能够实现健康影响评价吗？它必须是在低、中、高收入国家，针对政策和项目，且在私人和公共部门才有用处。它必须能够包含对人类健康的宽泛和整体分析。在写作本书时，存在一个具有争议性的问题（Krieger et al，2010）。有人认为工业尚未准备好去承担太多，那么制订有限度的目标将会提供一种实用的、折中的解决办法。该书的写作是建立在这样的基础之上的：一个整体分析是可行、可取且可实现的。

该书开篇介绍了健康影响评价的大体政策环境，然后探讨了可以使用的程序、方法和工具的一些特征，随后描述了健康影响评价在三种不同部门中的具体应用。

水资源开发部门通常牵涉公共事业，它在低收入经济体中尤为重要，通常由国际援助来支持。它的一些分支部门，包括水库和水坝部门，是 4 000 万人口非自愿迁移的原因。水资源正在逐渐成为全球的稀缺资源，它是灌溉农业即人类食物来源的基础。在低收入国家，提供洁净饮用水是城市发展的一个挑战。水时常是传染性疾病传播的媒介，在温暖的气候中，水经常与由病媒引起的疾病的传染相关，而这影响了数亿贫困人口。气候变化正在改变水的可用性，并引发洪灾和干旱。

住房和空间规划部门具有公共开发者和私人开发者的混合性质。在所有国家，城市化都在快速发生，现在世界上超过 50% 的人口都居住在城市，建筑物周围的环境质量对居民的身体和精神健康都会有很大程度的影响。在低收入国家，城市化的过程往往是没有规划的，即便是实施了规划的地域，通常也是借鉴高收入国家的模式。在高收入国家，城市发展通常围绕私家车交通进行设计，而这种发展模式是不可持续的，并会引起自然环境质量的下降。私人交通工具的自由出行将增加道路拥堵、加重污染、引发人际关系的疏离并可能引起公众的担忧。

采掘垦殖工业部门通常是由权威的、私人的跨国企业及政府控制，他们对在当地、地区或全球范围内产生重大影响的累积效应负有责任。他们提供获取非可再生资源的途径，而这些资源日益稀缺且非常珍贵，且更多地蕴藏于低收入国家的脆弱区域。

问题随之而来，健康影响评价实践者有足够的实用知识将健康影响评价应用于任何需要它的部门吗？在尝试着描述了三个部门的情况后，我觉得我们无法办到此事。每个部门都有它自己的日常工作安排、优先考虑的事、相关的经验和术语，而这些反过来都会对公共健康产生影响。每个部门的提案由政策调整，一些政策由国家政府颁布，另一些由金融机构协调的全球程序决定。一些政策对公民负责，而一些并不负责。为了使健康影响评价能够奏效，我们需要理解这些。

我们不能期望健康影响评价实践者能够了解所有部门的所有健康决定因素。一个更好的计划是，让公共健康政策来鉴定每个部门浮现出来的首要问题，并为部门的发展如何影响这些首要问题提供指导和案例。这会提供健康影响评价中可用的基本要素，以理解具体的建议是如何与那些首要问题相互作用的。

例如，在高收入国家，当前一个首要的健康问题是超重和肥胖，这与久坐的生活方式和糟糕的饮食习惯相关，而这又与被动出行和难以获取健康的食物相关。有了对健康首要问题的理解，可以依据对活力出行的推广程度和健康食物市场的建设情况来评价空间规划。另一个例子是与劳动力迁移和大型基础设施建设相关的性传播感染，这由收入和技能差异、家庭分离和建筑劳工推崇不受保护的混乱性活动的风气决定。

我们依然要面对很多挑战。我们需要对不确定情况下的决策过程有更好的了解，同时也需要更好的优先排序工具和更好的避免偏差的机制。我们需要一个由政策推动的有利环境，可以吸引本书力图告知的新一代的实践者。

参考文献

APHO (Association of Public Health Observatories) (undated) The HIA Gatewa, www.apho.org.uk/default.aspx?QN=P_HIA, accessed July 2009

ASPO (2008) Association for the Study of Peak Oil and Gas, www.peakoil.net, accessed June 2008

Birley, M. (2004) 'Health impact assessment in developing countries', in J. Kemm, J. Parry and S. Palmer (eds) *Health Impact Assessment: Concepts, Theory, Techniques and Applications*, Oxford University Press, Oxford

Birley, M. (2010) 'Health impacts of transport transition', www.birleyhia.co.uk/Publications/7_Birley_Health%20impacts%20transport%20transition.pdf, accessed 2010

Bollen, J., C. Brink, H. Eerens and T. Manders (2009) 'Co-benefits of climate change mitigation policies: Literature review and new results', www.pbl.nl/en/publications/2009/Co-benefits-of-climate-policy.html

Branson, R., I. Marchant, B. Souter, P. Dilley and J. Leggett (2010)*The Oil Crunch, A Wake-up Call for the UK Economy*. UK Industry Taskforce on Peak Oil & Energy Security, London, www.peakoiltaskforce.net

Bryant, L., L. Carver, C. D. Butler and A. Anage (2009) 'Climate change and family planning: Least-developed countries define the agenda', *Bulletin of the World Health Organization*, vol 87, no 11, pp805–884, www.who.int/bulletin/volumes/87/11/08-062562-ab/en/index.html

Carbon Disclosure Project (2008) 'Carbon disclosure project', www.cdproject.net, accessed July 2009

Chamberlin, S. (2009) *The Transition Timeline for a Local, Resilient Future*, Green Books, Totnes, www.greenbooks.co.uk

CHARM (undated) 'Using digital technologies for social norms', www.projectcharm.info, accessed July 2010

Chuengsatiansup, K. (2003) 'Spirituality and health: An initial proposal to incorporate spiritual health in health impact assessment', *Environmental Impact Assessment Review*, vol 23, no 1, pp3–15, www.sciencedirect.com/science/article/B6V9G-47BXFKW-1/2/6eda38a18715cb8bdb433cb2a cf82991

Costello, A., M. Abbas, A. Allen, S. Ball, S. Bell, R. Bellamy, S. Friel, N. Groce, A. Johnson, M. Kett, M. Lee C. Levy, M. Maslin, D. McCoy, B. McGuire, H. Montgomery, D. Napier, C. Pagel, J. Patel, J. A. de Oliveira, N. Redclift, H. Rees, D. Rogger, J. Scott, J. Stephenson, J. Twigg, J. Wolff and C. Patterson (2009) 'Managing the health effects of climate change: Lancet and University College London Institute for Global Health Commission',*The Lancet*, vol 373, no 9676, pp1693–733, www.ncbi.nlm.nih.gov/entrez/query.fcgi?cmd=Retrieve&db=PubMed&dopt=Citation&list_uids=19447250

Council of Europe (1950) 'The European Convention on Human Rights', www.hri.org/docs/ECHR50.html, accessed July 2009

Dannenberg, A. L., R. Bhatia, B. L. Cole, S. K. Heaton, J. D. Feldman and C. D. Rutt (2008) 'Use of health impact assessment in the U.S: 27 case studies, 1999–2007', *American Journal of Preventive Medicine*, vol 34, no 3, pp241–256, www.sciencedirect.com/science/article/b6vht-4rss76v- c/2/094f349ebbf8eb230e003d37cf2548a2

Davis, D. L. (1997) 'Short-term improvements in public health from global-climate policies on fossil-fue combustion: An interim report', *The Lancet*, vol 350, no 9088, pp1341–1349, www.thelancet.com/journals/lancet/issue/vol350no9088/piis0140-6736(00)x0068-2

Department of Health (2008) 'Health effects of climate change in the UK 2008: An update of the Department of Health report 2001/2002', www.dh.gov.uk/en/publicationsandstatistics/publications/publicationspolicyandguidance/dh_080702, accessed October 2010

Edwards, P. and I. Roberts (2009) 'Population adiposity and climate change', *International Journal of Epidemiology*, vol 38, no 4, pp1137–1140, http://ije.oxfordjournals.org/cgi/content/abstract/dyp172v1

Findhorn Foundation (undated) 'Spiritual community, education centre, eco-village', www.findhorn.org/index.php?tz=-60, accessed March 2010

Gelpke, B. and R. McCormack (2006) 'A Crude Awakening: The Oil Crash', Lava Productions AG Switzerland: 94 minutes

Global Commons Institute (undated) 'Contraction and convergence, climate justice without vengeance', www.gci.org.uk/index.html, accessed 2010

Global Humanitarian Forum (2009) *Human Impact Report Climate Change: The Anatomy of a Silent Crisis*, www.global-humanitarian-climate-forum.com, accessed February 2011

Gylfason, T. (2001), 'Natural resources and economic growth: From dependence to diversification, Group Meeting on Economic Diversification in the Arab World, United Nations Economic and Social Commission for Western Asia (UN-ESCWA) in cooperation with the Arab Planning Institute (API) of Kuwait, Beirut, Lebanon

Haines, A., A. J. McMichael, K. R. Smith, I. Roberts, J. Woodcock, A. Markandya, P. Armstrong, D. Campbell-Lendrum, A. D. Dangour, M. Davies, N. Bruce, C. Tonne, M. Barrett and P. Wilkinson (2009) 'Public health benefits of strategies to reduce greenhouse-gas emissions: overview and implications for policy makers ', *The Lancet*, vol 374, no 9707, pp2104–2114, http://linkinghub.elsevier.com/retrieve/pii/S0140673609617591

Hanlon, P. and G. McCartney (2008) 'Peak oil: Will it be public health's greatest challenge?', *Public Health*, vol 122, no 7, pp647–652

Hansen, J., M. Sato, P. Kharecha, D. Beerling, R. Berner, V. Masson-Delmotte, M. Pagani, M. Raymo, D . L. Royer and J. C. Zachos (2008) 'Target atmospheric CO_2: Where should humanity aim?', *The Open Atmospheric Science Journal*, vol 2, pp217–231, doi:10.2174/1874282300802010217

Heinberg, R. (2007) *Peak Everything*, New Society Publishers, Vancouver, http://richardheinberg.com/

HM Government (2008) *Health is Global*, London, www.dh.gov.uk/prod_consum_dh/groups/dh_digitalassets/@dh/@en/documents/digitalasset/dh_088753.pdf, accessed 2010

Hopkins, R. (2008) *The Transition Handbook : From Oil Dependency to Local Resilience*, Green Books, Totnes, www.greenbooks.co.uk

IAIA (undated) International Association for Impact Assessment, www.iaia.org, accessed September 2010

International Energy Agency (2008) *World Energy Outlook* , www.iea.org/index.asp, accessed July 2008

IPCC (2007) 'Climate change 2007', www.ipcc.ch, accessed November 2007

Jobin, W. (2003) 'Health and equity impacts of a large oil project in Africa', *Bulletin of the World Health Organization*, vol 81, no 6, pp420–426, www.scielosp.org/scielo.php?script=sci_arttext&pid=S0042-96862003000600011&nrm=iso

Koenig, H., M. McCullough and D. Larson (2001) *Handbook of Religion and Health*, Oxford University Press, Oxford

Krieger, G. R., J. Utzinger, M. S. Winkler, M. J. Divall, S. D. Phillips, M. Z. Balge and B. H. Singer (2010) 'Barbarians at the gate: Storming the Gothenburg consensus', *The Lancet*, vol 375, no 9732, pp2129–2131, www.sciencedirect.com/science/article/b6t1b-50b9f8n-4/2/3c22bc4b16e2600b721494ba52513a0f

Kristin, G. and T. J. Skone (2009) *An Evaluation of the Extraction, Transport and Refining of Imported Crude Oils and the Impact on Life Cycle Greenhouse Gas Emissions*, www.netl.doe.gov/energy- analyses/refshelf/detail.asp?pubID=227, accessed July 2009

The Lancet (2009) 'Health and climate change', www.thelancet.com/series/health-and-climate-change, accessed November 2009

Malone, M. J. (undated) 'Iban society', http://lucy.ukc.ac.uk/EthnoAtlas/Hmar/Cult_dir/Culture.7847, accessed October 2008

McAlaney, J., B. M. Bewick and J. Bauerle (2010) *Social Norms Guidebook : A Guide to Implementing the Social Norms Approach in the UK*, University of Bradford, University of Leeds, Department of Health, West Yorkshire, UK, www.normativebeliefs.org.uk, accessed 2010

McCartney, G. and P. Hanlon (2008) 'Climate change and rising energy costs: A threat but also an opportunity for a healthier future?', *Public Health*, vol 122, no 7, pp653–657

McCartney, G., P. Hanlon and F. Romanes (2008) 'Climate change and rising energy costs will change everything: A new mindset and action plan for 21st century public health', *Public Health*, vol 122, no 7, pp658–663

Milmo, C. (2007) '"Too late to avoid global warming," say scientists', *The Independent*, London, www.independent.co.uk/environment/climate-change/too-late-to-avoid-global-warming-say-scientists-402800.html, accessed July 2009

Mulonga.net (2005) 'The Valley Tonga', www.mulonga.net/index.php? option=com_content&task=view&id=213&Itemid=93, accessed March 2010

Murphy, D. (2009) 'The net Hubbert Curve: What does it mean?', http://tinyurl.com/l5gpcb, accessed May 2010

NICE (National Institute for Health and Clinical Excellence) (2008)*Social Value Judgements: Principles for the Development of NICE Guidance*, second edition, NICE, London www.nice.org.uk/aboutnice/howwework/socialvaluejudgements/socialvaluejudgements.jsp

Nolan, J. M., P. W. Schultz, R. B. Cialdini, N. J. Goldstein and V. Griskevicius (2008) 'Normative social influence is underdetected', *Personality and Social Psychology Bulletin*, vol 34, no 7, pp913–923, http://psp.sagepub.com/cgi/content/abstract/34/7/913

Office of High Commissioner for Human Rights (1989) 'Convention on the Rights of the Child', www.ohchr.org, accessed February 2011

Oil Drum (2008) 'The Oil Drum: Discussions about energy and our future', www.theoildrum.com, accessed June 2008

Public Health Advisory Committee (2005) 'A guide to health impact assessment: A policy tool for New Zealand', Public Health Advisory Committee, Wellington www.phac.health.govt.nz/moh.nsf/pagescm/764/$File/guidetohia.pdf, accessed February 2011

Quigley, R. J. and L. C. Taylor (2003) 'Evaluation as a key part of health impact assessment: The English experience' , *Bulletin of the World Health Organization*, vol 81, no 6 pp415–419, www.scielosp.org/scielo.php?script=sci_arttext&pid=S0042-96862003000600010&nrm=iso

Raffle, A. E. (2010) 'Oil, health, and health care', *British Medical Journal*, vol 341 c4596, www.bmj.com/content/341/bmj.c4596.short

Royal College of Psychiatrists (2006) 'Spirituality and mental health', www.rcpsych.ac.uk/mentalhealthinfo/treatments/spirituality.aspx, accessed September 2009

Schultz, W., J. Nolan, R. Cialdini, N. Goldstein and V. Griskevicius (2007) 'The constructive, destructive, and reconstructive power of social norms', *Psychological Science*, vol 18, no 5, pp429–434, doi:10.1111/j.1467-9280.2007.01917.x

Scudder, T. (2005) *The Future of Large Dams: Dealing with Social, Environmental, Institutional and Political Costs*, Earthscan, London

Signal, L. (2008) 'Questions of spirituality: The challenge of assessing impacts on spiritual health', www.apho.org.uk/resource/item.aspx?RID=64331, accessed April 2010

Sorrell, S., J. Speirs, R. Bentley, A. Brandt and R. Miller (2009) 'An assessment of the evidence for a near-term peak in global oil production', www.ukerc.ac.uk/support/tiki-download_file.php?fileId=283, accessed October 2009

Stern, N. (2006) *Stern Review on the Economics of Climate Change*, www.hm- treasury.gov.uk/independent_reviews/stern_review_economics_climate_change/sternreview_index.cfm, accessed October 2006

Stroeve, J., M. Holland, W. Meier, T. Scambos and M. Serreze (2007) 'Models underestimate loss of Arctic Sea ice', http://nsidc.org/news/press/20070430_StroeveGRL.html, accessed July 2009

Sustainable Development Commission (2008) 'Health, place and nature: How outdoor environments influence health and well-being: A knowledge base', Sustainable Development Commission, London,www.sd- commission.org.uk/publications/downloads/Outdoor_environments_and_health.pdf

UK Government (2009) 'Early Day Motion 1250', http://edmi.parliament.uk/EDMi/EDMDetails.aspx? EDMID=38374&SESSION=899, accessed December 2009

WHO (World Health Organization) (1999) 'Amendments to the Constitution', http://apps.who.int/gb/archive/pdf_files/WHA52/ew24.pdf, accessed September 2009

Wismar, M., J. Blau, K. Ernst and J. Figueras (eds) (2007) 'The effectiveness of health impact assessment', European Observatory on Health Systems and Policies, Brussels www.euro.who.int, accessed February 2011

Woodcock, J., P. Edwards, C. Tonne, B. G. Armstrong, O. Ashiru, D. Banister, S. Beevers, Z. Chalabi, Z Chowdhury, A. Cohen, O. H. Franco, A. Haines, R. Hickman, G. Lindsay, I. Mittal, D. Mohan, G. Tiwayi A. Woodward and I. Roberts (2009) 'Public health benefits of strategies to reduce greenhouse-gas emissions: Urban land transport', *The Lancet*, vol 374, no 9705, pp1930–1943, www.

thelancet.com/series/health-and-climate-change#

World Bank (2001) 'Safeguard Policies, Operational Policy 4.12: Involuntary resettlement' http://web.worldbank.org/wbsite/external/projects/extpolicies/extsafepol/0,,menupk: 584441~pagepk: 64168427~pipk: 64168435~thesitepk: 584435, 00.html, accessed October 2006

World Bank (2005) 'Operational Policy 4.10 – Indigenous peoples', http://web.worldbank.org/wbsite/external/projects/extpolicies/extopmanual/0,,contentmdk: 20553653~menupk:64701637~pagepk: 64709096~pipk64709108~thesitepk: 502184, 00.html, accessed July 2010

可了解更多信息的一些资源

我在此为那些想要了解更多健康影响评价相关信息的人列出了一些资源。这些资源都是开放的网络资源，其网址可能随着时间而发生变化。希望这些网站可以为学习和研究健康影响评价的人提供一个起点。

相关机构和网站

世界卫生组织运营着一个与健康影响评价相关的网站，网址为：www.who.int/hia/en/。包括健康政策部门，以及水资源、卫生、公共健康和环境部门在内的一些 WHO 组织的下属部门也一直致力于健康影响评价的研究。

在英国，公共健康协会运营着一个与健康影响评价相关的网站，网址为：www.apho.org.uk/default.aspx?qn=p_hia。

国际影响评价协会下属有一个活跃的健康部门，其门户网站为：www.iaia.org。

在澳大利亚，新南威尔士大学运营着一个旨在提高业界从业水平的网站，网址为：www.hiaconnect.edu.au/。通过该网站我们可以了解到澳大利亚各地乃至新西兰举办的一些相关活动。

一个与健康影响评价有关的社区知识维基网站，网址为：www.healthimpactassessment.info/。

维基百科上也有介绍健康影响评价的页面，网址为：http://en.wikipedia.org/wiki/health_impact_assessment。

美国加利福尼亚大学洛杉矶分校建立了一个健康影响评价信息资源共享中心，网址为：www.hiaguide.org。

我本人也运营着一个类似的网站，网址为：www.birleyhia.co.uk，大家也可以通过 martin@birleyhia.co.uk 链接到我的网站。

美国的健康空间规划

米歇尔·马库斯先生为我们提供了以下两个相关的网站：

公共健康法规和政策：www.phlpnet.org/healthy-planning。

国际城市 / 乡村管理协会：http://icma.org/en/。

列表服务器

IAIA 的健康部门经营着一个与健康影响评价相关的列表服务器，我们可以通过登录 health@iaia.org 来订阅信息。

在英国，Jiscmail 学术系统也经营着一个类似的服务器，访问者可通过登录 hianet@jiscmail.ac.uk 来获取信息。在我编写本书时，该服务器由英国利物浦大学的 IMPACT 中心管理，可以通过 www.ihia.org.uk 联系他们。

在亚太地区，也存在着一个类似的服务器，其网址为 hiaseao@explode.unsw.edu.au。我们可以通过访问 www.feetfirst.info/phbe/hia-usa-listserv 联系其管理者。

博客和新闻

澳大利亚有一个正规运营的健康影响评价新闻网站，网址为：www.hiaconnect.edu.au/hia_enews.htm。

IAIA 也下属着一个健康影响评价新闻网站，其主要由该领域的志愿者来发布消息并进行管理。目前该网站的编辑为 Ben Harris-Roxas。

Ben Harris-Roxas 和其伙伴 Salim Vohra 还经营着一个关于健康影响评价的博客。该博客可为我们提供最新的健康影响评价方面的信息。网址为 http://healthimpactassessment.blogspot.com。

期刊

IAIA 旗下有一部名为《影响评价与项目评估》（*Impact Assessment and Project Appraisal*，IAPA）的期刊。该期刊会不定期地刊登一些关于健康影响评价的论文。若要了解更多的信息，请访问 IAIA 的官方网站 www.iaia.org。

Elsevier 主编的 *EIA Review* 期刊也开始越来越多地刊登有关健康影响评价的论文。我们可以从 Elsevier 的官方网站上了解更多的细节，详见网址 www.elsevier.com。

其他的一些健康杂志也会不定期地刊发一些相关论文，这些期刊主要有：

- 《流行病学与公共卫生》期刊（*Journal of Epidemiology and Community Health*）
- 《国际健康促进》期刊（*Health Promotion International*）
- 《英国医学杂志》（*British Medical Journal*）
- 《NSW 公共健康公报》（*NSW Public Health Bulletin*）
- 《世界健康卫生组织公报》（*Bulletin of the World Health Organization*）

会议

世界上每年至少要举办三次与健康影响评价有关的会议，会议地点分别在欧洲、东南亚地区和美国。

IAIA 举办的年会也包含了许多关于健康影响评价的讨论和报告，具体的细节可参见 IAIA 的官方网站。

国际健康影响评价研讨会每年由来自欧洲的不同组织筹办，其已在伯明翰市、加的夫市、利物浦市、鹿特丹和都柏林等地成功召开。截至本书截稿时，会务组正在召开其第 12 次年会，共吸引了来自世界各地的 200 多名参会者。该研讨会最初在利物浦举办，当时的名称为“英联邦及爱尔兰健康影响评价研讨会”。表 1 列出了一些过往的研讨会的信息，其中包括可下载会议资料的网址。

表 1 在欧洲召开的历届国际健康影响评价研讨会的详细信息

年份	会议地点	网址
2011	西班牙	www.hiainternationalconference.org
2009	鹿特丹	www.hia09.nl (no longer available)
2008	利物浦	www.apho.org.uk/resource/item.aspx?RID=64038
2007	都柏林	www.publichealth.ie/internationalhiaconference
2006	加的夫	www.wales.nhs.uk/sites3/page.cfm?orgid=522&pid= 15502
1999—2005		信息缺失
1998	利物浦	本次会议为第一届国际健康影响评价研讨会 www.apho.org.uk

东南亚地区也举办了多次健康影响评价的研讨会，具体会议地点包括泰国和澳大利亚等国。我们可从 www.hiaconnect.edu.au 上了解到一些与这些会议相关的信息。表 2 列出了部分具体的会议信息。

表 2 东南亚地区召开过的健康影响评价研讨会的详细信息

年份	会议地点	网址
2010	新西兰	www.geography.otago.ac.nz
2008—2009	泰国	www.hia2008chiangmai.com/home.php
2007	澳大利亚	www.hiaconnect.edu.au/hia_events.htm#2007_conference

美国的第一次健康影响评价研讨会已于 2008 年在加利福尼亚州召开，会议详情参见 http://habitatcorp.com/whats_new/conference.html。第二次研讨会已于 2010 年 5 月召开，会议详情参见 www.hiacollaborative.org/hia-in-the-americas-march-2010-workshop。